時系列解析の実際

I

新装版

赤池弘次・北川源四郎

［編］

朝倉書店

執　筆　者

第1章	中村秀雄	(日本ベーレー株式会社)
第2章	和田孝雄	(稲城市立病院内科)
第3章	福田公正	(経済企画庁)
第4章	大津皓平	(東京商船大学)
第5章	高波鐵夫	(北海道大学理学部)
第6章	相馬　仁	(日本自動車研究所)
第7章	井関俊夫	(東京商船大学)
第8章	嶋崎昭典	(信州大学繊維学部)
第9章	矢船明史	(北里研究所)
第10章	駒木文保	(東京大学工学部)
第11章	姜　興起	(旭川大学経済学部)

本書は，統計科学選書 第3巻『時系列解析の実際1』（1994年刊行）
を再刊行したものです．

まえがき

情報量規準 AIC の導入とベイズモデルの実用化により，今や時系列解析の方法は飛躍的に発展している．新しい研究分野に挑戦するとき，多くの場合実際の現象は既存の解析方法やモデルがそのまま適用できるほど簡単ではない．目的，対象に応じて自前のモデルを開発し解決に至る過程にこそ統計解析のおもしろさがある．時系列解析の方法を工学，地球科学，医学，生物学，経済学などのさまざまな分野の実際の問題へ適用した事例を紹介すること，それが本書の刊行を企画した目的である．

編者等は統計科学における共同研究の重要性を認識し，時系列の統計的研究に関連する共同研究に力をつくしてきたが，1985 年に統計数理研究所が共同利用機関として改組されてからは，研究所の活動全体が共同研究を中心として組織化され推進されるようになった．本書の内容はこのような環境の中で実現した，広範な分野の研究者たちとの共同研究の成果を中心にしており，統計的制御実現の先駆的成果から時系列モデル構成の最新の成果までを含んでいる．

とくに，第 II 巻に掲載するセメント焼成炉の制御の研究過程では，統計的モデル選択が重要な課題となり，情報量規準 AIC 導入のきっかけとなった．また，この研究で確立されたダイナミックシステムの統計的解析と制御の方法は，その後多くの研究分野に適用され著しい成果をあげることとなった．このような適用分野の拡大は，新しい統計的方法の発展の契機を与え，ベイズモデルの実用化につながった．本書にはベイズモデルの利用によりはじめて可能となった解析結果も数多く掲載されている．

本書には時系列解析のいろいろな発展段階の成果が収録されており，理論と応用が相携えて発展する統計科学の理想的な展開の姿を目の当たりに見ることができる．読者には本書の筆者たちが，それぞれいろいろな工夫をこらして問題の解決に至った過程を読み取っていただき，今後より広汎な分野の研究を目指す際の一助として活用されることを願っている．

本書の出版は統計数理研究所創立50周年記念刊行物の一環として企画された．刊行物委員会の委員長として本書の出版を強く勧めて頂いた田辺國士教授に感謝申し上げる．本書はLaTeXを用いて作成されたが，統計数理研究所の中村隆助教授にはスタイルファイルの作成や組版などで全面的な助力を得た．また，ほぼ半数の著者には直接LaTeXで原稿を提出して頂いたが，その他の原稿の入力，編集は小野節子さんによる．これらの方々のご尽力により，企画から1年という短期間で出版することが可能となった．

1994年3月

赤池弘次

北川源四郎

凡　例

1. 本書は2巻で構成されている．各章の内容を対象とモデルの観点から大まかに分類すると以下のようになる．ただし，○は第II巻に掲載予定のものである．

	制御	工学	地球物理	医学生物	経済
ARモデル	1, 4章 ○	6章 ○○		2章 ○○	
LASRモデル			5章		
その他	8章				○
ベイズモデル		7章	○○	9章	
状態空間モデル			11章 ○○	10章	3章 ○

2. 本書では時系列解析の基本的な事項に関する知識を仮定している．これらについては下記の文献あるいは第II巻の付録を参照されたい．

3. 各章で直接引用された文献はそれぞれの章末に示してあるが，本書の内容と関連の深い時系列解析の文献としては以下のものがある．

[1] 赤池弘次, 中川東一郎 (1972), ダイナミックシステムの統計的解析と制御, サイエンス社.

[2] 尾崎統 編 (1988), 時系列論, 放送大学教育振興会.

[3] 北川源四郎 (1993), FORTRAN77 時系列解析プログラミング, 岩波書店.

いずれの本にも時系列解析の基本的な方法は紹介されているが，それぞれの特徴をあげておくと，[1] は多変量 AR モデルにもとずく解析，制御の方法を示した先駆的な本．また，プログラムパッケージ (TIMSAC) が掲載されている．[2] にはベイズモデルにもとづく解析法など最近の成果が簡潔に解説されている．[3] には状態空間モデルにもとづく非定常時系列の解析法と FORTRAN プログラムが解説されている．

4. 本書のほとんどの章では赤池情報量規準 AIC を駆使してモデル選択が行なわれているが，AIC の解説としては

[4] 赤池弘次 (1976), 情報量規準とは何か, 特集: 情報量規準, モデルの尤度を計る, 数理科学, No. 153, 1976 年 3 月号, 5–11.

[5] 坂元慶行, 石黒真木夫, 北川源四郎 (1983), 情報量統計学, 共立出版.

がある．

5. 本書の解析に必要な計算プログラムの多くはプログラムパッケージ TIMSAC (Time Seires Analysis and Control Program Package) シリーズとして公開されており，プログラムリスト，計算例などは以下の文献に掲載されている．

[6] TIMSAC: [1] の文献に含まれている．

[7] TIMSAC–74, TIMSAC–78, TIMSAC–84: *Computer Science Monograph*, The Institute of Statistical Mathematics, Nos. 5 (1975) & 6 (1976), No. 11 (1979), Nos. 22 & 23 (1985).

目　　次

1.　統計モデルによる火力発電用ボイラの制御 ………… [中村秀雄] … 1

1.1　まえがき ……………………………………… 1

1.2　多変数システム制御の問題点 ……………………… 2

1.3　統計モデルによるシステム解析と制御 ………………… 4

1.4　最適レギュレータ設計の実際 ……………………… 7

1.5　実プラントへの適用結果 ………………………… 14

1.6　あとがき ……………………………………… 16

2.　多変量自己回帰モデルを用いた生体内フィードバック解析 …………
………………………… [和田 孝雄] … 19

2.1　はじめに ……………………………………… 19

2.2　体液制御とフィードバック ……………………… 21

2.3　パワー寄与率とインパルス応答の実例 ………………… 23

2.4　なぜフィードバック解析に自己回帰モデルを用いるか ………… 26

2.5　パワー寄与率の求めかた ………………………… 27

2.6　状態方程式とインパルス応答 ……………………… 29

2.7　閉鎖系と開放系のインパルス応答 …………………… 31

2.8　仮想的なフィードバック系による確認 ………………… 34

2.9　おわりに ……………………………………… 37

3.　経済時系列の変動要因分解 ………………… [福田 公正] … 39

3.1　はじめに ……………………………………… 39

3.2　モデル 1 (確率項のみのモデル) ……………………… 40

3.3　モデル 2 (確定項を含むモデル) ……………………… 45

3.4 モデル3(マクロ経済政策効果も考慮したモデル) 50
3.5 ファインチューニングは成功したか 55
3.6 予測力はあるか 57
3.7 まとめと今後の課題 59

4. 船体運動と主機関の統計的最適制御 .... [大津 皓平] ... 63
4.1 はじめに 63
4.2 船体および主機関の運動の制御のあらまし 64
4.3 統計モデルによる船体操縦運動の表現と最適制御 65
4.4 制御型自己回帰最適自動操舵システムの設計 69
4.5 外乱適応型自動操舵システム 77
4.6 舵減揺型自動操舵システム 79
4.7 主機関ガバナシステムへの応用 81
4.8 まとめ 84

5. 地震波到着時刻の精密な推定 .... [高波 鐵夫] ... 87
5.1 はじめに 87
5.2 局所定常 AR モデル 89
5.3 局所定常区間の自動分割 91
5.4 地震波到着時刻の精密な推定 94
5.5 応用:地震波の到着時刻から推定される地球内部の物理定数 98
5.6 おわりに 102

6. 人間–自動車系の動特性解析 .... [相馬 仁] ... 105
6.1 自動車単体の横風動特性 106
6.2 多変量 AR モデルの人間–自動車系への応用 114
6.3 人間–自動車系の横風動特性 117
6.4 まとめ 125

7. 船体動揺データを用いた方向波スペクトルの推定 ... [井関 俊夫] ... 127
7.1 はじめに ... 127
7.2 多次元 AR モデルによるクロススペクトル解析 ... 129
7.3 方向波スペクトルと船体動揺の関係 ... 132
7.4 ベイズ型モデルを用いた方向波スペクトルの推定法 ... 135
7.5 模型船を用いた水槽実験結果 ... 138
7.6 おわりに ... 144

8. 生糸繰糸工程の管理 ... [嶋崎 昭典] ... 147
8.1 落緒管理と間隔過程 ... 147
8.2 生糸の繊度管理 ... 154
8.3 Black box 内の滞留時間 ... 162

9. 薬物動態解析への応用 ... [矢船 明史] ... 169
9.1 はじめに ... 169
9.2 薬物動態学的モデル ... 170
9.3 モンテカルロ法による最大対数尤度の推定 ... 171
9.4 実例 ... 175
9.5 まとめ ... 179

10. 状態が切り替わるモデルによる時系列の解析 ... [駒木 文保] ... 181
10.1 はじめに ... 181
10.2 パルスをもつ時系列データと既存の手法の限界 ... 182
10.3 パルスをもつ時系列のための状態空間モデル ... 184
10.4 まとめ ... 193

11. 時変係数 AR モデルによる非定常時系列の解析 ... [姜 興起] ... 195
11.1 はじめに ... 195
11.2 時変係数 AR モデル ... 197

11.3 時変係数 VAR モデル 201
11.4 地震データ解析への応用例 206

索 引 215

第II巻の内容予定

□ セメントプロセスの統計的制御
□ 脳の情報処理機構の解析
□ 心電図 RR 間隔の解析
□ 経済時系列の解析
□ 人工衛星時系列データの解析
□ 自動車振動データの解析
□ 二輪車走行の解析
□ 地震にともなう地下水位変化の検出
□ 地球潮汐データの解析
□ 欠測値と異常値の処理
□ 付録：時系列解析の基礎用語

1

統計モデルによる火力発電用ボイラの制御

1.1　まえがき

本稿では，統計モデルに基づいて導出された状態方程式を用いて設計された最適レギュレータを事業用火力発電プラント (以下火力プラントと略称) の蒸気温度制御に適用し良好な結果を得た実例について述べる．

筆者は電力会社および電力関連企業において永年火力プラントの制御に従事してきた経験から，「火力プラントのように複数個の入力変数と出力変数を結ぶ制御ループがプロセスを介して相互に干渉する，いわゆる多変数システムにおいては，これまで広く用いられているP (比例)，I (積分)，D (微分) 要素の組合せによって構成されたPID制御装置のみでは，制御性能の改善には限界があり，真にわれわれの期待する制御系を実現するには，プラントの状態変数の予測を有効に活用することが必要不可欠である」と考えている．

そこでPID制御方式に代って予測を活用する制御方式はといえば，まず考えられるのは状態空間法に基づく最適制御方式である．

ところで，状態空間法による制御を実システムに適用するには，制御対象システムの動特性を記述する数式モデル，すなわち状態方程式を導くことが前提となる．しかし現実のプロセスは複雑でありかつ随所に非線形特性を有しているのが普通であるため，プロセス変数相互間の動的な因果関係を表す物理的，化学的法則をもとに状態方程式を導くことは容易ではない．一方，ノイズにみちみちているプロセスを対象として動特性試験を実施し，この記録から動特性を記述する関係式を得ることは現実には不可能に近いと考えられる．

事実筆者も，最適レギュレータの適用を意図した1960年代の後半において，上記の方法で火力プラントの状態方程式を導出することを再三試みたにもかかわらず，遂に実用に適する数式モデルを得るに至らなかった．

たまたま1970年代のはじめ統計モデルに基づくシステムの解析と制御の方式が赤池ら(赤池, 中川 1972)によって提案され，セメントキルンの制御への適用例(Otomo, Nakagawa and Akaike 1972)が発表された．筆者は，この方法こそ当面する困難を解決し，火力プラント最適制御への道を開く最も実用的な方法と考え，以後赤池氏の指導のもとに，九州電力，電力中央研究所，九州大学，電機メーカ，ボイラメーカ，計装メーカなどの協力を得て以下に述べるような火力プラントの最適蒸気温度制御システムを実現することができた．

本稿では，研究の動機となった多変数システム制御のむずかしさ，統計モデルによる状態方程式の導出とシステム解析法，最適制御系設計の実際，および本制御方式の火力プラントへの適用結果などについて実例によって解説し，このシステムの下に運用中，もしくは運用予定のプラントの実例を示す．

なお，以下に述べる方法は火力プラント以外の一般の工業プロセスに対しても当然適用可能であり，同様の方法によるいくつかの実用例が報告されていることを付記したい．

1.2　多変数システム制御の問題点

まず，最適レギュレータ導入の動機となった多変数システム制御の難しさを，火力プラントの蒸気温度制御を例にとって説明する．

図1.1に発電用の大容量超臨界圧ボイラの構造の一例を示す．この方式のボイラでは主蒸気温度は燃料流量と，過熱器スプレイ(一次過熱器と最終過熱器の中間に圧入される給水の一部)の流量とを調節することによって制御され，一方再熱蒸気温度制御は，ボイラの後部煙道に設置されたガスダンパ操作によって一次過熱器と再熱過熱器の伝熱面に沿うガス流量の配分を変えることによって行われる．このことからもわかるようにガスダンパの操作は主蒸気温度と再熱蒸気温度に逆方向の影響を与えるから両者の間に相互干渉を生ずる．

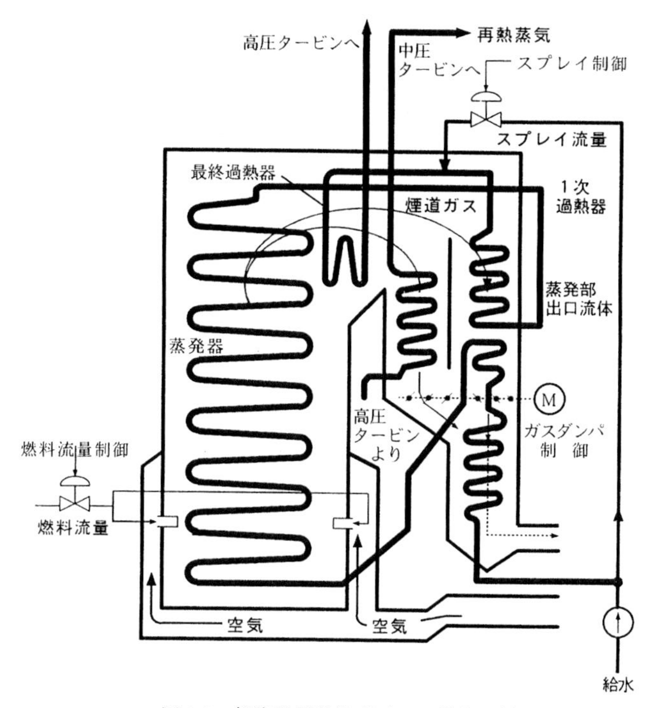

図 1.1　超臨界圧貫流ボイラの構造の例

さて，事業用火力プラントにおいては，給電指令所からプラントへ出される負荷変更指令に速やかに発電出力を追従させ，かつプラントの状態量，とくに蒸気温度の変動を極力抑えて，ボイラ・タービンの保全とプラント効率の維持を図ることが要求される．

このため，制御装置は負荷指令変化に即応して給水，燃料，空気，煙道ガス流量などのボイラ入力を負荷指令値に見合う値に調整し，この結果生ずる状態量の設定値からの過渡的な偏差をフィードバックして前記のボイラ入力量や過熱器スプレイ流量などを再調整する．しかし，これらのフィードバックループはボイラプロセスを介して互いに複雑に干渉するため，典型的な多変数システムを形成する．

したがって，主として1入力1出力システムを対象として発達してきた従来のPID制御理論では，多くの入力変数を適切に制御して制御ループ相互の間の干渉を補償し，出力変数を所望の変動範囲に収めることは極めて難しく，このことが火力プラントの負荷変化幅および変化率に制約を与える主な要因となっていた．

本稿で述べる火力プラントの最適制御は以上の問題を解決するために計画され実用されたものである．

1.3　統計モデルによるシステム解析と制御

ここでは赤池によって提案され，以下に述べる最適レギュレータ適用の基礎となっている方法 (赤池, 中川 1972) の概要を紹介する．

1.3.1　多次元自己回帰 (AR) モデルを用いる状態方程式の導出

いまプラントの変数からなる k 次元ベクトル $X(n), n = 1, 2, \cdots, N$ の時系列に多次元自己回帰 (AR) モデルをあてはめ，次の表現式を得たとする．

$$X(n) = \sum_{m=1}^{M} A(m)X(n-m) + W(n) \tag{1.1}$$

ここで，$A(m)$ は AR モデルの係数行列，M はモデルの次数，$W(n)$ は残差ベクトルでイノベーションと呼ばれる．(1.1) 式のモデルの次数 M は AIC (赤池情報量規準)，または，ガウス過程に対しては AIC とほぼ同等の結果を与える MFPE (最終予測誤差規準) を最小とする値に定められる．

(1.1) 式のシステム変数ベクトル $X(n)$ を (1.2) 式のように r 個の要素からなる状態変数ベクトル $\boldsymbol{x}(n)$ と l 個の要素からなる操作変数ベクトル $\boldsymbol{u}(n)$ とに分け，これにともなって $A(m)$ をそれぞれ $\boldsymbol{x}(n)$ と $\boldsymbol{u}(n)$ に対応する部分行列 A_m, B_m に分割する．

$$X(n) = \begin{bmatrix} \boldsymbol{x}(n) \\ \boldsymbol{u}(n) \end{bmatrix}, \quad A(m) = \begin{bmatrix} \boldsymbol{a}_m & \boldsymbol{b}_m \\ * & * \end{bmatrix} \tag{1.2}$$

ここで $*$ は，状態変数ベクトル $\boldsymbol{x}(n)$ の予測に関係しない部分を表す．

(1.2) 式を用いれば，(1.1) 式のうち $x(n)$ に対応する部分を次のように書くことができる．

$$\boldsymbol{x}(n) = \sum_{m=1}^{M} \boldsymbol{a}_m \boldsymbol{x}(n-m) + \sum_{m=1}^{M} \boldsymbol{b}_m \boldsymbol{u}(n-m) + \boldsymbol{w}(n) \tag{1.3}$$

ここで $\boldsymbol{w}(n)$ はモデル化誤差を表すベクトルである．

いま，(1.3) 式において

$$
\begin{aligned}
\boldsymbol{x}_0(n) &= \boldsymbol{x}(n) \\
\boldsymbol{x}_k(n) &= \sum_{m=k+1}^{M} [A_m \boldsymbol{x}(n+k-m) + B_m \boldsymbol{u}(n+k-m)] \\
&\qquad\qquad k = 1, 2, \cdots, M-1
\end{aligned}
\tag{1.4}
$$

とおけば，よく知られている可観測標準形の状態方程式 (1.5) が得られる．

$$
\begin{aligned}
\boldsymbol{Z}(n) &= \boldsymbol{A}\boldsymbol{Z}(n-1) + \boldsymbol{B}\boldsymbol{u}(n-1) + \boldsymbol{w}(n) \\
\boldsymbol{Y}(n) &= \boldsymbol{C}\boldsymbol{Z}(n)
\end{aligned}
\tag{1.5}
$$

ここで

$$
\boldsymbol{Z}(n) = \begin{bmatrix} \boldsymbol{x}_0(n) \\ \boldsymbol{x}_1(n) \\ \vdots \\ \boldsymbol{x}_{M-2}(n) \\ \boldsymbol{x}_{M-1}(n) \end{bmatrix}, \quad
\boldsymbol{A} = \begin{bmatrix} \boldsymbol{a}_1 & I & 0 & \cdots & 0 \\ \boldsymbol{a}_2 & 0 & I & \cdots & 0 \\ \vdots & \vdots & \vdots & \ddots & \vdots \\ \boldsymbol{a}_{M-1} & 0 & 0 & \cdots & I \\ \boldsymbol{a}_M & 0 & 0 & \cdots & 0 \end{bmatrix},
$$

$$
\boldsymbol{B} = \begin{bmatrix} \boldsymbol{b}_1 \\ \boldsymbol{b}_2 \\ \vdots \\ \boldsymbol{b}_{M-1} \\ \boldsymbol{b}_M \end{bmatrix}, \quad
\boldsymbol{W}(n) = \begin{bmatrix} \boldsymbol{w}(n) \\ 0 \\ \vdots \\ 0 \\ 0 \end{bmatrix}, \quad
\boldsymbol{C} = [\, I \;\; 0 \;\; \cdots \;\; 0 \,].
$$

である．

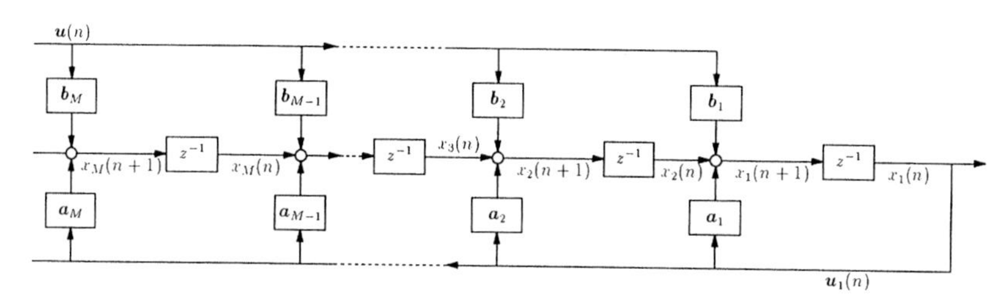

図 1.2　可観測標準形 ((1.5) 式) のブロック線図

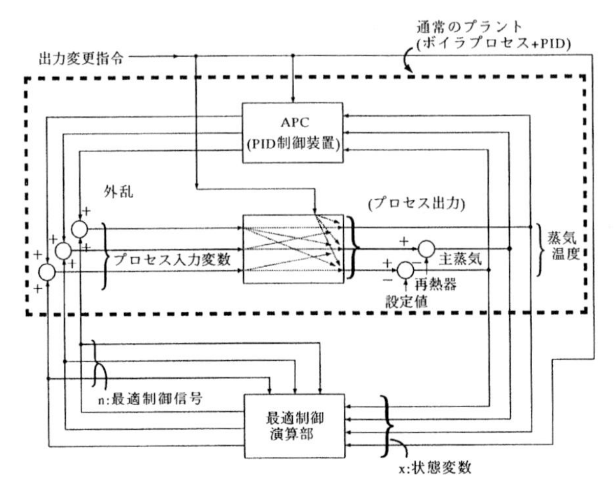

図 1.3　最適制御システムの構成

(1.5) 式をブロック線図で表すと図 1.2 の通りである．図 1.2 から，(1.5) 式の $\boldsymbol{Z}(n)$ の要素 $x_k(n)$ は，$x(n+k)$ の一期先予測値のうち $n-1$ 時点までの値で直接表現できる部分を表すことがわかる．

1.3.2　最適レギュレータの設計

システムの動特性を表現する状態方程式が得られると，次の二次形式評価関数を最小とする最適な状態ベクトルフィードバックゲインを与えるゲイン行列 $\boldsymbol{G}$ はダイナミックプログラミング (DP) 法によって求めることができる．

$$J_I = E\sum_{n=1}^{I}[\boldsymbol{Z}'(n)\boldsymbol{Q}\boldsymbol{Z}(n)+\boldsymbol{u}'(n-1)\boldsymbol{R}\boldsymbol{u}(n-1)] \tag{1.6}$$

ここで $'$ はベクトルの転置，Q と R はそれぞれ状態ベクトル $\boldsymbol{Z}$ と操作ベクトル $\boldsymbol{u}$ の振幅に制約を与える重み行列を表す．

DP 法では，各制御段における最適フィードバックゲイン行列 $\boldsymbol{G}$ は制御区間の最終制御段から第 1 制御段へ向けて逆順序で順次に求められ，(1.6) 式の I を十分大きな値にとれば $\boldsymbol{G}$ は一定値に収束する．ここでは線形定常システムのレギュレータを前提として $\boldsymbol{G}$ の収束値を用い，$\boldsymbol{G}$ を固定して $\boldsymbol{u}(n)=-\boldsymbol{G}\boldsymbol{Z}(n)$ として求められた操作量によって状態ベクトルフィードバック制御を行なう．すなわち，現在時刻から $I\Delta t$ (Δt は制御間隔) 時間先までの区間を考えて，最適になるような第 1 回目の制御信号を制御周期ごとにプラントの操作端に入力する．

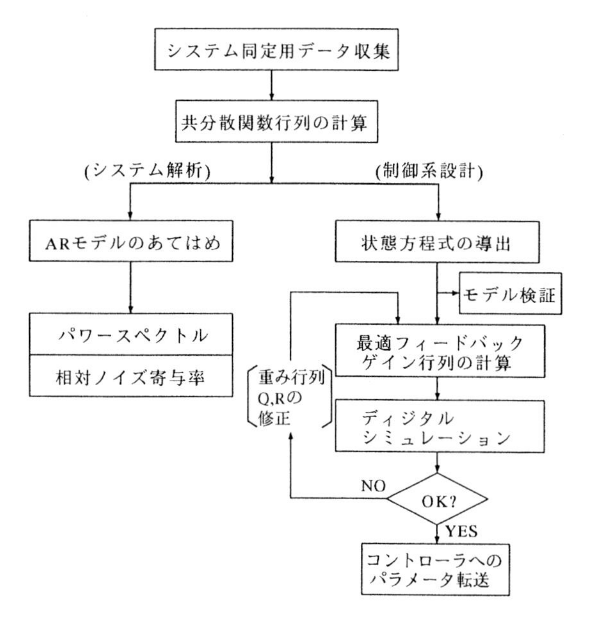

図 1.4 TIMSAC (Time Series Analysis and Control) ライブラリ

1.4 最適レギュレータ設計の実際

1.4.1 制御システムの構成

図 1.3 に制御システムの構成を示す．図に示すように，ボイラプロセスと，自動プラント制御装置 (通称 APC または ABC) と呼ばれる PID 制御装置とを一体とした通常の火力プラントを対象として，ディジタル・コントローラによる最適制御を行なう．このシステムでは，長い運転実績を持つ高信頼度の APC にプラント運用の主要部分を任せ，最適制御部は APC と協調して制御を行なうことになるからプラントの保全性 (integrity) や制御の堅牢さ (robustness) にすぐれ，また制御システムの調整，保守運用も容易であるため，高度の信頼性を要求されるプラントに適する制御方式である．

1.4.2 最適制御系設計の手順

最適制御系の設計は，赤池らによって開発された TIMSAC (Time Series Analysis and Control) プログラムパッケージを主体とし，これに多少補足を加えたプログラムライブラリを用いて次の手順に従って進められる．図 1.4 に TIMSAC

ライブラリの流れを示す．

システム変数の選定　まず，制御の対象とする状態量，すなわち主蒸気温度と再熱蒸気温度に注目して，これと密接な関係を有すると思われるシステム変数を選定する．以下に述べる超臨界圧火力プラントにおいては，表 1.1 に示すシステム変数を用いた．

表 1.1　AR モデル構築に用いたシステム変数

	記号	変数名	摘要
状態変数	MWD	給電指令所からプラントへ出される出力変更指令	各制御時刻ごとの変化分
	WWT	蒸発部出口流体温度	1 次指数平滑値からの偏差
	SHT	主蒸気温度	設定値からの偏差
	RHT	再熱蒸気温度	同　上
		(必要に応じてその他の状態量を含める)	
操作変数	FR	燃料流出	最適制御演算部から
	SP	過熱器スプレイ流量	プラントへ出力する
	GD	再熱蒸気温度制御用ガスダンパ開度	制御信号

表 1.1 において主蒸気温度，再熱蒸気温度は当面の制御対象とする主要な変数であり，蒸発部出口流体温度は主蒸気温度変化を予測するための先行指標となる変数である．またプラントが給電指令所から受け取る負荷指令 (出力変更指令) は状態量ではないが，火力プラントの蒸気温度変化の要因となる最大の外乱であり，かつ計測可能な量であるので，これによる蒸気温度変化の予測を制御に利用するために仮の状態変数としてシステム変数に含めている．

表 1.1 中に操作変数として掲げた燃料流量，過熱器スプレイ流量，およびガスダンパ開度は図 1.1 に示すようにいずれもボイラ蒸気温度制御のための主要な操作量である．

システム同定のためのデータ収録　図 1.3 において，最適制御演算部から出力変更指令印加点および表 1.1 の操作変数の操作端へ互いに独立な 4 種類の不規則信号時系列を加えてプラントを励振し，この状態で表 1.1 に示す全変数のデータを一定のサンプリング周期ごとに収録する．プラント励振用の信号としては，擬似 2 値乱数 m 系列信号を 2 次のディジタルフィルタに通して高周波成分を減衰させたものを用い，その振幅は予備試験の結果から，全信号を同時に印加した場合の蒸気温度の変動が標準偏差で 3～4 ℃程度となるように調整する．データのサンプリング間隔と収録時間は対象プラントの動特性によって異なるが，火力プラントの場合には20〜40秒サンプリングで5〜8時間程度のデータによって実用上十分な状態方程式が得られる．収録されたデータ時系列が与えられると，図1.4に示すTIMSACライブラリーに従って以下の一連の手順を実施し，オン・ライン制御に用いる状態方程式と最適フィードバックゲイン行列を求める．

ARモデルのあてはめ　多変量時系列の相互共分散関数を計算し，これから導かれるYule-Walker方程式を解くことにより多変量ARモデルの係数行列と残差(イノベーション)の共分散行列を求める．Yule-Walker方程式に，Block Toeplits行列の規則性を利用するLevinsonのアルゴリズムを適用すれば，逐次形計算によってモデルの次数を1から順次に増加した場合の係数行列を求めることができる．また，その過程において赤池情報量規準を計算し，これを最小とするモデルの次数を最適次数とする．

システム解析　システム変数全部を用いて構築したARモデルの係数行列と，モデルあてはめ後の残差(イノベーション)の共分散行列を用いれば，各システム変数のパワースペクトル密度およびシステム変数相互間のクロススペクトル密度を求めることができる．さらにイノベーションの無相関性を仮定して，特定のシステム変数の変動に対するほかの変数の寄与の程度を推定することができる．図1.5は，主蒸気温度と再熱蒸気温度のパワースペクトルと，それに対する各変数の寄与の程度(パワー寄与率)を調べた例で，横軸には周波数，縦軸には各システム変数の寄与率を百分率で示している．なおこの図で斜線を施した部分は，ほかの変数からの寄与と見なせない変数それ自身の変動を示している．

パワー寄与率解析(赤池, 中川 1972)は，ARモデルに組み入れる変数の選定に際して有用である．先に表1.1で示した7個のシステム変数は，ボイラチューブに沿う数個所で作動流体について計測した多くの状態変数にあてはめたARモデルを用いて主蒸気温度と再熱蒸気温度に対する寄与率を求め，寄与率の小さい変数を順次除きながらARモデルあてはめと寄与率の検討を繰り返して最終的に選定したものである．また表1.1の変数のうち負荷指令の寄与率は極めて大きく，これを除いて求めたARモデルに基づいて最適レギュレータを設計

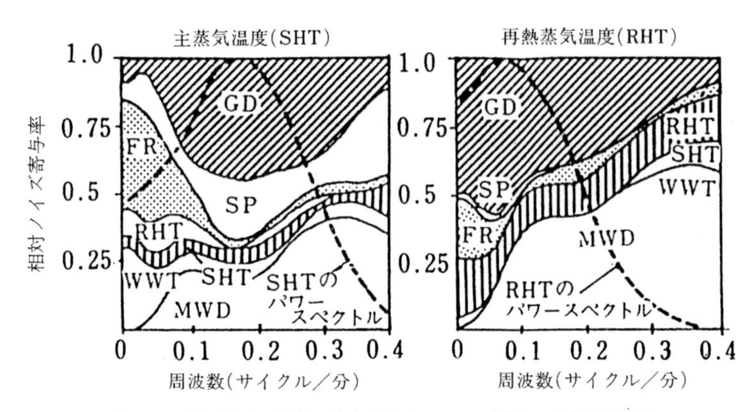

図 1.5　蒸気温度変動に対する各システム変数の相対寄与率

すると，負荷指令を含めた場合に比して著しく制御性能が劣化することを実験によって確かめている．

状態方程式の妥当性の確かめ　　状態方程式が得られると，その妥当性，すなわち得られた状態方程式がどの程度正しく対象システムの動特性を表しているかを，シミュレーションによって確かめることができる．いま状態方程式に含まれる負荷指令の要素に，ある負荷パターン (例えばステップ状の変化) に対応する数値を入力しつつ，操作ベクトルを零として状態遷移を行わせ各遷移段における状態変数を記録して，これを同じ負荷指令に対するPID制御の下での実プラントの状態変数の応答波形とを比較して両者が実用上十分な精度で一致することを確かめてみればよい．

図1.6は500MWの超臨界圧変圧運転プラントについて行った比較例である．この例では状態量の振幅において実プラントとシミュレーションの差が多少認められるが，応答波形はよく似ており，この程度の近似が得られれば，状態方程式は実用上十分な程度に実プラントの動特性を表現していると言うことができる．

状態量フィードバックゲイン行列の計算　　状態方程式の妥当性が確かめられれば，これを用いて二次形式の評価関数 (前掲 (1.6) 式) を最小とする状態量フィードバックゲイン行列 $\boldsymbol{G}$ をダイナミックプログラミング (DP) 法によって

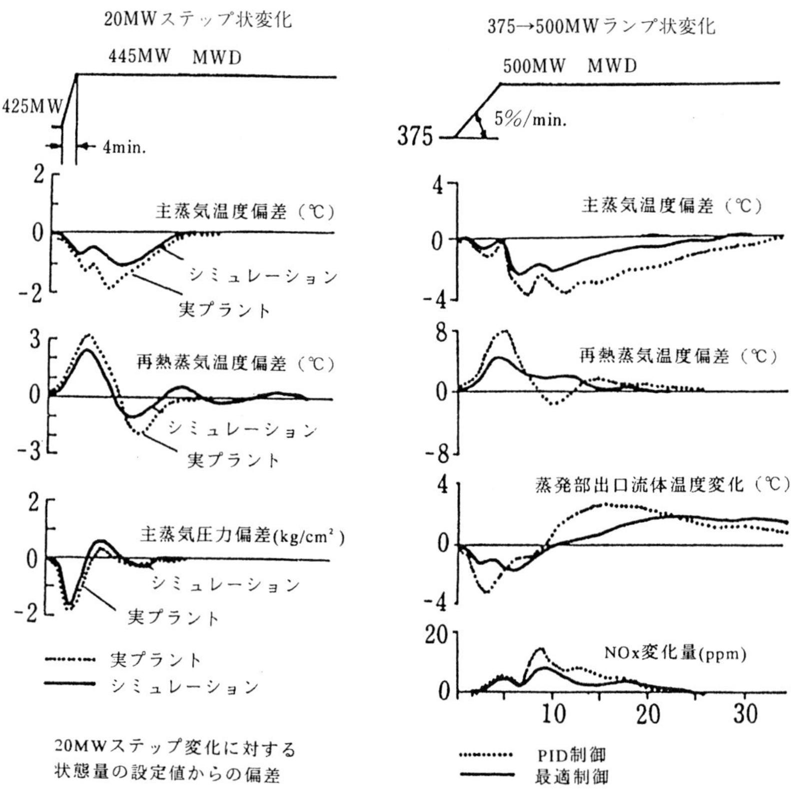

図 1.6 状態方程式の妥当性のチェック　　図 1.7 最適制御のシミュレーション例

求める．制御周期 30 秒の場合，DP 計算の区間 ((1.6) 式の I) を 40 ないし 50 とすれば，ゲイン行列 $\boldsymbol{G}$ はほぼ一定値をとるから，これを用いて各制御周期ごとに状態量フィードバック制御を行なう．このようにして得られる線形制御系は LQ (Linear Quadratic) 最適レギュレータと呼ばれる．

さて，ゲイン行列の要素の値は (1.6) 式の重み行列 $\boldsymbol{Q}$ と $\boldsymbol{R}$ の係数の選び方によって支配され，これらを適切に定めることが最適レギュレータ設計の決め手となる．このシステムで用いる重み行列 $\boldsymbol{Q}$ には，状態方程式の中の部分ベクトル $\boldsymbol{x}_0(n)$ に対応する対角要素以外はすべて 0 としたものを用いた．また $\boldsymbol{x}_0(n)$ のうちの負荷指令に対応する要素も常に 0 とし，負荷指令の自由な動きを妨げ

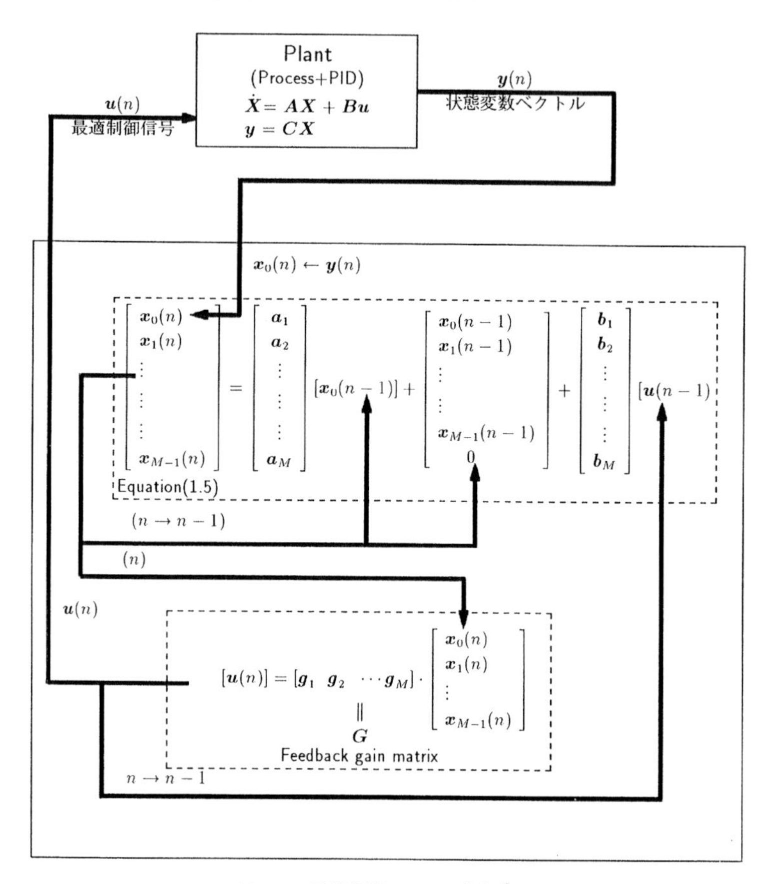

図 1.8　最適制御のアルゴリズム

ないようにした．操作変数に与える重み行列 $\boldsymbol{R}$ は，操作変数の数と同じ次元をもつ 3×3 行列である．

いま，前節で述べた状態方程式を用いるシミュレーションにおいて各制御時刻ごとに状態ベクトルをゲイン行列に乗じて求めた操作量 $\boldsymbol{u}(n-1)$ を用いて状態遷移を行わせれば，そのゲイン行列のもとでの最適制御の特性を推定することができる．図 1.7 は，前に図 1.6 で示したプラントについて行った最適制御のシミュレーション例を示す．重み行列 $\boldsymbol{Q}$ と $\boldsymbol{R}$ の調整にあたっては，両行列の対角要素の初期値をすべて 1 として DP 計算を開始し，シミュレーションによって最適レギュレータの制御性能を推定しながら漸次 $\boldsymbol{Q}$, $\boldsymbol{R}$ の要素の重みを修正して所望の特性に近づけ，得られたゲイン行列の候補を最終的に実機試験でチェックする，という方法を採用した．

最適制御のアルゴリズム　図 1.8 に最適制御のアルゴリズムを示す．図の点線内がディジタル制御信号演算部である．この図に示すように最適制御信号演算部は状態ベクトル計算式と操作信号の計算式から成り，あらかじめオフライン計算で求めた状態方程式の係数行列とゲイン行列の要素の値が所定のメモリに記憶されている．

いま，現在時刻を $(n-1)$ とし，その時刻における状態ベクトルと操作ベクトルの値を用いて，次の制御時刻 n における状態ベクトルの予測値を計算する．時刻 n においてプラントの状態変数の実現値 $\boldsymbol{y}(n)$ が得られると，$n-1$ 時刻に計算した状態ベクトルのうち時刻 n における状態量予測値を与える最上段の部分ベクトル $\boldsymbol{x}_0(n)$ を実現値 $\boldsymbol{y}(n)$ で置き換え，この状態ベクトルをゲイン行列 $\boldsymbol{G}$ に乗じて求めた最適操作信号 $\boldsymbol{u}(n)$ を直ちにプラントに送出して制御を行なう．その後最適制御演算部は時刻の指標 n を $n-1$ に変更し，現在の状態ベクトルと操作ベクトルを状態方程式に代入して次の制御時刻における状態ベクトルの予測値を計算し，次の制御時刻に備えて待機する．各制御周期ごとに上記の手順を繰り返す．

プラントの非線形特性への対応　もともと LQ 最適レギュレータ (Linear Quadratic Optimal Regulator) は線形システムを対象とする制御方式である．一方，火力プラントの動特性は負荷の大きさによってかなり大幅に変化する．このような非線形特性に対応する手段として，本システムではシステム同定用のデータを低，中，高の三負荷帯 (場合によってはそれ以上) において収録し，それぞれの負荷帯に対して求めた状態方程式とゲイン行列を最適制御信号演算部にあらかじめ用意しておき，これを用いて制御パラメータを制御時刻ごとに負荷指令の大きさに応じて線形補間法によって変更する，いわゆるゲイン・スケジューリング方式を採用した．このようにして実現された制御を Advanced Control と呼ぶことにしている．

さきに図 1.7 に示した大幅な負荷変化に対するシミュレーション例はこのようなゲインスケジューリングを考慮して得られた結果である．

ゲインスケジューリング方式の理論的な是否は別として，電力中央研究所の

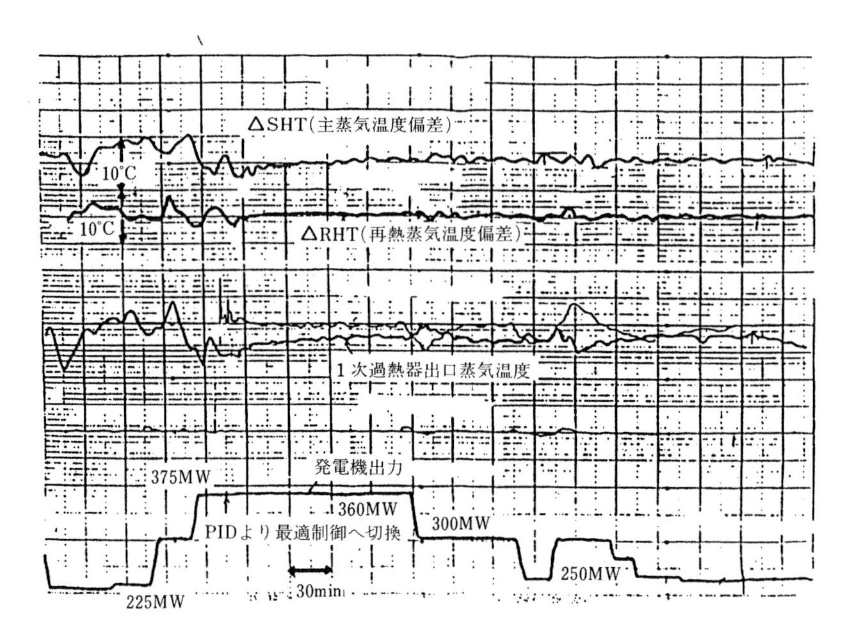

図 1.9 PID 制御と最適制御の制御特性の比較

精密なプラントモデルによる実験によって，ゲインスケジューリング方式を用いればパラメータを固定して制御した場合に比べて状態量，操作量とも十分変化幅が小さく，良好な制御が行われることを確めている．

1.5 実プラントへの適用結果

以下では，これまでに述べた方法を実プラントへ適用した実例を紹介する．

図 1.9 は 500MW の重油専焼超臨界圧火力プラントの営業運転記録の一部で，図中に矢印で示した時点で最適制御部を運用に入れて，PID 制御から最適制御に切換えている．この図からわかるように，最適制御を適用すれば蒸気温度制御特性を顕著に改善することができる．

図 1.10 は 600MW の超臨界圧プラントにおいて同一の負荷変化 (300MW → 450MW) に対する最適制御 (図には ADC: Advanced Control と表示) と通常の PID 制御の場合の操作量の動きを比較した図である．この図からわかるように，最適制御システムの場合，PID 制御のみの場合に比べて操作信号は早めに動き，

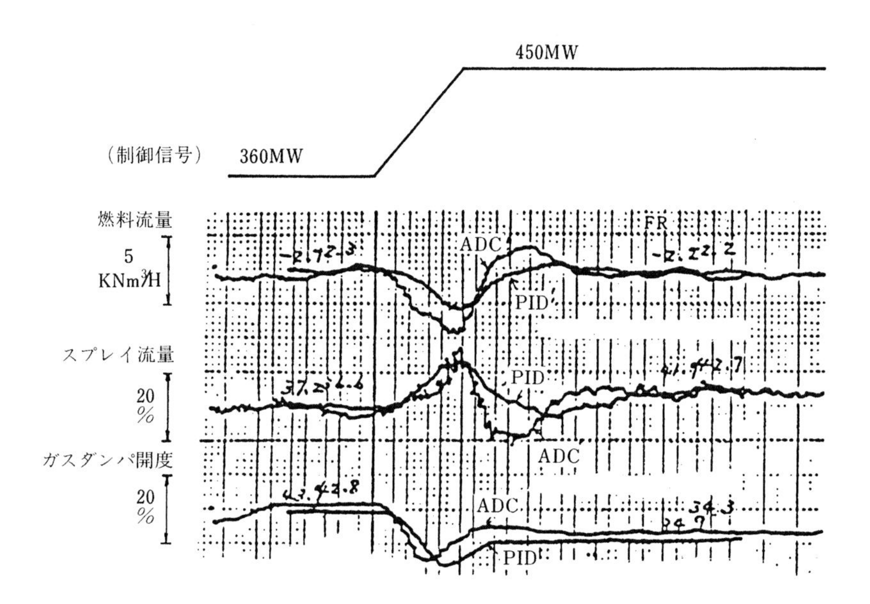

図 1.10　同一負荷指令に対する操作量の比較 (ADC: 最適制御, PID: 通常の PID 制御)

また，ある大きさに達したあと速やかに負荷に応じた定常値に復帰する．その結果状態量の設定値からの偏差は抑制され，かつ PID 制御の場合にみられるオーバーシュートは消失して図 1.9 に示したような良好な制御特性が得られる．これは最適制御が状態量の予測を活用しているためである．

以上に述べた最適レギュレータの実用例は，火力プラントの制御に大きなインパクトを与え，以後その技術はボイラメーカー，計装制御システムメーカーに引き継がれてこれまでに国内，国外における多くのプラントに適用されるに至った．表 1.2 は筆者の知る範囲での本方式の適用例であり，その出力合計は 1994 年 2 月現在で 12,650MW (リプレース分を除く) に達しており，この数字は 1993 年 3 月末現在の事業用火力発電所 (1MW 以上) の出力合計 108,485MW (資源エネルギー庁公益事業部調) の約 12%弱に相当し，今後もその適用は拡大する見込みである．

表 1.2　TIMSAC による最適制御適用火力発電所

No.	発 電 所 名	容 量	燃 料	適用年度
1	豊前 1 号	500MW	油	1978
2	新小倉 3 号	600MW	ガス	1980
3	新小倉 4 号	600MW	ガス	1981
4	豊前 2 号	500MW	油	1983
5	碧南 1 号	600MW	油	1984
6	碧南 2 号	600MW	石炭	1985
7	川内 2 号	500MW	油, ガス	1985
8	Shajiao No.1 (中国)	350MW	石炭	1987
9	Shajiao No.2 (中国)	350MW	石炭	1987
10	下松 3 号	700MW	油	1988
11	赤穂 2 号	500MW	油	1988
12	仙台 3 号	175MW	石炭	1989
13	新仙台 3 号	375MW	油	1990
14	Nanticoke No.7 (カナダ)	500MW	石炭	1991
15	東扇島 2 号	1000MW	ガス	1991
16	新潟 4 号	250MW	油, ガス	1991
17	仙台 2 号	175MW	石炭	1991
18	南港 3 号	600MW	石炭	1991
19	碧南 3 号	700MW	油, ガス	1992
20	広野 4 号	1000MW	油, ガス	1992
21	仙台 1 号	175MW	石炭	1993
22	姉崎 4 号	600MW	油, LNG, LPG	1994
23	能代 2 号	600MW	石炭	1994
24	下松 3 号 (No.10 のリプレース)	700MW	油, ガス	1995 予定
25	苓北 1 号	700MW	石炭	1995 予定

その他: アメリカ電力研究所 (EPRI: Electric Power Research Institute) による超々臨界圧プラントモデル (渥美 3 号 700MW) の TIMSAC による最適制御の研究 (1992 年 10 月)

1.6　あとがき

統計モデルを利用する制御系設計法は，これまで現場技術者にとってなじみの薄かった現代制御理論の応用手順を，現場に定着する形で提供している点に特長を有する．すなわち，この方法ではシステム同定から，システムの特性解析，制御系設計に至る一連のプログラムが TIMSAC ライブラリとして整備されているため，制御の専門家ではなくてもマニュアルに記述された手順に従って，計算機との対話形式で最適レギュレータを設計することができる．このような配慮は，新しい技術が次の世代に継承され，幾多の経験を経た上で現場に定着するために不可欠である．

本稿で述べた最適レギュレータの実用化は 1970 年代の後半から 80 年代の前

半にかけて行われたもので，当時は重油専焼もしくはガス専焼プラントへの適用が主であった．最近は燃料事情の変化に伴う石炭焚きプラントの増加，環境規制の強化に伴う制御上の制約条件の増大など，現代制御理論適用にとって不利な情勢になりつつあるように感じられる．たとえば石炭焚きプラントにおける炭種，炭質，吸湿量変化による発熱量の変化，炭の詰まりの問題，ミルやバーナーの切り換えや石炭・ガスの混焼比の変化に伴うプロセス特性の変化，さらにはプラント運転効率向上のための中間負荷帯における主蒸気圧力の減圧運転など，どれ一つをとってみてもいわゆる“一筋縄では理論に乗らない泥臭い問題”であり，これらを適切に処理して理論の効用を発揮させることが今後の課題として浮かび上がっている．

一例を挙げれば，表1.2のカナダの500MWプラントにおいては，バーナー点火信号を利用して，再循環ガス流量の配分を一時的に変更することによって主蒸気温度の急峻な上昇を抑制し，この操作の後遺症として生ずるプラントの動揺を，最適レギュレータ特有のシステム安定化効果によって速やかに減衰させるという方策をとって好結果を得ているが (Braggeman 1992)，これなどは，上に述べた“泥臭い問題”への一つの対応策である．このほか，炭種切換に対しては，PID制御ゲインの切換などによる前処理を施して条件を整えたのちに制御理論を適用する方式，あるいは制御パラメータを適応的に調整して対応する方式などが考えられる．

さて，これまでは，専ら統計モデルの実用面における成果について述べたが，統計モデルによる最適レギュレータの火力プラントへの適用例は，産業界のみならず，学界に大きなインパクトを与えた．周知のように，状態空間法に基づく現代制御理論は，1960年代のはじめにR. E. Kalmanによって提唱され，PID制御に代るべき画期的な制御の世界を開く理論と期待されながらも産業面への適用例がほとんどないままに推移し，1970年代の前半頃には，現場技術者から「現代制御理論は学者の数学あそびだ」と批判された時期もあった．計測自動制御学会主催のパネルディスカッションのテーマも，1970年代前半には「現代制御理論は実用の学か?」であり70年代後半には「現代制御理論の実用を阻むもの」であったのもこの辺の事情を物語っている．しかし，1978年に本稿で述べた統計モデルによる火力プラントの最適レギュレータが実現したのち事情は一変し，1983年に開かれたパネルディスカッションのテーマは「最適制御実用化への道」と変わった．今日，最適制御理論は適切に使えば実用上も大きな効果を発揮するもの，というのが学界一般の認識となっていることは，制御の学界への統計モデルの大きな貢献を示すものと言うことができる．

[中村 秀雄]

文　献

赤池弘次, 中川東一郎 (1972), ダイナミックシステムの統計的解析と制御, サイエンス社.

Otomo, T., T. Nakagawa and H. Akaike (1972), "Statistical approach to computer control of cement rotary kilns," *Automatica,* Vol. 8, No. 1, 35–48.

中村秀雄, 内田主幹, 北見恒雄, 近藤芳行 (1978), 最適制御理論のボイラ制御への応用, 計測と制御, 18巻, 4号, 355–362.

中村秀雄 (1979), 火力プラントの最適制御, システムと制御, 23巻, 8号, 9–16.

Nakamura, H. and H. Akaike (1981), "Statistical identification for optimal control of supercritical thermal power plants," *Automatica,* Vol. 17, No. 1, 143–155.

Nakamura, H., M. Uchida, Y. Toyota and M. Kushihashi (1986), "Optimal control of thermal power plants," ASME Winter Annual Meeting, Anaheim California, Dec.7–12, 1986, 86-WA/DEC-14.

Nakamura, H. and Y. Toyota (1988), "Statistical identification and optimal control of thermal power plants," *Annals of the Institute of Statistical Mathematics,* Vol. 40, No. 1, 1–28.

Nakamura, H. and M. Uchida (1989), "Optimal regulation for thermal power plants," *IEEE Control Systems Magazine,* Vol. 9, No. 1, 33–38.

中村秀雄, 内田主幹 (1990), 統計モデルによる火力発電プラントの解析と制御, システム/制御/情報, Vol. 34, No. 1, 9–15.

Braggeman, D. (1992), "ACORD Nanticoke test results and implementation," *EPRI/ISA Power Symposium,* Kansas City, June 4–5, 1992.

本制御システムは，統計数理研究所 赤池弘次博士の指導の下に，電力中央研究所，九州大学，九州電力の共同研究として実施され，ボイラメーカー石川島播磨重工，三菱重工，制御用計算機メーカー東芝，三菱電機，計装メーカー極東貿易，日本ベーレーの協力によって実現したものである．関係者各位に深甚の謝意を表したい．

2

多変量自己回帰モデルを用いた
生体内フィードバック解析

2.1 はじめに

最近，医学・生物学の方面においても，ゆらぎの解析をはじめとする時系列解析が一種の流行となって来ている．とはいえ，その領域を問わずほとんどが一変数系の解析を対象としており，多変数系の解析となると世界的に見てもお目にかかるチャンスが極めて少ない．もちろん，少数ではあるが，古くから知られた多変数時系列の解説書もある．しかし，これとて変数同士のコヒーレンシーつまり相関性(周波数ごとにに分けてはあるが)を中心とするもので，フィードバックに対する考慮が欠如している．これは医学研究者から見ると大変残念な状況であると言わざるを得ない．おそらく，時系列解析に耐えるだけの多変量データを採取することの難しさに加えて，解析自体の難しさや実用的な解析手法がなかったことが大いに関係しているのであろう．

筆者が多変量自己回帰 (AR) モデルに深い関心を持つようになったのは，10年前に，赤池，中川両博士の書かれた「ダイナミックシステムの解析と制御」と題するモノグラフを見つけた時がきっかけであった (赤池, 中川 1972)．セメントロータリーキルンという全く異質の系を扱っているにも関わらず，その手法がまさに生体のフィードバック系へのアプローチそのものを示唆しているのを見て，その有用性を直感したものである．

もともと，フィードバックという概念は工学の分野，ことに機械あるいは電気に関係するシステムのそれから導入されたものであろう．しかし，そのよう

表 2.1 医学・生物学データにおける多変量自己回帰モデル解析の応用例

1. 免疫系
    - リウマチ患者における液性および細胞性免疫系の制御異常
    - 腎移植時における拒絶反応の解析
    - 透析患者における免疫異常
2. 代謝・内分泌系
    - 甲状腺ホルモン・甲状腺刺激ホルモン系の制御
    - コーチゾル分泌の制御
    - 透析患者における蛋白代謝および貧血発生機構
    - レニン・アンジオテンシン系の制御
    - グルコース・インスリンのフィードバック制御
    - ナトリウム・水代謝の制御
    - 酸塩基平衡の制御
    - 血清カリウム・クロール・重炭酸系の制御
    - 血清中カルシウム・リンの制御
    - 脂質代謝の制御
3. ネフローゼ症候群
    - 蛋白・脂質系のフィードバック関係
4. 循環器系
    - 腎不全患者における高血圧発生機序
    - 透析患者における血圧調節と貧血のからみ合い
    - 自律神経と心拍変動の関係解析
5. 神経・筋肉系
    - 脳卒中患者における姿勢制御
    - スポーツ選手における姿勢制御

な人工的なシステムをはなれて自然界について考えて見ると，生体ほどフィードバックのからまり合いからなる複雑な系は，他に存在しないのではないかとさえ思われる．これは生体という高度な有機体を制御するために自然が35億年かけて作りあげた精緻なメカニズムなのである．

一つの研究対象として見た場合，生体は一個の独立した多変量フィードバック系であり，そのような系がヒトだけを対象としても50億(人)も存在しているのである．このような系を解析する実用的な方法がいかに必要とされるかが，このことからも理解されよう．表2.1に筆者がこれまでに手がけて来た各種の生体内フィードバック系の一覧を示す(Wada et al. 1988, 1990, 1993, Wada 1993, 和田 1989, 1990)．最近のメディカルエレクトロニクスの進歩のおかげで，多変

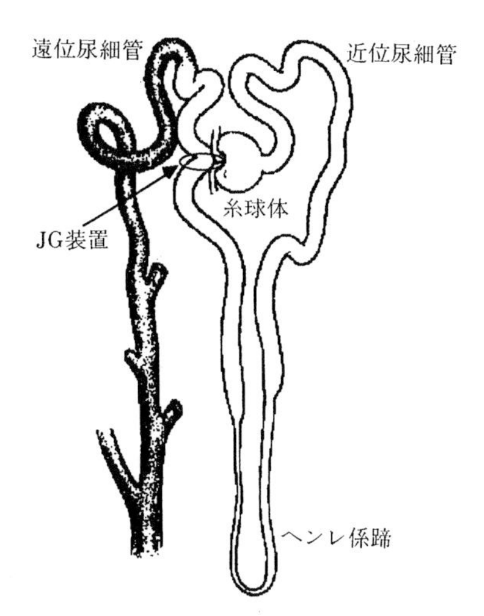

図 2.1　単一ネフロンの走行過程と JG 装置

数の時系列データが容易に入手されるようになり，多変量系ことにフィードバック系の解析の重要性が認識されはじめて来た．本稿の役割は，具体的応用例を通じて生体内フィードバック系の解析に赤池，中川の著書で述べられた方法の適用を論じることにある．

2.2　体液制御とフィードバック

生体におけるフィードバック系の解析の重要性を知るためには，先ず実例から入るのが最もわかり易いと思われる．ここでは医学の中でも代表的なフィードバック系の一つである，腎糸球体と尿細管との間における制御関係についての解析を具体的に示して見たい．

腎は尿を作る臓器である．1 個の腎の中にはネフロンと呼ばれるミニ器官が 100 万個 (本) も存在していて，この一本一本が尿を作っているのである．このネフロンの形を見ると図 2.1 のようになっている．ネフロンの出発点は糸球体と呼ばれる球状の構造で，その中には毛細血管が糸玉のように巻かれている．この毛細血管の中を流れている血液から血球成分や蛋白分子などを除いた液体部分が濾過されて原尿が出来る．糸球体に続く長い管が尿細管と呼ばれる部分であり，ここで原尿の成分の調整が行われる．

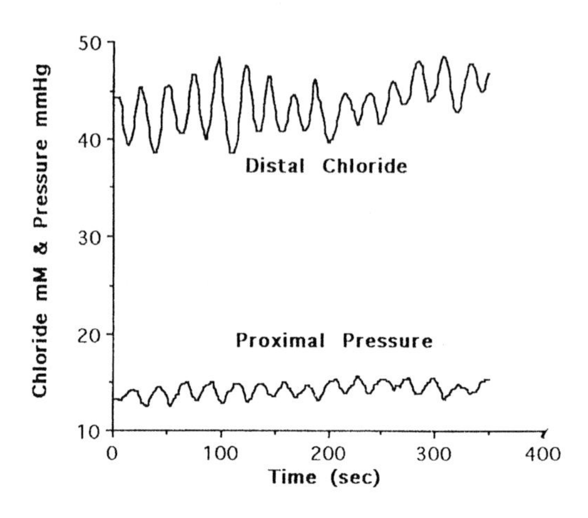

図 2.2　近位尿細管の圧 (P) と遠位尿細管のクロール濃度 (Cl) のトレース (Holstein-Rathlow and Marsh による)

この尿細管の走行を見ると，近位尿細管としていったん糸球体から離れて行き，ヘンレ係蹄のあとで遠位尿細管部となって再び糸球体に接触する．この接触部分が密集斑という特殊な細胞集団となり JG (juxta-glomerular) 装置の一部を形成している．おそらくこの部分でフィードバック作用を行っているのではないかという密集斑仮説 (macula densa theory) が存在する．つまり，糸球体で濾過されるナトリウムないしクロールの量をこの JG 装置でフィードバック制御している可能性が繰り返し指摘されて来たのである．

最近，カリフォルニアの Holstein-Rathlow and Marsh (1989) は，近位尿細管の中の圧と遠位尿細管の中のクロールの濃度を連続測定することに成功した．その値をトレースしたのが図 2.2 である．この振動状態のパワースペクトルを調べて見ると図 2.3 のようになり，この圧 (P) とクロール濃度 (Cl) はほとんど同じようなスペクトルを示す．ことに 0.04 ヘルツ付近のピークが両者で全く重なっているのは興味深い．原著者らはこの二つの変数間には原波形で見るとずれがあることを指摘し，これがフィードバック制御の存在を示す重要な所見となると指摘している．

さて，この 2 変数の変動状態を 2 変量 AR モデルで解析して見たらどうなるであろうか．数学的な意味についてはあとで触れるとして，ここでは AR モデル

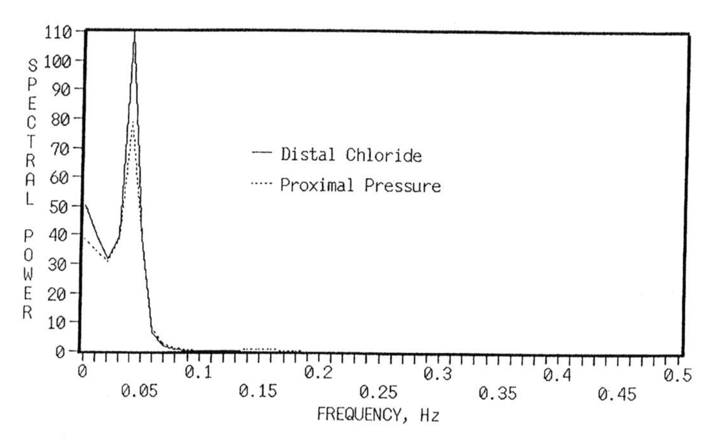

図 2.3　P と Cl のパワースペクトル

解析がフィードバックの様式をどう表現してくれるかを示してみたい．私達は主として2つの方式を用いている．その第一は赤池によって導入されたパワー寄与率という概念を利用すること，第2はインパルス応答を利用する方式である．前者は周波数領域から見たフィードバックの実態を，後者は時間領域から見た変数間のつながりを記述する方法である．

上記2変数の実測された時系列データについて言えば，2変量ARモデルのあてはめを行うことから始まる．最適なARモデルが決定すれば，その時に得られたAR係数行列を用いて，パワー寄与率とインパルス応答の両者を求めることが出来る．それをグラフで表現すれば，その系の持つフィードバックの様式を直観的に把握することが出来る．特別な数理的素養がなくても，対象とする系の医学・生物学的意味がわかっている研究者には充分利用が可能である．

2.3　パワー寄与率とインパルス応答の実例

図2.4には上記2変数の系について得られたパワー寄与率を示してある．左側の図は遠位尿細管の中のクロール濃度(Cl)が，近位尿細管の中の内圧(P)の変動によってどの程度ドライブされているかを示している．X軸は周波数を表し，Y軸は各周波数におけるパワーの意味での各変数の寄与率を表している．0ヘルツに近いところでは近位尿細管の圧による寄与が45%近くになっている

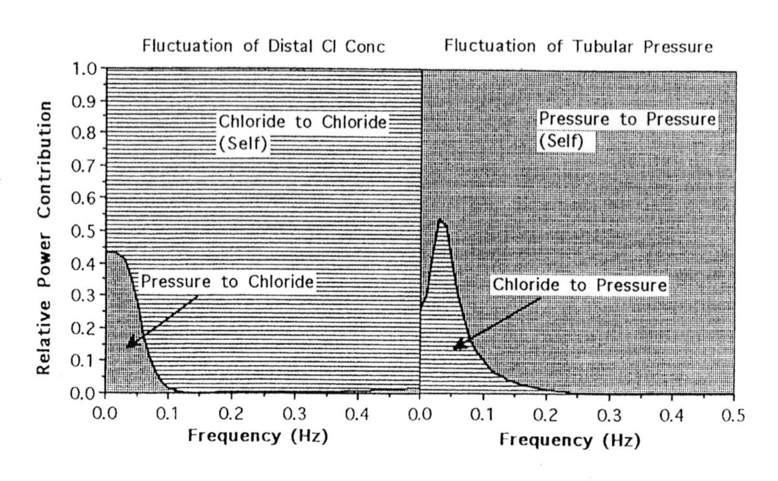

図 2.4　P と Cl の制御関係を示すパワー寄与率のマップ

が，他の周波帯では寄与率が低くなっている．この図の右側は P のパワーに対する Cl に起因する変動の寄与率を示している．Cl の寄与は 0.04 ヘルツの付近で最大になっている．

この 0.04 ヘルツという周波数は，ちょうど図 2.3 に示した P，Cl のパワースペクトルのピークに一致している．つまり，2 変数ともに主として 0.04 ヘルツに近い振動を示しているが，パワー寄与率による解析結果は，この振動はもともと Cl の変動から来たもので，P から来たものではないことを示している．このように通常のパワースペクトルからは読み取れないフィードバックの情報がパワー寄与率を用いることによって明らかに読み取れることが分かる．

しかし，ここで読み取れるのは周波数領域の情報だけである．これでは，P と Cl の 2 変数の間に非対称性のフィードバック関係が存在することは分かるが，その実態が医学・生物学の立場から見てもう一つ具体的につかめない．つまり P が変化した時に時間的に Cl がどう反応するのか，また Cl が変化した時に P がどう変化するのかが分からない．この部分を補ってくれるのがインパルス応答の解析である．

そのインパルス応答 (開放系) を図 2.5 に示す．この数理的な意味についてはあとで論じるが，要するにこの系に関する観察データから得られた AR モデル

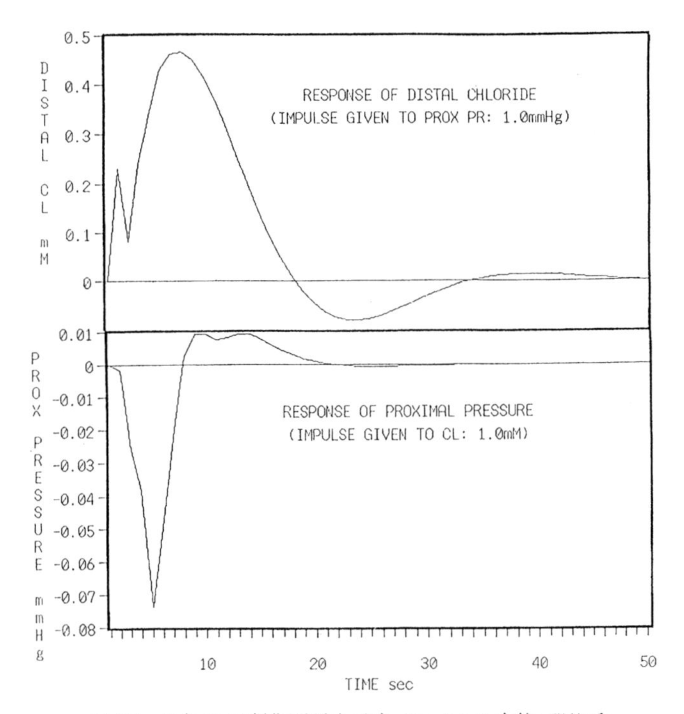

図 2.5 P と Cl の制御関係を示すインパルス応答 (開放系)

を用い，フィードバックの経路を断った上でシミュレーションを行うのである．この図の上半分に示すように，P に 1 秒間だけ 1.0mmHg のサイズのパルス様刺激を加えたとすると，Cl 濃度は約 7〜8 秒ぐらい遅れて 0.48mmol/ℓ だけ上昇する．図の下半分は Cl に 1.0mmol/ℓ に相当するパルス様刺激を加えた場合の P の応答を示し，約 5 秒遅れて 0.07mmHg だけ低下する．

この二つの応答を制御面から眺めて見ると，近位尿細管の圧が上昇すると遠位尿細管の中のクロール濃度が低下し，その結果として反対に近位尿細管の圧は低下するというフィードバックループが成り立つことになる．これは上にのべた密集斑仮説を支持する興味深い解析結果である．この解析結果は Marsh 教授の元に送られたが，彼等も非常に興味を示しここに掲載する許可を得た次第である．

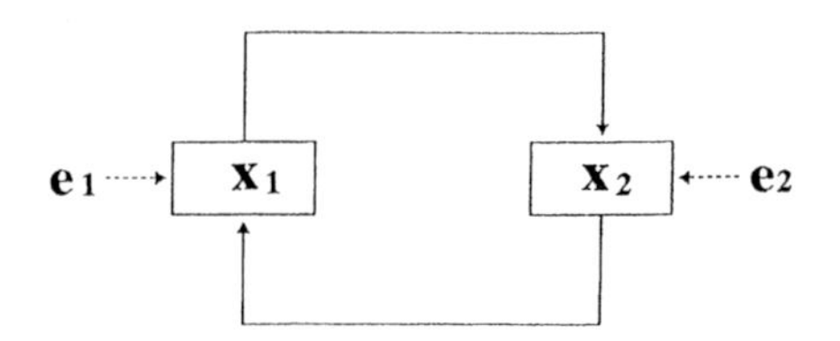

図 2.6　x_1，x_2 の 2 変数から成る単純なフィードバック系

2.4　なぜフィードバック解析に自己回帰モデルを用いるか

上記の例はフィードバック系の特徴をよく表していると考えられる．Cl と P の 2 変数間にフィードバック関係が成り立っていると，Cl から出た出力は入力として P に影響を与え，また P から出た出力は Cl に影響を与える．こうして，いわゆる堂々巡りが始まるために，2 変数の出力曲線は極めて類似することになる．実際に図 2.2 に示した Cl と P の振動状態はよく似ており，両者のパワースペクトルを見ると，図 2.3 のようにほとんど同じ形をしているのである．

したがって，たとえば Cl と P の適当な時間差に対する相関係数を計算して見ればかなり高くなる．このことから両者に何らかの因果関係があると考えるのが普通であるが，どちらがどちらを制御しているのかは全く不明である．パワー寄与率とインパルス応答は，この 2 変数間の因果関係を判定する材料となるのである．

線形モデルを用いたフィードバック解析法の原理を理解するために，図 2.6 のような x_1，x_2 の 2 変数から成る単純なフィードバック系について考えてみたい．この系では x_1 の変動は x_2 に伝わるし，x_2 の変動は x_1 に伝わる．したがって時間の経過から見ると x_1，x_2 の変動には両者の変動が入り混じって，両者の過去の値の線形和が両者の現在の値を形成すると考えられる．

その時に x_1，x_2 の各々に固有の変動を起こしているノイズ入力を e_1，e_2 として，x_1，x_2 そのものから分離することが出来れば両者の制御関係を表現するのに有効である．つまり，x_1 が x_2 を (または x_2 が x_1 を) いかに制御しているかではなく，e_1 が x_2 を (または e_2 が x_1 を) いかに制御しているかという問題に置き換えているのである．この時，e_1，e_2 を x_1，x_2 から取り出す手段として以下の自己回帰モデルが利用される．

$$
\begin{aligned}
x_1(s) &= \sum_{j=1}^{2}\sum_{m=1}^{M} a_{1j}(m)x_1(s-m)+e_1(s)\\
x_2(s) &= \sum_{j=1}^{2}\sum_{m=1}^{M} a_{2j}(m)x_2(s-m)+e_2(s)
\end{aligned}
$$

この2式で $a_{1j}(m)$，$a_{2j}(m)$ が自己回帰係数であり，$e_1(s)$ が残差部分である．これを k 変量の場合に拡張すると，次のような一般的な多変量自己回帰モデルが得られる．

$$
x_i(s) = \sum_{j=1}^{k}\sum_{m=1}^{M} a_{ij}(m)x_j(s-m)+e_i(s) \tag{2.1}
$$

ただし各変数の値はそれぞれの平均値からの偏差を示す．M はモデルの次数で，現時点への影響が過去のいくつの時点までさかのぼるかを決めるものである．実際のデータからこれを決定するにあたっては何らかの基準が必要となる．最も便利な方法としては，赤池の情報量規準 (AIC) を用いて，その値が最も小さくなるように次数を決定する．

2.5 パワー寄与率の求めかた

観察された時系列データに最もよくあてはまる自己回帰モデルを推定するには次の Yule-Walker 方程式を用いる．

$$
\sum_{j=1}^{k}\sum_{m=1}^{M} a_{ij}(m)r_{jh}(s-m) = r_{ih}(s) \qquad (i,h=1,2,\ldots,k). \tag{2.2}
$$

ただし，$r_{jh}(s)$ は変数 x_j と x_h の相互共分散関数であって，$j=h$ の場合には自己共分散関数になる．これらの推定値をもとのデータから求めてこの式に代入し，得られる連立方程式を解けば AR 係数 $a_{ij}(m)$ が求まる．

実際には最適次数と自己回帰係数を同時に求めるために Levinson-Durbin のアルゴリズムを用い，1 次，2 次と順次に次数をあげながら繰り返し計算を行い，一定の範囲内で AIC の最小値が得られる次数を最適とするのである．こうして AR 係数が求められると，これを利用してパワー寄与率を求めることが出来る．その過程は全て赤池, 中川 (1972) に示されているが，以下それを簡単に説明する．

まず式 (2.1) から得られた各変数に固有な残差部分 (イノベーション) $e_i(n)$ について，分散・共分散を求めると

$$Re_ie_j(n) = \sum_{\ell=0}^{M}\sum_{m=0}^{M}\sum_{r=1}^{k}\sum_{s=1}^{k} a_{ir}(\ell)a_{js}(m)R_{rs}(n-\ell+m)$$

となる．ただし $R_{rs}(n-\ell+m)$ は $x_r(t+n-\ell)$ と $x_s(t-m)$ との共分散である．$Re_ie_j(n)$ は $e_i(t+n)$ と $e_j(t)$ との共分散である．

これをフーリエ変換すると

$$s_{ij} = \sum_{r=1}^{k}\sum_{s=1}^{k} a_{ir}(f)\overline{a_{js}(f)}p_{rs}(f)$$

となる．ただし，$a_{js}(f) = \sum_{m=0}^{M} a_{js}(m)\exp(-i2\pi fm)$，$p_{rs}(f)$ は x_r と x_s の間のクロススペクトル密度である．$r = s$ ならば x_r のパワースペクトル密度となる．$s_{ij} = Re_ie_j(0)$ である．これを行列表示すると

$$S = A(f)P(f)A(f)^T$$

ただし，ここで

$$A(f) = \sum_{m=0}^{M} A(m)\exp(-i2\pi fm) = -I + \sum_{m=1}^{M} A(m)\exp(-i2\pi fm)$$

であり，i は純虚数を表す．$A(m)$ は $a_{ij}(m)$ を要素とする AR 係数の行列である．各変数のパワースペクトルあるいはクロススペクトルを与える $p_{rs}(f)$ を要素とする $k\times k$ 行列を $P(f)$ とすると

$$P(f) = A(f)^{-1}S(A(f)^T)^{-1} \tag{2.3}$$

で与えられる．ただし，$A(f)^T$ は $A(f)$ の共役転置行列を表す．

異なる変数のイノベーション $e_i(s)$ 間の相関 (ノイズ相関) が無いと仮定すると s_{ij} はゼロとなり s_{ii} のみが残る．従って，$p_{ii}(f)$ は次式のごとく表現される．

$$p_{ii}(f) = \sum_{j=1}^{k} q_{ij}(f) \tag{2.4}$$

ただし

$$q_{ij}(f) = \left|(A(f)^{-1})_{ij}\right|^2 s_{jj}^2.$$

つまり，変数 x_i のパワースペクトル $p_{ii}(f)$ は，変数 x_{jj} のイノベーションの寄与分である $q_{ij}(f)$ の和として表現されるわけである．$p_{ii}(f)$ のうちで $q_{ij}(f)$ が占める割合を見れば，これが以下に示す赤池のパワー寄与率 $r_{ij}(f)$ となる．

$$r_{ij}(f) = \frac{q_{ij}(f)}{p_{ii}(f)} \tag{2.5}$$

パワー寄与率を利用するためには，ノイズ相関がゼロと見なせる状態でなければならないことに注意する必要がある．以上の計算過程はプログラムパッケージ TIMSAC の中で MULNOS という部分にあたり，ここでノイズ相関も確認出来る．

2.6　状態方程式とインパルス応答

ここではフィードバックシステムの動態を視覚化するツールという視点からインパルス応答を取り上げる．変数 x を入力，y を出力とする線形系はその特性として，標準的な大きさ 1 のインパルス入力に対してあるきまった出力 y の応答波形をもっている．これがインパルス応答関数である．一般に y は x として連続的に与えられるインパルス列に対して一つ一つ応答し続けるから，過去の各時点における入力の大きさで荷重されたインパルス応答の値を加え合わせたものが出力を形成する．

インパルス応答は時間の経過につれて，入力されたインパルスを出力に変えて行く．AR 係数 $a_{ij}(m)$ は変数 x_j の入力に対する変数 x_i の応答を決める係数であり，この意味でインパルス応答を示すものと考えることが出来る．しかし，実際の自己回帰モデルにおいては，ある変数は自分自身や他の変数を介するフィードバックの影響を含んだ閉鎖系を表現しているために，単一の $a_{ij}(m)$ が i 成分と j 成分の間の応答関係を決定しているわけではない．AR 係数の並び全体が閉鎖系のインパルス応答を決定しているのである．この閉鎖系におけるインパルス応答を表現するために，以下のように AR 係数の並びを利用して，一種のシミュレーションを行う．

2 変数の系においてモデルの次数を 2 と仮定した場合，以下の式が成り立つ．

$$
\begin{aligned}
x_1(s) &= a_{11}(1)x_1(s-1) + a_{12}(1)x_2(s-1) \\
&\quad + a_{11}(2)x_1(s-2) + a_{12}(2)x_2(s-2) + e_1(s) \\
x_2(s) &= a_{21}(1)x_1(s-1) + a_{22}(1)x_2(s-1) \\
&\quad + a_{21}(2)x_1(s-2) + a_{22}(2)x_2(s-2) + e_2(s)
\end{aligned}
$$

この2式を行列としてまとめると以下のごとくなる．

$$
\begin{bmatrix} x_1(s) \\ x_2(s) \end{bmatrix} = \sum_{m=1}^{2} \begin{bmatrix} a_{11}(m) & a_{12}(m) \\ a_{21}(m) & a_{22}(m) \end{bmatrix} \begin{bmatrix} x_1(s-m) \\ x_2(s-m) \end{bmatrix} + \begin{bmatrix} e_1(s) \\ e_2(s) \end{bmatrix} \tag{2.6}
$$

このような行列表示をもっと一般化して k 変数，M 次のモデルに拡張すれば，以下のような式が成り立つ．

$$
X(s) = \sum_{m=1}^{M} A(m)X(s-m) + E(s) \tag{2.7}
$$

ここで X ならびに E は k 行1列，A は k 行 k 列の行列を意味する．この系の状態 $Z(s)$ は以下の式で表現される．

$$
Z(s) = \begin{bmatrix} X(s) \\ X(s-1) \\ \vdots \\ X(s-M+1) \end{bmatrix} \tag{2.8}
$$

この時，$X(s)$ に対するモデル (2.7) から以下の状態方程式が得られる．

$$
Z(s) = \Psi Z(s-1) + V(s)
$$

ここで Ψ は遷移行列と呼ばれるもので

$$
\Psi = \begin{bmatrix} A(1) & A(2) & \cdots & A(M-1) & A(M) \\ I & O & \cdots & O & O \\ O & I & \cdots & O & O \\ \vdots & \vdots & \ddots & \vdots & \vdots \\ O & O & \cdots & I & O \end{bmatrix}
$$

$V(s)$ は

$$V(s) = \begin{bmatrix} E(s) \\ O \\ \vdots \\ O \end{bmatrix}$$

である．

いったんモデルが決定し AR 係数が求められれば，この状態方程式を用いて，ある変数のノイズ項に単位インパルスが加えられたときの各変数の応答をグラフとして表現することが可能となる．これを閉鎖系のインパルス応答と呼ぶことにする．2 変数の 2 次のモデルについて実際に求める方法を図 2.7 に示す．

2.7　閉鎖系と開放系のインパルス応答

図 2.6 に示したように，ある変数 x_1 を他の変数 x_2 の過去の変動の影響の和と，それ自身で発生する変動 u_1 との和として見ることにより，x_1 の x_2 の変動に対するインパルス応答が定義出来る．これを開放系として見た場合のインパルス応答と呼ぶことにする．

$a_{ij}(s)$ を自己回帰係数とすると，

$$\begin{aligned} \alpha_{ij}(1) &= a_{ij}(1) \\ \alpha_{ij}(m) &= a_{ij}(m) + \sum_{k=1}^{m-1} a_{ii}(k)\alpha_{ij}(m-k) \qquad (m = 2, 3, \ldots, M) \\ \alpha_{ij}(m) &= \sum_{k=1}^{M} a_{ii}(k)\alpha_{ij}(m-k) \qquad (m = M+1, M+2, \ldots) \end{aligned}$$

として得られた $\alpha_{ij}(m)$ を $m = 1, 2, 3, \ldots$ とプロットして行けば，開放系のインパルス応答のグラフが描かれる．この開放系の応答と，前にのべた閉鎖系の応答のいずれが理解しやすいかということになると，にわかには結論が出ない．

したがって，筆者が TIMSAC から取り出して改良したコンピュータプログラムでは，両者を同時に表示するようになっている．図 2.8 にはその一例を示す．これは ADH 過剰分泌症候群の患者における低ナトリウム血症の発生機序を探求するために解析を行ったものである．最上段はナトリウムバランスにインパ

[1] $Z(0)$ をゼロマトリックスとする．

$$Z(0)=\begin{bmatrix} X(0) \\ X(-1) \end{bmatrix}=\begin{bmatrix} x_1(0) \\ x_2(0) \\ x_1(-1) \\ x_2(-1) \end{bmatrix}=\begin{bmatrix} 0 \\ 0 \\ 0 \\ 0 \end{bmatrix}$$

[2] $n_1(1)$ に 1.0 インパルスを入れる．以後のノイズは 0 とする．

$$\begin{aligned} Z(1) &= \Psi Z(0)+V(1) \\ &= \begin{bmatrix} A(1) & A(2) \\ I & 0 \end{bmatrix} Z(0)+\begin{bmatrix} N(1) \\ 0 \end{bmatrix} \\ &= \begin{bmatrix} a_{11}(1) & a_{12}(1) & a_{11}(2) & a_{12}(2) \\ a_{21}(1) & a_{22}(1) & a_{21}(2) & a_{22}(2) \\ 1 & 0 & 0 & 0 \\ 0 & 1 & 0 & 0 \end{bmatrix}\begin{bmatrix} 0 \\ 0 \\ 0 \\ 0 \end{bmatrix}+\begin{bmatrix} 1 \\ 0 \\ 0 \\ 0 \end{bmatrix} \\ &= \begin{bmatrix} 0 \\ 0 \\ 0 \\ 0 \end{bmatrix}+\begin{bmatrix} 1 \\ 0 \\ 0 \\ 0 \end{bmatrix}=\begin{bmatrix} 1 \\ 0 \\ 0 \\ 0 \end{bmatrix} \end{aligned}$$

[3] $Z(1)$ から $Z(2)$ を求める．ノイズは 0.

$$\begin{aligned} Z(2) &= \begin{bmatrix} a_{11}(1) & a_{12}(1) & a_{11}(2) & a_{12}(2) \\ a_{21}(1) & a_{22}(1) & a_{21}(2) & a_{22}(2) \\ 1 & 0 & 0 & 0 \\ 0 & 1 & 0 & 0 \end{bmatrix}\begin{bmatrix} 1 \\ 0 \\ 0 \\ 0 \end{bmatrix} \\ &= \begin{bmatrix} a_{11}(1) \\ a_{21}(1) \\ 1 \\ 0 \end{bmatrix} \end{aligned}$$

[4] 以後は同様な操作で $Z(3)$, $Z(4)$, ... を求める．

図 2.7　閉鎖系のインパルス応答の求め方 (2 変数，2 次のモデル)

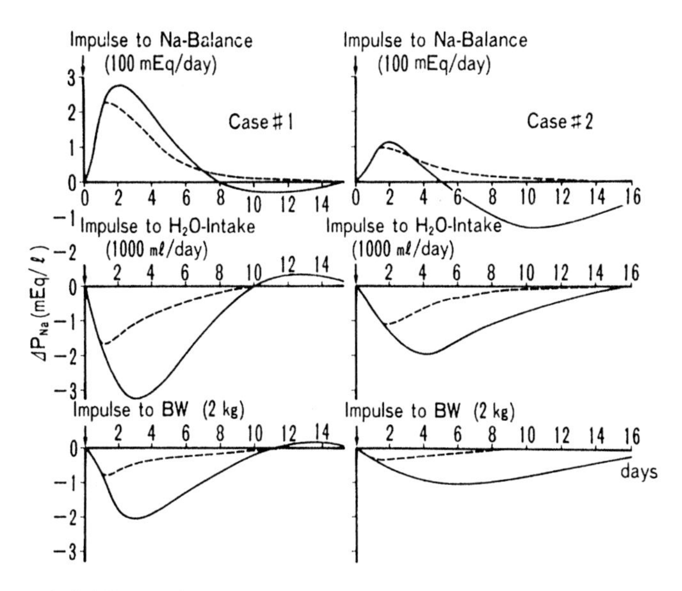

図 2.8　ADH 過剰分泌症候群の患者におけるインパルス応答 (実線は閉鎖系，点線は開放系)

ルス入力をした場合に，血清ナトリウム値が上昇する様子を開放系 (点線) と閉鎖系 (実線) とについて示している．観測データは毎日の測定値である．

閉鎖系の応答を見ると，ナトリウムバランスに 100mEq/L に相当するインパルスを入力すると (上欄参照)，第 1 例 (左側) では血清ナトリウムがほぼ 3mEq/L 上昇する．しかし 8 日以後はその反動でマイナス方向に振れているのが分かる．この傾向は第 2 例でより顕著で，ナトリウムバランスの上昇は血清ナトリウム値をむしろ下げる動きを助長する．これはおそらくのどの渇きによって，水を飲んでしまい，水バランスがプラスになるためと思われる．事実，開放系の応答には，これらのマイナス方向への振れは見られないので，閉鎖系の応答が変数間の直接関係だけではなく，他の変数の動きを介した間接応答を反映していることが示唆される．

また，中欄に見るように，水分摂取をインパルス入力によって 1000mℓ 増加させると，第 2 例では血清ナトリウムが 3mEq/L 低下し，また下欄では 2kg の体重増加で 1 ないし 2mEq/L の血清ナトリウムの低下を生じることが示されている．ここで問題になるのは，実際的にどの程度のインパルスを入力するのが妥

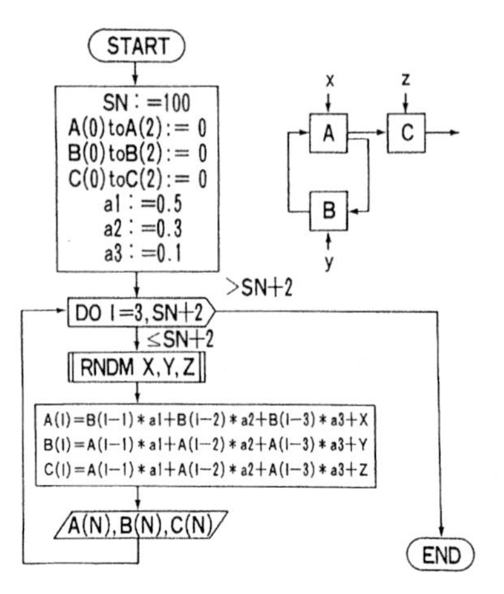

図 2.9　A，B，C の 3 変数からなる仮想のフィードバック系とそのプログラムフローチャート

当であるかということである．これには絶対的な基準はないが，イノベーション(残差部分)の標準偏差の 1 ないし 2 倍にあたる程度の大きさが適当であると推察される．しかし，多くの症例の反応を比較する場合には，個々の症例で標準偏差の値が異なるので，入力の大きさが一定しないという不都合が生じる．

そこで，インパルスとして固定した値のものを入力する方法もとられる．しかし，これも各変数の単位の取りかたとの関係で，必ずしも適当な大きさのものが選ばれるとは限らない．こういう理由で，上記の場合にはイノベーションの標準偏差の 2 倍に近い値でかつ，きりの良い数値を選んで入力している．しかし，あくまでも AR モデルという線形モデルによって近似的な応答を見ているので，計算機の上で入力の数値を 10 倍にすれば，たとえ現実ばなれがしているとしても，その出力も 10 倍になることに注意しなければならない．その意味では，現実の動きに近い範囲の生理的に意味のある数値を選んで検討することが必要である．

2.8　仮想的なフィードバック系による確認

著者は上記のような手法を用いて各種の医学的研究を行って来た．今までに手がけた系はすでに表 2.1 に示したようにかなり広範囲にわたっており，この

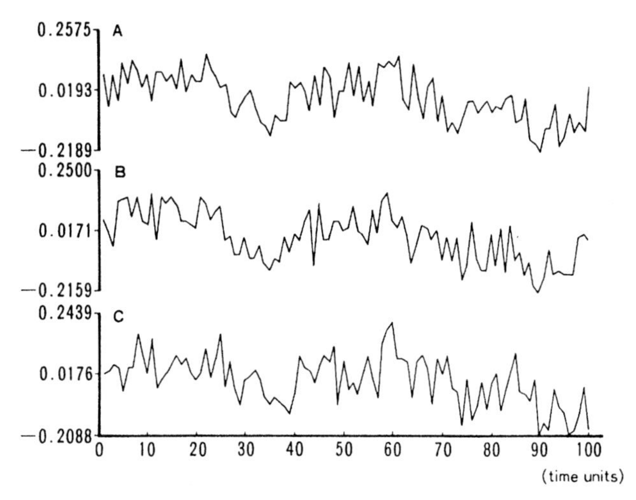

図 2.10　仮想のフィードバック系からの 3 変数の出力

領域におけるこの手法の有用性はほぼ確立されたと考えている．しかし，これが本当にフィードバック系の解析になっているのかという疑問を抱く研究者もあると思われる．そこで，よく構造が分かっている仮想の系を設定し，その系から出力されたデータを解析してみたい．

まずここで図 2.9 のような制御関係を持った 3 変数を考える．つまり A は B を制御し，B は A を制御している．さらに A は一方向的に C を制御している．このような系は同図に示されたフローチャートによって実現される．すなわち，A は B の過去の値の線形和とノイズから成り立っており，B は A の過去の値の線形和およびノイズ (イノベーション) から成り立っている．

C はやはり A の過去の線形和とノイズ (イノベーション) から成り立っているが，A の値にはすでに B の過去が含まれているので，C は間接的に B の過去によっても影響されていることになる．ただし，ここでは簡単のためノイズはホワイトノイズとしている．

このような系から出力された 3 変数の数値を時系列的に眺めて見ると，図 2.10 のようになる．この時の 3 変数の動きを見ると，かなりよく似た低周波成分を持っていて，どの変数がどの変数を制御しているかが一見しては分からない．まず，パワー寄与率を計算してみると図 2.11 のようになる．これでわかるよう

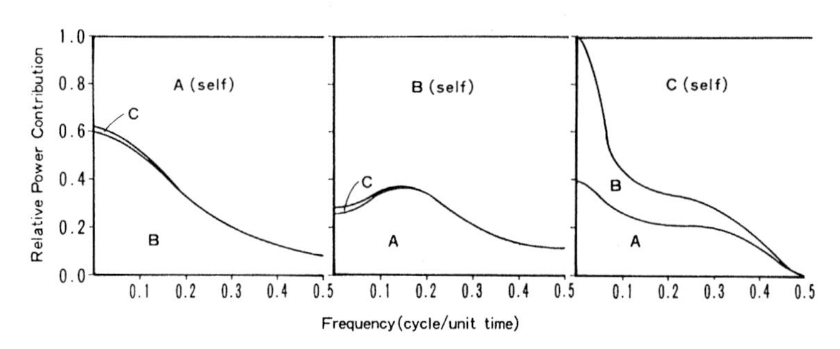

図 2.11　仮想のフィードバック系の制御関係を示すパワー寄与率

に，Aのパワースペクトルのかなりの部分にBのイノベーションが寄与し，あとの残りの部分はほとんど全てA自身のイノベーションの寄与が占めている．Cのイノベーションもわずかに寄与しているようであるが，その大きさは計算誤差の程度である．またBのパワースペクトルにはAのイノベーションが寄与し，残りはB自身のイノベーションの寄与が占めている．ここでもCによる寄与分がわずかに見られるがこれも計算誤差の範囲である．いいかえれば，AとBはお互いに制御しあっているが，Cによっては制御されていないことが分かる．

Cについては，低周波部分で見るとほとんど全てがAとBによって制御されていて，より高周波部分ではC自身のイノベーションの寄与分が加わって来る．つまりCは直接的にはAによって制御されているのであるが，Bによっても間接的に制御を受けていることが明らかである．また上にのべたように，CはAとBのパワーには寄与していないので，Cは一方向的にAとBによって制御されていることになる．これらの関係は図 2.10 に示したA，B，Cの3変数の制御関係を忠実に反映している．

さて，この関係をインパルス応答で見たのが図 2.12 である．ここで実線は閉鎖系のインパルス応答，点線は開放系の応答である．まず実線に注目したい．Aにインパルス入力をすると，少し遅れてその波がBに伝わり，ついでCに伝わる．またBにインパルス入力すると，その波がAに伝わり，ついでCに伝わる．しかし，Cにインパルス入力しても，その波はA，Bには伝わらないということが一見して分かる．

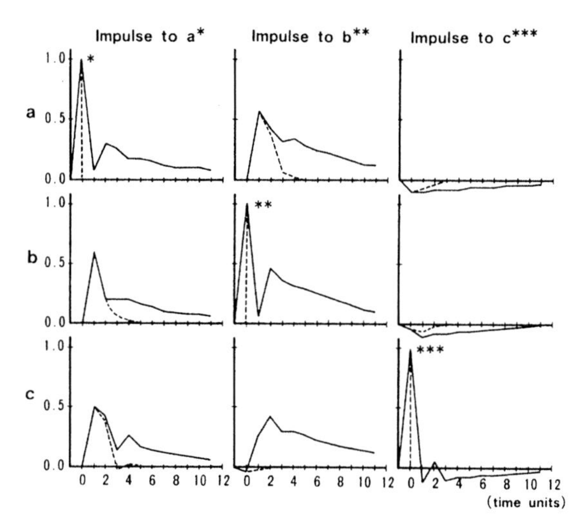

図 2.12　仮想のフィードバック系の制御関係を示すインパルス応答 (実線は閉鎖系，点線は開放系)

ここで点線の示す開放系のインパルス応答に注目すると，間接応答が一切はぶかれているので，波の収束が速くなっている．さらにBにインパルス入力をした場合のCの応答を見ると，実線の場合と異なりほとんど応答がゼロになっている．つまり，Bにインパルス入力すると，Cの応答はAを介した間接応答だけで，直接にはCへの経路を持たないために，応答は無くなっているのである．このように，多変量ARモデルは，線形系に関しては有効なフィードバック系の解析法を与えることが確認できる．

2.9　おわりに

本稿では多変量ARモデルを用いたフィードバック解析について論じて来たが，この手法についてはまだ解決すべき問題点がいくつかある．それはデータの非定常性，非線形性である．この問題については，現在，統計数理研究所の研究者との共同研究によって取り組み始めてはいるが，多変量系については非常に難しい点を残している．

筆者がこの方法を学びはじめた時点で，これらの問題の存在を認めながらも，実用上有効な成果が期待出来るものとしてこの方法の適用の研究の推進をすすめられた赤池博士の見識に深く感謝するものである．もちろん，研究の精度は高いに越したことはない．しかし，角を矯めて牛を殺すのたとえ通り，細かい点にこだわっていたら，この研究がここまで到達し得たかどうかは疑問である．今後は専門家の助けを借りながら，残った問題点の検討に取り組んで行きたいと考えている．

[和田 孝雄]

文献

赤池弘次，中川東一郎 (1972), ダイナミカルシステムの統計的解析と制御, サイエンス社.

Wada, T., Akaike, H., Yamada, H. et al. (1988), "Application of multivariate autoregressive modeling for analysis of immunologic networks in man," *Comput. Math. Appl.*, Vol. 15, 713–722.

Wada, T., Jinnouchi, M. and Matsumura, Y. (1988), "Application of autoregressive modeling for the analysis of clinical and other biological data," *Ann. Inst. Statist. Math.*, Vol. 40, 211–227.

Wada, T., Kojima, F., Aoyagi, T. and Umezawa, H. (1988), "Feedback analysis of renin-angiotensin system under the effect of angiotensin converting enzyme inhibitors," *Biotech. Appl. Biochem.*, Vol. 10, 435–446.

和田孝雄 (1989), 多変量自己回帰モデルによる臨床検査データの解析, 医療情報学, Vol. 9, 263–272.

Wada, T., Yamada, H., Inoue, H., Iso, T., Udagawa, E. and Kuroda, S. (1990), "Clinical usefulness of multivariate autoregressive modeling as a tool for analyzing T-lymphocyte subset fluctuations," *Math. Comput. Model*, Vol. 14, 610–613.

和田孝雄 (1990), 多変量自己回帰モデル (赤池モデル) による臨床検査データの解析, 病態生理, Vol. 9, 984–990.

Wada, T., Sato, S. and Matuo, N. (1993), "Application of multivariate autoregressive modeling for analyzing chloride-potassium-bicarbonate relationship in the body," *Med. Biol. Eng. Comput.*, Vol. 31, 99–107.

Wada, T. (1994), "Multivariate autoregressive modeling for analysis of biomedical systems with feedback," *Proceedings of the First US/Japan Conference on Frontiers of Statistical Modeling*, Kluwer Academic Publishers, 293–317.

Holstein-Rathlow, N.H. and Marsh, D.J. (1989), "Oscillations of tubular pressure, flow, and distal chloride concentration in rats," *Amer. J. Physiol.*, Vol. 256, F1007–F1014.

3

経済時系列の変動要因分解

——経済モデルと統計モデルの融和——

3.1　はじめに

経済時系列の変動要因を分析する際，どこまで経済理論を援用すべきか，また，どこまで統計理論を取り込むかを明確にするために，まずマクロ計量モデルと時系列モデルの特性を比較することが有意義なものと思われる．マクロ計量モデルは，主に景気変動に関わる種々の要因の動きを経済理論の援用によって確定的に記述することを重視し，財政金融政策の効果の計測のためのシミュレーション等に用いられることが多く，経済変数が持っている循環変動等の時系列的構造に留意しない．一方，一般の時系列モデルは経済理論を必要とせず，データの時系列的構造を解析するため，モデルを確率的に記述し，予測力の評価を重視する.(注1) 無論，実際には時系列特性を無視した計量経済モデルも，経済理論を無視した経済時系列分析もあり得ない．本稿の目的は実証分析の過程で，計量経済モデルによって表現される経済学的知見を取り込むことにより時系列モデルの改良を実現することにある．

以上のような問題意識のもとに，代表的なマクロ経済変数である実質GDPの変動を適切に表現するモデルを作成することを試みる．実質GDPの変動は長期的な視点と短期的視点に分けて捉えることができる．前者については，たとえば昭和40年代の高度経済成長から50年代の低成長への移行に際し，日本経済の実力の表現ともいうべき成長率が大きく変化したことが指摘されている．

一方，後者の実質 GDP の短期的変動は，主に自律的な景気変動に対応して生じる部分と，それ以外に財政金融政策等の影響を受けている部分もある．このような状況を適切に表現できるモデルが求められるのである．したがって，モデルは以下の条件を満たしていなくてはならない．

(1) 日本経済の実力の表現としての趨勢的動向を適切に表現できる．

(2) 景気変動を適切に表現できる．

(3) 公定歩合操作等のマクロ経済政策の効果を測定できる．

(4) 予測力を有している．

本稿においては，まず，実質 GDP の時系列データとしての固有の特性を時系列モデルにより把握することからはじめ，得られた結果の解釈が困難になった場合に，経済理論を適宜援用していくという段取りで進めていくこととする．時系列の変動を長期的な視点と短期的な視点に分けて捉えるために，Kitagawa and Gersch (1984) により提案された状態空間モデルを利用する．

3.2　モデル 1 (確率項のみのモデル)

3.2.1　モデル 1 の概要

以下では Y_t は 実質 GDP (季節調整済四半期データ，昭和 60 年を 100 と指数化，昭和 40 年 I 期～平成 3 年 IV 期)，y_t をその自然対数値とする.(注2)

モデル 1 では，「実質 GDP は確率的に変動するトレンドの周りを，自己回帰過程で表現される定常変動をしている」と考えて，

$$y_t = T_t + p_t + u_t \tag{3.1}$$

という表現を想定する．ただし，T_t，p_t，u_t はそれぞれトレンド，自己回帰過程及びホワイトノイズ項を表す．

ここで，トレンド成分 T_t は次式で定式化される．

$$\Delta^m T_t = v_{Tt}, \qquad v_{Tt} \sim N(0, \tau_T^2). \tag{3.2}$$

また，AR 成分 p_t は次式で定式化される．

$$p_t = a_1 p_{t-1} + \cdots + a_\ell p_{t-\ell} + v_{pt}, \qquad v_{pt} \sim N(0, \tau_p^2) \tag{3.3}$$

このとき，Kitagawa and Gersch (1984) に示されているように (3.1)，(3.2)，(3.3) は状態空間モデル

$$
\begin{aligned}
x_t &= F x_{t-1} + G v_t \qquad (3.4)\\
y_t &= H x_t + u_t
\end{aligned}
$$

で表現することができる．ただし，状態ベクトル x_t は

$$x_t = (T_t, T_{t-1}, \ldots, T_{t-m+1}, p_t, p_{t-1}, \ldots, p_{t-\ell+1})^t$$

で定義され，F，G，H は，例えば $m = 2$，$\ell = 3$ の場合

$$
F = \left[\begin{array}{cc|ccc} 2 & -1 & & & \\ 1 & 0 & & & \\ \hline & & a_1 & a_2 & a_3 \\ & & 1 & 0 & 0 \\ & & 0 & 1 & 0 \end{array}\right], \quad G = \left[\begin{array}{cc} 1 & 0 \\ 0 & 0 \\ \hline 0 & 1 \\ 0 & 0 \\ 0 & 0 \end{array}\right],
$$
$$
H = [1\ 0\ 1\ 0\ 0]
$$

となる．また擾乱項 v_t，u_t については以下のように仮定する．

$$
\begin{bmatrix} v_t \\ u_t \end{bmatrix} \sim N\left(\begin{bmatrix} 0 \\ 0 \end{bmatrix}, \begin{bmatrix} Q & 0 \\ 0 & \sigma^2 \end{bmatrix}\right), \quad v_t = \begin{bmatrix} v_{Tt} \\ v_{pt} \end{bmatrix}, \quad Q = \begin{bmatrix} \tau_T^2 & 0 \\ 0 & \tau_p^2 \end{bmatrix}
$$

Kitagawa and Gersch (1984) では季節成分も同時に考慮しているが，ここでは議論を簡単にするために，種々の問題を含んではいるが季節調整済みのデータを原データと見なして用いることにする．一方，データ期間が 27 年と長く，この間に経済構造変化が生じたと考えられるので，モデルにその影響を採り入れる必要がある．本稿ではこのような構造変化を，トレンドのキンク (屈折点) として表すこととする．具体的には，トレンドの分散 τ_T^2 を 2 通り設け，τ_{T2}^2 は変動相場制への移行時のような経済構造の急激な変化に対応してトレンドのキンクを引き起こす τ_T^2 であり，それ以外の通常期では τ_{T1}^2 $(< \tau_{T2}^2)$ とする．

以上の状態空間モデルにカルマン・フィルターのアルゴリズムを適用して対数尤度を計算し，超パラメータ=$(\sigma^2, \tau_{T1}^2, \tau_{T2}^2, \tau_p^2, a_1, \ldots, a_\ell)$ を数値的最適化によっ

て推定することができる．さらに，この推定された超パラメータを用いて平滑化を行なうと状態 x_t の推定値が得られ，したがってトレンド成分 T_t および AR 成分 p_t の推定値を求めることができる．

3.2.2 分析手順

このモデリングの過程で以下が操作可能な変数である．

(1) $a_1, \ldots, a_\ell$ を除く超パラメータの初期値

(2) トレンド，AR の次数及び $a_1, \ldots, a_\ell$ の初期値

(3) トレンドのキンク箇所

(1) から (3) の全てが相互に影響している可能性があるので，あらゆる組み合わせを考慮して最適値を求めることがベストだと思われるが，計算機の能力もあり，実際の解析では (1) から順に AIC を用いてそれぞれの超パラメータの最適値を求めていくこととした．

具体的には，(1) については，実質 GDP の前期比変化率の分散値等を参考に 10 のマイナス 4 乗前後をいくつか設定してみた．また，(2) の次数については，最高 3 次まで，合計 $3 \times 3 = 9$ 通りのモデル比較をおこなった．その際，$a_1, \ldots, a_\ell$ については，定常条件を満たす初期値を用い，最適化の過程でも定常条件の制約をおくこととした．

最後に (3) については，Takeuchi (1991) のチャウ・テストによる検証結果を踏まえ，構造変化は昭和 45 年 I 期～49 年 IV 期の間に 1 回だけあったものとして探索してみた．

3.2.3 分析結果

図 3.1 ～図 3.2 のとおり分解された (図の縦線は景気基準日付の景気の山谷を表しており，実線が山，点線が谷である)．また，推計結果については，表 3.1 にまとめてある．

キンクなしのモデルとの比較からキンクのあるモデルの方が AIC が小さいという結果が得られた．また，トレンド成分についてみると，昭和 48 年 I 期を境にキンクしており，通常期のシステムノイズの分散値が極めて小さいものとなった．トレンド成分の年率成長率は高度経済成長時の 8.2% から安定成長時の 4.0% へと減速している．一方，AR 成分については，過去の景気の山谷と概

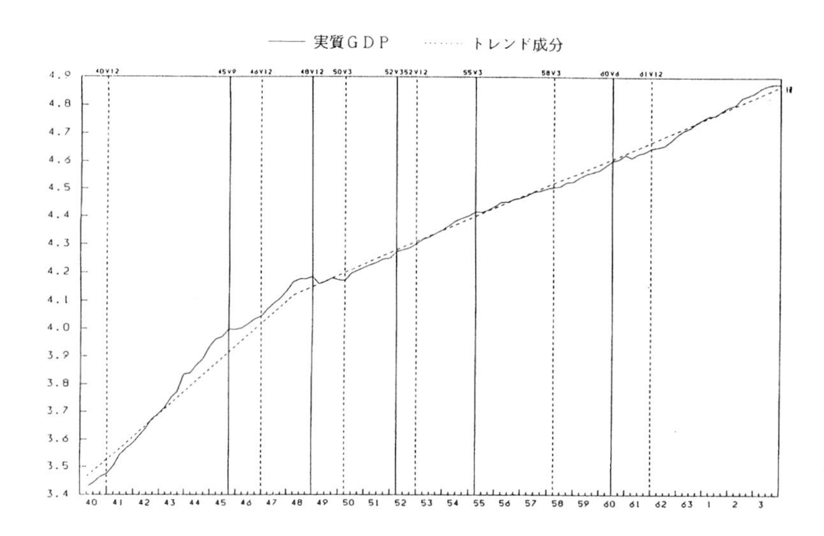

図 3.1 実質 GDP とトレンド成分 (実線の縦線は景気の山を, 点線の縦線は谷を表す. 例えば, 昭和 60 年 II 期から 61 年 IV 期は景気後退期を表している.)

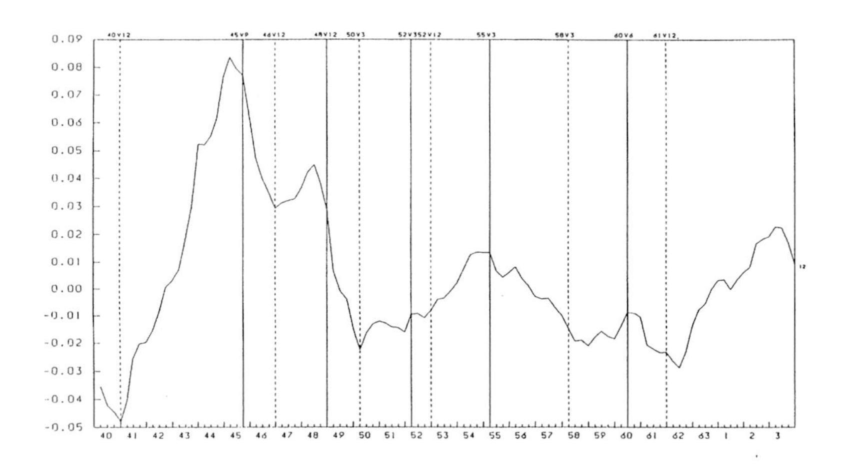

図 3.2 AR 成分

表 3.1　各モデルの推計結果

hyper-parameter		モデル 1	モデル 2	モデル 3
AIC		−672.0	−808.8	−802.7
トレンドの階差次数		2		
AR の階差次数		2	2	2
全要素生産性の階差次数			2	2
労働分配率の階差次数			2	2
外生変数 1 の時変係数の階差次数				2
外生変数 2 の時変係数の階差次数				2
AR1		1.397	1.575	1.524
AR2		−0.403	−0.696	−0.720
観測ノイズの分散	σ	0.176×10^{-4}	0.478×10^{-16}	0.329×10^{-16}
トレンド 1 のシステムノイズの分散	τ_{t1}^2	0.139×10^{-15}		
トレンド 2 のシステムノイズの分散	τ_{t2}^2	0.122×10^{-3}		
全要素生産性のシステムノイズの分散	τ_t^2		0.171×10^{-5}	0.233×10^{-5}
労働分配率のシステムノイズの分散	τ_w^2		0.490×10^{-5}	0.154×10^{-5}
外生変数 1 の時変係数のシステムノイズの分散	τ_{b1}^2			0.248×10^{-6}
外生変数 2 の時変係数のシステムノイズの分散	τ_{b2}^2			0.158×10^{-8}
AR(X) のシステムノイズの分散	τ_a^2	0.507×10^{-4}	0.124×10^{-4}	0.119×10^{-4}

(備考)　モデルの定式化等の相違により AIC のモデル間の単純な比較はできない.

ね対応している.

このようにして得られた実質 GDP の変動と経済理論との関係を整理すると，このモデルの問題点は以下のとおりとなる.

(1) 得られたトレンド成分の成長率が，いわゆる日本経済の実力に対応した成長率に当たり，景気変動に当たるものが AR 成分に対応していると考えることができるが，経済理論の援用がないままでは説明付けが困難である.

(2) トレンド成分の成長率が昭和 48 年 I 期を境に大幅な減速をしているが，日本経済の実力がある 1 時点を境にして激変するという結果は実体経済からは乖離している．消費や投資等種々の活動部門から構成されている日本経済の構造変化が調整過程を経て終了するには一定の期間が必要となるはずだからである.

3.3　モデル2 (確定項を含むモデル)

3.3.1　モデルの概要

前節で指摘した問題点を解決するために，本節では経済理論を援用して，トレンド成分に確定項をとりこむ方法を考える．実質GDPを説明する経済モデルとして，ここでは生産関数を採用することとする．こうすることにより，トレンド成分の成長率を，労働，資本，全要素生産性の成長率に分けることが可能となり，実体経済との対応関係が明瞭になる．

そのためモデル2では以下のような想定を行う．

「実質GDPは，労働・資本から説明される部分(一定の生産関数を前提にした確定的な変動)と労働や資本では説明されないそれ以外の全要素生産性(確率的な変動)からなる生産力で決定される部分からなるトレンドの周りで，自己回帰過程で表現される確率的な定常変動をしている．その際，労働分配率は確率的な変動をするものとする．」

経済理論の観点から解釈すると，実質GDPのトレンド成分は日本経済の実力，すなわち，労働や資本の平均的投入量とそれ以外の技術進歩(全要素生産性)によって生み出された産出量との和とみることができる．ここでは，コブ・ダグラス型生産関数を前提にする．この生産関数に関して通常行われる推計では，以下の関係を想定する．全要素生産性及び生産関数に関する問題点等については，黒田(1984)を参照されたい．

$$\log Y_t \;\approx\; \log TFP_t \;+\; W_t * \log L_t \;+\; (1-W_t) * \log K_t \tag{3.5}$$

ただし TFP_t は全要素生産性，W_t は労働分配率，L_t は労働人口×所定内労働時間(昭和60年を100とする)，K_t は民間企業資本ストック(昭和60年を100とする)である．(注3)

この右辺を実質GDPの対数値のトレンド成分と考えると，実際にはそのトレンド成分の周りに景気変動があることから，モデルは以下の通りとなる．

$$\log Y_t \;=\; \log TFP_t + W_t * \log L_t + (1-W_t) * \log K_t + \mathrm{AR}_t + N_t \tag{3.6}$$

ただし，AR_t は景気変動に対応する AR 過程，N_t はホワイトノイズで表現される偶然変動とする．実際の推計に当たっては，以下のように変形しておく．

$$\log \frac{Y_t}{K_t} = \log TFP_t + W_t * \log \frac{L_t}{K_t} + \mathrm{AR}_t + N_t \tag{3.7}$$

ここで留意しなければならない点がある．通常の生産関数の推計では，労働投入は就業者数 × 総実労働時間を，また，資本投入には，資本ストック × 設備稼働率を用いる．これは，トレンド成分以外に景気変動も含めた生産活動全体を推計するためであるが，ここでは，トレンド成分を推定することが目的であるので，各投入要素の中の景気変動部分を除去する必要がある．労働投入においては，

労働力人口 × (1 − 失業率) = 就業者数

が成り立ち，景気変動部分は基本的に失業率の部分であるから，これを除いた労働力人口を用いた.(注4) 同様に資本投入についても，設備稼働率を除いた資本ストック自体を用いた．

TFP_t と W_t はモデル 1 の (3.2) 式と同様の式に基づいて確率的に変動するものとする．AR_t や N_t はモデル 1 の p_t，u_t と同様である．また，状態空間表現は状態ベクトル $x_t = (T_t, \ldots, T_{t-m+1}, p_t, \ldots, p_{t-\ell+1})^t$ を $X_t = (T_t, \ldots, T_{t-m+1}, W_t, \ldots, W_{t-n+1}, p_t, \ldots, p_{t-\ell+1})^t$ に変え，モデル 1 の (3.4) 式の H を以下の通り変更する．

$$H_t = (\underbrace{1\ 0\ \cdots\ 0}_{m}\ \underbrace{\log L/K\ 0\ \cdots\ 0}_{n}\ \underbrace{1\ 0\ \cdots\ 0}_{\ell})$$

以上の状態空間モデルにおいて，超パラメータ $\theta = (\sigma^2, \tau_T^2, \tau_W^2, \tau_p^2, a_1, \ldots, a_\ell)$ を AIC 最小化により求める．

3.3.2 分析手順

モデル 1 の場合とほぼ同様だが，異なる点は状態変数 W_t の初期値の設定である．これは，通常の生産関数の理論に基づき，昭和 40 年の労働分配率 (雇用者所得/国民所得) を採用した．

3.3.3 分析結果

図 3.3 〜図 3.4 のとおり分解された．AR 成分が景気変動を表しており，例えば，昭和 45 年 I 期の値は約 0.03 であるが，この意味するところは，その時点の

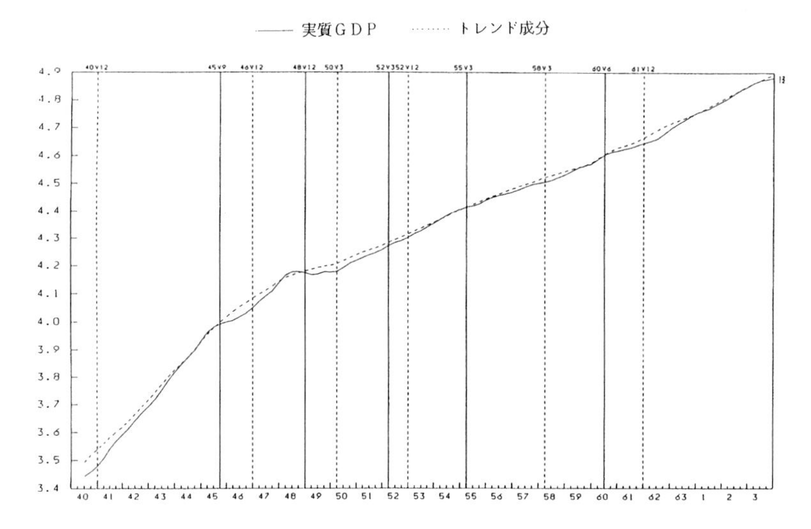

図 3.3　実質 GDP とトレンド成分

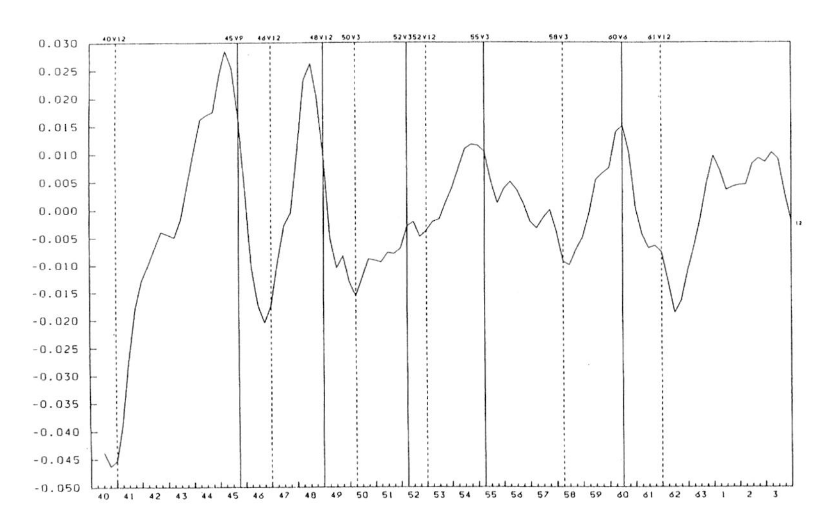

図 3.4　AR 成分

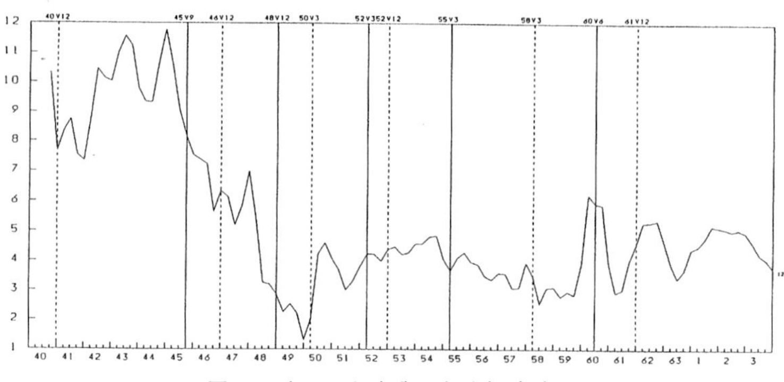

図 3.5 トレンド成分の成長率 (年率)

実質 GDP は生産関数によって予測された水準を 3% 上回っていることを示す．これは，一方で，財・サービス市場の需給状況が非常に逼迫していることを示している．しかしながら，モデル 1 と同様，昭和 40 年の AR 成分のレベルがやや低く，また，昭和 63 年から平成 2 年頃にかけての AR 成分の水準が，昭和 60 年頃の水準と同程度となっているなど実体経済からやや乖離した結果が得られた．一方，トレンド成分については，モデル 1 とは異なり，年率成長率は景気変動にある程度連動した動きを示している (図 3.5)．これによって，モデル 1 ではブラックボックスであったトレンド成分の変動と実体経済との関係が明確になる．例えば，高度成長期の昭和 40 年代前半の高いトレンド成長率は労働や資本投入が極めて高かった結果であることが分かる．さらに，確率的に変動する全要素生産性の年率成長率については，図 3.6 にある通り，通常の確定的な生産関数から求められたものと比較すると，個々の水準は異なっているものの，パターンは類似しており，概ね妥当なものといえる．(注5)

以上をまとめて，実質 GDP の年率成長率の変動要因を (3.6) 式に基づいて寄与度分解したものが図 3.7 である．これをみると，毎期の変動は景気変動に対応した AR 成分がもたらしており，成長率の趨勢は資本・労働投入及び全要素生産性によって規定されていることがわかる．その中でも特に，資本投入の寄与が大きい．

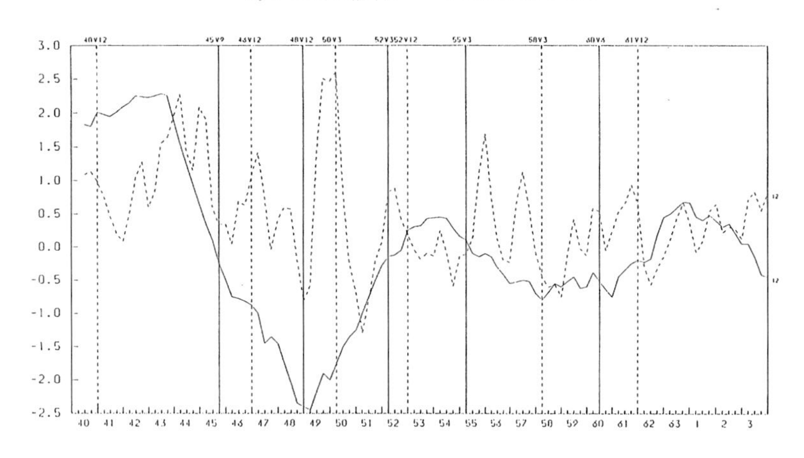

図 3.6 全要素生産性の成長率 (年率)

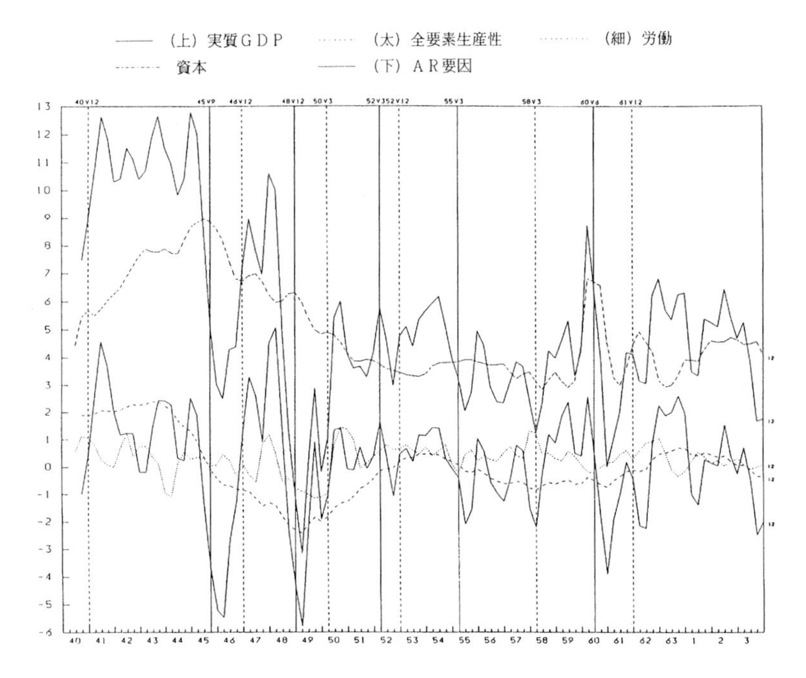

図 3.7 実質 GDP 成長率 (年率) に対する各要因の寄与度

3.4 モデル 3 (マクロ経済政策効果も考慮したモデル)

3.4.1 モデルの概要

前節のように，経済理論を援用することにより，一応トレンド成分の表現は実体経済に近いものとなったが，この段階ではまだ，3.1 節の条件 (3) の経済政策の効果を推定できるモデルに至っていない．

そこでモデル 3 ではさらに次のように想定する．

> 「実質 GDP は，労働･資本から説明される部分 (一定の生産関数を前提にした確定的な変動) とそれ以外の全要素生産性 (確率的な変動) からなる生産力で決定されるトレンドの周りを自己回帰過程で表現される確率的な定常変動をしているが，公定歩合等の経済政策変数がシステム外から影響を及ぼしているものとする．その際，システム外からの影響度は経済状況によって異なり，時変であるとする．また，労働分配率は 確率的な変動をしているものとする．」

モデル 2 では景気変動は AR 過程で表現されているが，この定式化では，景気変動を引き起こす要因は AR のイノベーションを表現するノイズのみということになり，実体経済を表現するモデルとしては不充分である．政府の経済政策が一定の役割を果たしている日本経済においては，景気動向に応じて財政金融政策が採られてきており，そうした変数の影響はノイズとは別に明示的に定式化することが望まれる．したがって，AR 過程に影響を及ぼす外生変数 (政策変数) をモデルに取り入れる必要がある．また，その変数は景気動向に応じて変化しているとみるのが自然であろう．

以上を定式化したモデルは以下の通りとなる．

$$\log Y_t = \log TFP_t + W_t * \log L_t + (1 - W_t) * \log K_t + \mathrm{ARX}_t + N_t \qquad (3.8)$$

ただし TFP_t, W_t はモデル 2 と同様で ARX_t は外生変数を入力とする自己回帰過程 (ARX) を意味し，次式で定式化される．

$$p_t = a_1 p_{t-1} + \cdots + a_\ell p_{t-\ell} + b_t E_t + v_{pt}, \qquad v_{pt} \sim N(0, \tau_p^2) \qquad (3.9)$$

b_t はいわゆる時変係数であるが，モデル 1 のトレンド成分と同じモデル (3.2) に従う．

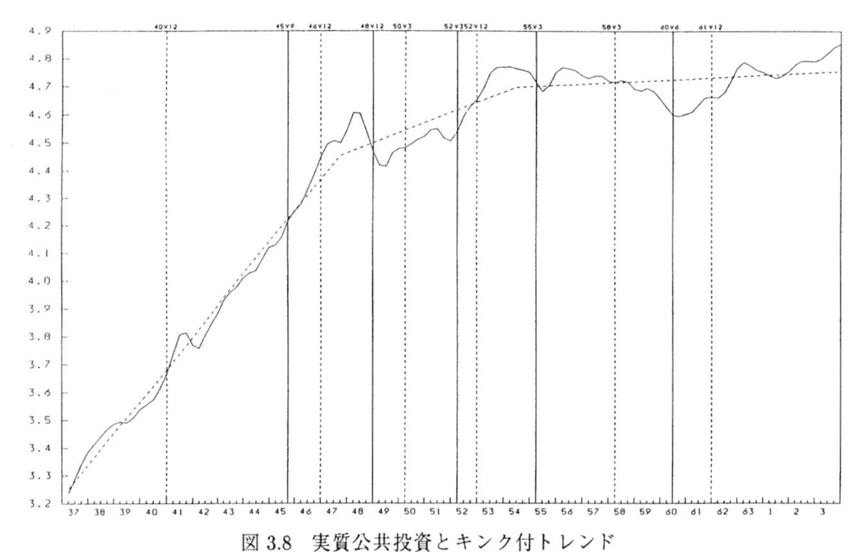

図 3.8　実質公共投資とキンク付トレンド

また，E_t は実質公共投資及び公定歩合の2変数であるが以下では説明を平易にするため，1変数の場合を示している．

以上から状態空間モデルを作成するわけであるが，モデル2のシステムモデルを以下の通り変更すればよい (各成分の次数が2の場合).

$$
\left[\begin{array}{c} T_t \\ T_{t-1} \\ \hline W_t \\ W_{t-1} \\ \hline p_t \\ p_{t-1} \\ \hline b_t \\ b_{t-1} \end{array}\right]
=
\left[\begin{array}{cc|cc|cc|cc} 2 & -1 & & & & & & \\ 1 & 0 & & & & & & \\ \hline & & 2 & -1 & & & & \\ & & 1 & 0 & & & & \\ \hline & & & & a_1 & a_2 & E_t & \\ & & & & 1 & 0 & & \\ \hline & & & & & & 2 & -1 \\ & & & & & & 1 & 0 \end{array}\right]
\left[\begin{array}{c} T_{t-1} \\ T_{t-2} \\ \hline W_{t-1} \\ W_{t-2} \\ \hline p_{t-1} \\ p_{t-2} \\ \hline b_{t-1} \\ b_{t-2} \end{array}\right]
+
\left[\begin{array}{cccc} 1 & 0 & 0 & 0 \\ 0 & 0 & 0 & 0 \\ \hline 0 & 1 & 0 & 0 \\ 0 & 0 & 0 & 0 \\ \hline 0 & 0 & 1 & 0 \\ 0 & 0 & 0 & 0 \\ \hline 0 & 0 & 0 & 1 \\ 0 & 0 & 0 & 0 \end{array}\right]
\left[\begin{array}{c} v_{Tt} \\ v_{Wt} \\ v_{pt} \\ v_{bt} \end{array}\right]
$$

以上の状態空間モデルにおいて，超パラメータ $\theta = (\sigma^2, \tau_T^2, \tau_W^2, \tau_p^2, \tau_{b1}^2, \tau_{b2}^2, a_1, \ldots, a_\ell)$ の値は AIC 最小化によって求める.(注6)

3.4.2　分析手順

まず，外生変数の定常化が問題となる．公定歩合については基本的に問題ないが，実質公共投資は平均非定常であるから，何らかの方法でトレンド除去をする必要がある.(注7) モデル1と同様の方法で AR 成分を抽出してもよいが，実

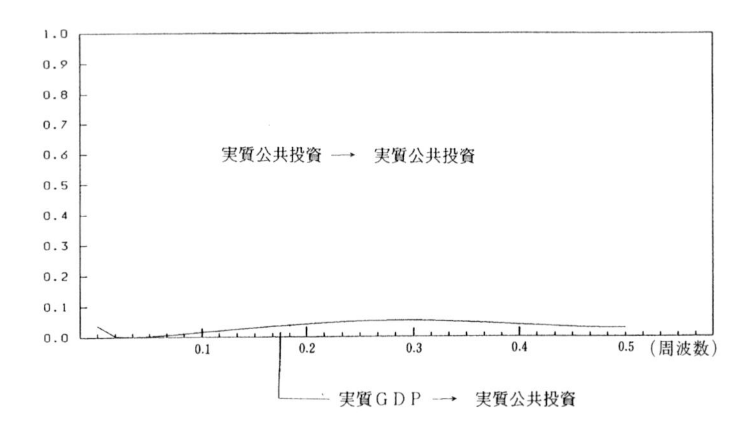

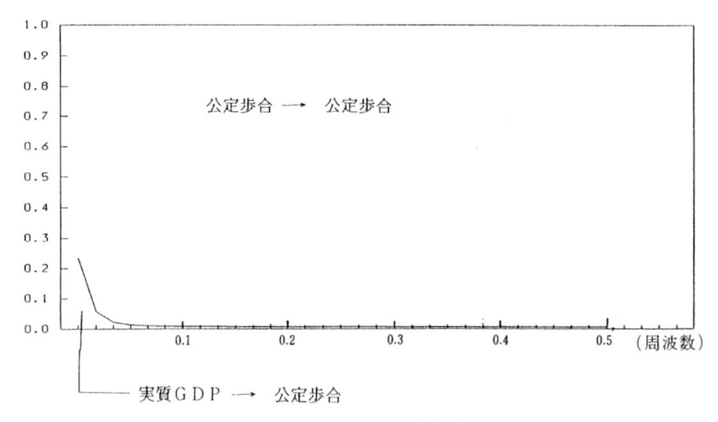

図 3.9 相対パワー寄与率

質 GDP と異なり，構造変化の影響が大きく，キンク箇所が複数になるので計算が大変になる．ここでは厳密ではないが，次善の対処として n 回キンク付のタイムトレンドを用いた[注8] 結果が図 3.8 に示されているとおり，実質公共投資の構造変化は昭和 47 年 II 期と 54 年 II 期に生じたという推定結果が得られた．前者は第 1 次石油危機前の高度成長末期の財政引き締め期であり，後者は財政改革が始まった時期であり，実体経済に概ね即していると言える．

また，これらの外生変数の外生性の検討も必要である．外生性の検証にはいくつかの方法があるが，ここでは，相対パワー寄与率を用いた (分析ソフトは TIMSAC を使用した)．図 3.9 の通り，実質公共投資，公定歩合，それぞれどの

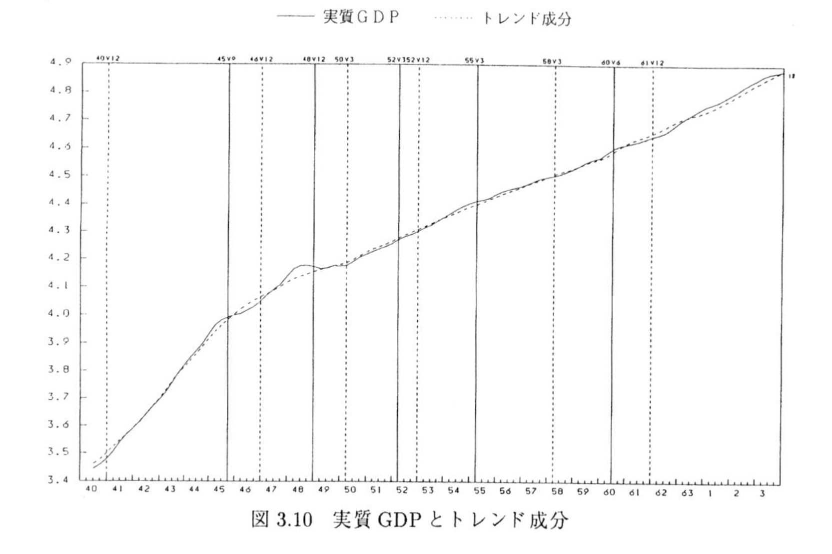

図 3.10　実質 GDP とトレンド成分

周波数領域でも実質 GDP (モデル 2 の AR 成分) からの影響をほとんど受けないことが確認できた．また外生変数の時変係数の初期値を設定するため，モデル 2 で得られた実質 GDP を 2 期までの自己ラグと，2 つの外生変数を説明変数として回帰分析をした結果が以下のように得られた (分析ソフトは SAS を用いた)．なお，外生変数については，いずれも 4 期ラグが最もパフォーマンスが良かった (E_1 が公共投資，E_2 が公定歩合である)．

$$Y_t = \underset{(23.4)}{1.543Y_{t-1}} - \underset{(-11.4)}{0.703Y_{t-2}} + \underset{(1.0)}{0.00581E_{1,t-4}} - \underset{(-1.0)}{0.000205E_{2,t-4}}$$

ここで，(　) 内の数値は t 値を表す．$E_{1,t-4}$ と $E_{2,t-4}$ との相関係数等をみる限り多重共線性は認められるものの，それほど大きなものではない．しかしながら，t 値が低い．これは，既述の通り，景気動向に応じて，政策変数が有効に効く局面とそうではない局面があることを示唆しており，その意味でも時変係数モデルを採用する必要性が示された．

3.4.3　分析結果

図 3.10，図 3.11 のような結果が得られた．ARX 成分についてみると，昭和 40 年不況がやや過大評価，第 1 次石油危機の不況がやや過少評価されている点

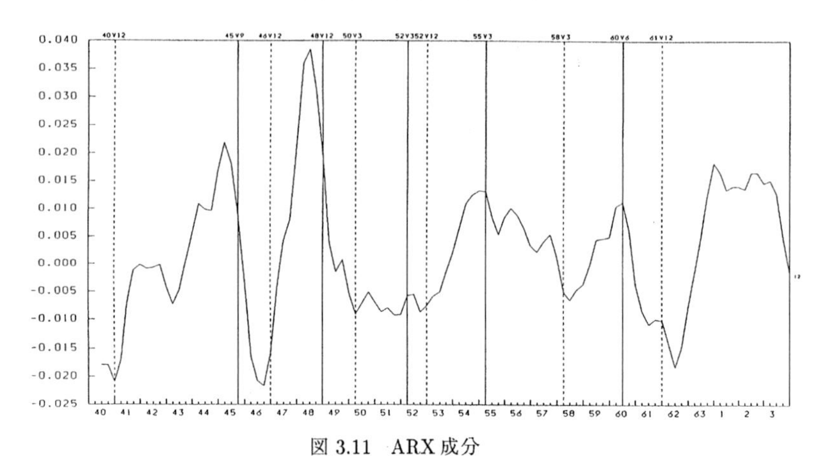

図 3.11　ARX 成分

—— 実質ＧＤＰのＡＲ要因　……（太）実質公共投資の時変係数
……（細）公定歩合の時変係数（×10）

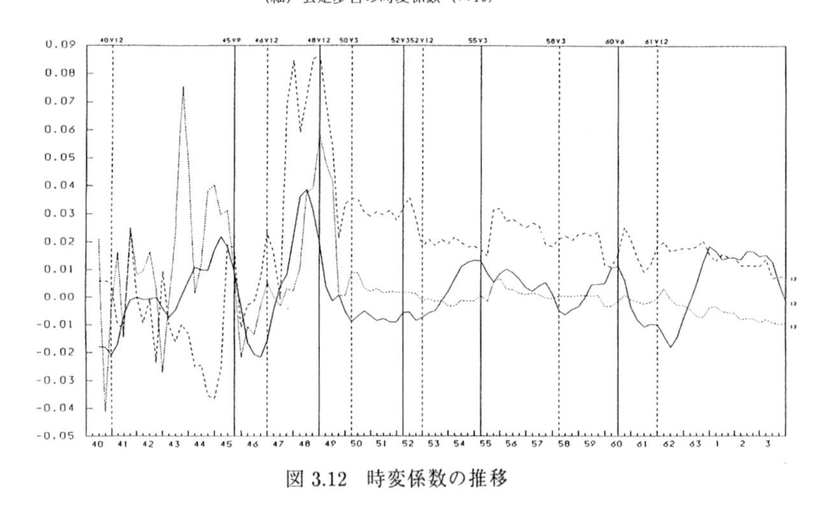

図 3.12　時変係数の推移

を除くと概ね良好と考えられる結果が得られた．その他の動向はモデル 2 と同様な結果が得られた．

図 3.12 に実質公共投資及び公定歩合の時変係数が示してある．見方としては，例えば，実質公共投資については昭和 62 年 I 期の値が 0.02 となっているが，これは，4 期前の 61 年 I 期に実質公共投資を 10% 追加すると，初期効果として実質 GDP の ARX 成分が 0.2% 上昇することを示している．一方，公定歩合につ

いては，例えば，62年I期が −0.003 ということは，61年I期に公定歩合を1%引き下げた時に初期効果として実質GDPのARX成分が0.3%上昇することを示している．これはマクロ計量モデルの乗数効果に対応したものとなるが，いずれも実体経済とやや乖離した動きがある．特に，昭和50年以前の係数はそれ以後と異なり，かなり変動が大きい．これは，モデル2に比べシステムノイズの分散値等の 超パラメータ数が増加し，モデルが不安定になっていることの影響が顕れているものと考えられる．時変係数に安定性を求めるならば，定数項つきのモデルに変えるなどの工夫が必要となり今後の課題である．

以上のように，実質GDPの変動を適切に表現できるモデルが一応得られたわけであるが，以下では，1節の条件(3)と(4)について詳しくみてみる．

3.5 ファインチューニングは成功したか

いわゆるケインズ政策は日本の景気変動を平準化したのであろうか．また，政策はいつ発動するのが最適なのか．この問題について，回答を出すのは容易なことではない．新保(1984)は，特徴的な景気変動の時期ごとに，マクロ経済政策変数の寄与度を算出し，1970年代のマクロ経済政策は，景気変動を平準化せず，むしろ，振幅を大きくする方向に寄与していると指摘している．

モデル3の政策変数の時変係数の動き(図3.12)と政策変数の動き(図3.13)を見比べることにより，最も効果が高いという意味での政策発動の最適時期を検討してみる(以下では，公共投資も公定歩合も4期ラグを適用していることに注意)．

(1) 公共投資については，概ね，谷と同時期に弾性値が高くなっており，谷の概ね1年前が政策発動の最適時期になっている．
(2) 公定歩合については，概ね，谷の1年程度後に弾性値が高くなっており，概ね谷の時期が政策発動の最適時期になっている．
(3) 判別の困難な昭和58年を除くと，いずれも，政策発動は遅れている．

最適政策時期については，表3.2にまとめてあるが，以下景気の谷の局面をいくつかやや詳細にみておくことにする(景気の谷はモデル3のARX成分による)．なお，以下では，最も効果的に景気に影響を与えられる時期のみに注目し

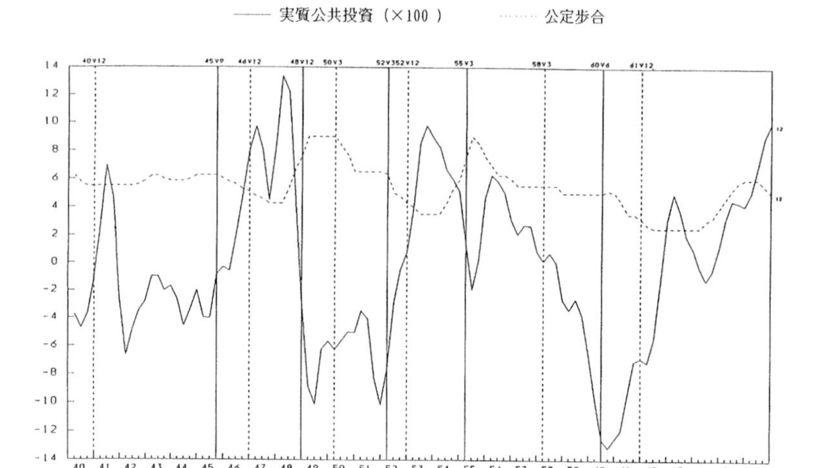

図 3.13　経済政策変数の推移

ており，国際収支等モデル3に含まれない事情については無視していることに留意が必要である．

(1) 昭和40年IV期の谷　「戦後初の大不況」といわれた四十年不況に対し，政府はそれまでの単年度均衡主義から脱し，財政は本格的なケインズ政策を導入した．しかしながら，図3.13をみると，公共投資が実際に上昇したのは，41年I期であり，このモデルの解としてのラグ4期の存在やARX成分の自律的な回復への動き(注9)を考えると，この時の政策は遅きに失し，回復時を早めることには寄与せず，回復してからの拡大テンポを増大させたことになる．

(2) 昭和46年III期の谷　回復初期へのマクロ経済政策のあり方については(1)と同様だが，「過剰流動性インフレ」に対する予防という観点からは，政策は完全に失敗していることがうかがわれる．時変係数をみても，公定歩合については48年にはいると，弾性値が通常のマイナスからプラスになり(公定歩合を引き上げた方が景気にプラス)，引き締め策の必要性が示されている．実際に引き締められたのが48年に入ってからであるから，1年程度引き締め策が遅れたことがわかる．

(3) 昭和62年II期の谷　円高は60年初めより進展しており，円高の実質所得効果による景気回復が議論されていたが，景気は実際にはかなりのテンポ

表 3.2 経済政策の最適な発動時期と実績

(実質公共投資)

谷の日付	40 年 IV 期	46 年 III 期	50 年 I 期	58 年 II 期	62 年 II 期
実績時期	41 年 I 期	46 年 II 期	49 年 III 期	—	62 年 III 期
最適時期	40 年 III 期	45 年 IV 期	49 年 I 期	57 年 II 期	61 年 I 期

(公定歩合)

谷の日付	40 年 IV 期	46 年 IV 期	50 年 I 期	58 年 II 期	62 年 II 期
実績時期	40 年 I 期	45 年 IV 期	50 年 II 期	55 年 III 期	61 年 I 期
最適時期	39 年 III 期	44 年 IV 期	—	56 年 III 期	62 年 I 期

(備考)

(1) 実質 GDP の ARX 成分 (モデル 3 による) に基づく景気の谷に対する政策発動のタイミングを示している.

(2) 時変係数の推移をもとに、弾性値が一番大きな時期を暫定的に示したに過ぎない.

で後退していった. この時期, 公定歩合については, 早すぎる位の時期から緩和策がとられていたが, 公共投資については, 最適時期より 1 年半も遅れて発動された. 財政出動がもう 1 年早ければ, 円高不況の落ち込み幅は小さかったと思われる.

3.6 予測力はあるか

条件 (4) を検討するために, 平成 3 年 IV 期までのデータで以降の 5 年間について表 3.3 のとおり 4 ケースの外挿シミュレーションを行った (図 3.14).

モデル 3 において, 自律的な景気変動に対応するものは, ARX 成分の外生変数やシステムノイズを一定値 (通常は 0) とした場合の変動である. ケース 1, 2 がそれに当たる. ケース 2 は AR 部分のみに基づいて外挿されるのに対し, ケース 1 はその時点での定数も含めて外挿されるという相違がある. ケース 1 よりも 2 が成長率が高いのは, 外生変数が 0 (トレンド) に戻る過程 (公共投資 0.04 → 0.0, 公定歩合 0.48 → 0.0) で, 公共投資低下のマイナス効果よりも公定歩合低下のプラス効果が大きくでたためである. いずれも, 平成 4 年第 III 期を谷にして緩やかに回復するという結果が得られる.

一方, ケース 3, 4 はマクロ経済政策を発動した場合の, 景気変動を示してい

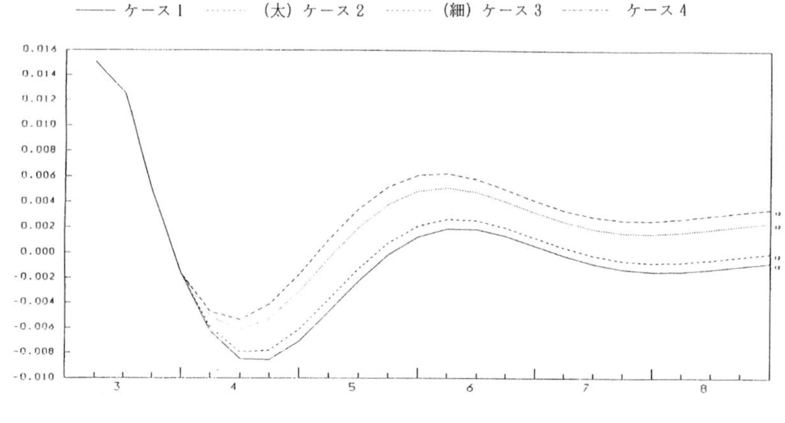

図 3.14 外挿シミュレーション

る．この場合，景気回復はやや早く，4年III期に緩やかに回復の兆しを示している．

本稿の執筆段階(平成5年12月)で判断すると，この予測は限界はあるものの，ある程度妥当なものと言えよう．なぜなら，実質GDPは確かに平成5年第I期にかけて緩やかに回復の動きを示したからである．これは，耐久消費財や資本ストックなどの循環的な調整にある程度目途がたち，景気の自律的な回復要因が働いたからである．ところが，このモデル3でも採り入れていない為

表 3.3 外生変数のARX成分に与える影響

		弾性値	シミュレーション (sustaied)	時期	初期効果	最適政策時期
ケース3	公共投資	0.0074	10%(0.5兆円)追加	2年IV期	0.07%	2年 I 期
ケース4	公定歩合	−0.001	1%引き下げ	2年IV期	0.10%	2年 III期

(備考)

(1) 以下が基本ケースである．
ケース1：外生変数が内挿最終期の値(ラグを考慮すると2年IV期)で横這い．
ケース2：　〃　が外挿期間で0.

(2) 弾性値は推計期間終期の値

(3) この場合の最適政策時期とは，3年度以降の景気減速過程でもっとも弾性値が高い時期に発動するという意味である．

替レートが円高になったことや冷夏の影響もあり，日本経済は再び減速しはじめたのである．

しかしながら，このシミュレーションには本質的な問題がある．それは1年程度の短期のシミュレーションではARX部分のみを扱うことでそれほど問題ないが，中長期のシミュレーションになると，労働力人口や資本ストックにも影響が顕れ，トレンド自体が変化してしまい，このままでは適切な予測ができないからである．

3.7　まとめと今後の課題

景気変動は種々の要因が互いに複雑に影響を及ぼし合いながら生み出されている．こうした状況下，経済変動の動きをできるだけ細かくフォローするため，マクロ計量モデルは「何でも説明できるモデル」となり大型化の一途をたどってきた．しかし，大型化が必ずしも，予測力の向上につながっていないことは周知の事実である．

本稿では，実質GDPの変動を表現する時系列モデルを出発点にし，実証分析の段階で経済理論の援用が望まれる場合に適宜適用していくという立場で，検討を進めてきた．

モデル1における確率的な変動をするトレンド成分の実体経済との対応を明確にするために，モデル2においては経済理論を援用して確定的な経済モデルである生産関数をとり込み，トレンド成分を改善した．さらにモデル3においては，モデル2における確率的なAR成分を駆動する要因のうち外的要因である政策変数を明示的に定式化し，政策効果の推定及び予測シミュレーションを行なった．こうして，統計モデルを適宜経済理論を援用して改善し，実証分析を展開した．

最後に，今後の課題として，ノイズの分析の必要性について指摘しておきたい．通常の1変量ARモデルを考えてみよう．このモデルを駆動するのはイノベーションであるが，これは，通常，正規白色ノイズを想定している．景気変動の転換点を予測してみれば(福田 1992)，石油危機時のような大きな外生要因の影響が生じる時には，このモデルの予測力は格段に落ちてしまう．工学等の分野とは異なり，経済社会制度の変化や石油危機等の外生要因の変化の影響を大きく受ける経済変数では，モデルの想定とは異なり，ノイズの動きは複雑である．こうした問題に対処するには，大きく分けて2つのアプローチがあるかと思われる．1つは，ノイズに対して非正規のモデルを採り入れることである (Kitagawa 1987)．もう1つは，予測誤差が正負いずれかに偏る景気の転換点の時期のように，期によってノイズの系列相関の構造の変化を予めモデルに採り入れることである．本稿のモデル3はこれらの方向への出発点であり，今後とも改善に努めていきたい．

[福田 公正]

(注1) 日本銀行 (1981) に詳細な議論がある．

(注2) 実質GDPについては，モデル1ではセンサス局法X-11による季節調整済値を用いていたが，モデル2と3では，不規則変動も除いた計数を用いている．これは，モデル1に比べて，モデル2と3は複雑になり，観測ノイズやシステムノイズの相互の影響が大きくなり，解が安定化しないため措置をとった．

(注3) NTTについては昭和60年第II期，JRについては昭和62年第II期にそれぞれ法人企業として設立されたため，当該期の民間企業資本ストックに大きな段差が生じるので，当該企業を除いた計数の伸び率等で調整した．

(注4) 厳密には労働力人口も景気変動の影響を受けている．例えば，女子労働については，好景気時には，労働力不足からパートの求人が増加し，それまで非労働力人口に入っていた専業主婦が労働力人口にカウントされ，労働力人口が増加する．

(注5) コブダグラス型生産関数に基づき以下の通り求めた．

$$\log Y_t = \log TFP_t + w \log L_t + (1-w) \log K_t$$

より

$$\begin{aligned}\log TFP_t - \log TFP_{t-1} &= \log Y_t - \log Y_{t-1} \\ &\quad + w(\log L_t - \log L_{t-1}) + (1-w)(\log K_t - \log K_{t-1})\end{aligned}$$

(注6) τb_1^2 は実質公共投資の時変係数 (状態ベクトルの中の B_t) のシステムノイズの分散値，τb_2^2 は公定歩合の同値である．

(注7) 定常性の有無については，本来単位根検定等を行う必要があるが，ここでは省略している．

本稿を作成するにあたり，統計数理研究所の赤池弘次所長，北川源四郎教授およびレフェリーから適切なコメントをいただいた．記して謝意を表したい．当然のことながら本稿における誤りはすべて筆者のものである．また，本稿は筆者の個人的な見解であり，経済企画庁の見解ではない．

(注 8)　このトレンドの推定方法は，例えば，推計期間が 100 時点でキンク箇所が 2 箇所で生じてるケースでは，任意の P_1，P_2 ($P_0 = 1$，$P_3 = 100$) 時点に対し，キンク付タイムトレンドの残差平方和が最小化するように，$Y(P_1)$，$Y(P_2)$ を求める．このようにして，${}_{98}C_2 = 4753$ 通りの残差平方和を算出し，最小ケースの P_1, P_2 を求めるものである．なお，実質公共投資は昭和 60 年を 100 と指数化後の自然対数値である．

(注 9)　これは，外生変数およびシステムノイズ一定とした場合の ARX の外挿結果に相当する．3.6 節参照．

文　献

廣松毅, 浪花貞夫 (1990), 経済時系列分析, 朝倉書店.

福田公正 (1991a), 時系列アプローチによる景気予測, ESP, 5 月号, 経済企画協会.

福田公正 (1991b), 景気は速度か水準か, ESP, 11 月号, 経済企画協会.

福田公正 (1992), 1 変量時系列モデルの有効性について, ESP, 11 月号, 経済企画協会.

福田公正 (1993), 状態空間モデルによる実質 GDP の変動要因分解, 計量経済学コンファランス報告 (一橋大学経済研究所).

Gersch, W. and Kitagawa, G. (1983), "The prediction of time series with trends and seasonalities," *Journal of Business and Economic Statistics*, Vol. 1, No. 3, 253-264.

Harvey, A.C. (1985), "Time Series Models," Philip Allan. (邦訳: 時系列モデル入門, 国友直人, 山本拓訳, 東京大学出版会)

北川源四郎 (1986), 時系列の分解, 統計数理, 第 34 巻, 第 2 号, 255-271.

北川源四郎 (1993), FORTRAN77 時系列解析プログラミング, 岩波書店.

Kitagawa, G. (1987), "Non Gaussian state space modeling of nonstationary time series," *Journal of American Statistical Association*, Vol. 82, No. 400, 1032-1063.

Kitagawa, G. and Gersch, W. (1984), "A smoothness priors state space modeling of time series with trend and seasonality," *Journal of American Statistical Association*, Vol. 79, No. 386, 378-389.

黒田昌裕 (1984), 実証経済分析入門, 日本評論社.

新保生二 (1984), ファインチューニングは成功したか, 日本のマクロ経済政策, 東洋経済新報社.

浪花貞夫 (1985), 経済時系列におけるトレンドの推定, 金融研究, 第 4 巻, 第 4 号, 60-93.

日本銀行特別研究室 (1981), 時系列分析について：パネル・ディスカッション, 金融研究資料.

Takeuchi, Y. (1991), "Trends and structural changes in macroeconomic time series," *Journal of Japan Statistical Society*, Vol. 21, No. 1, 13-25.

山本 拓 (1988), 経済の時系列分析, 創文社.

4

船体運動と主機関の統計的最適制御

4.1 はじめに

海洋を航行する船舶の解析においては，風，波による外乱，またそれらに応答する船体運動自体も極めて不規則で，統計的な取扱いが必要とされてきた．また外乱の強さの範囲も，鏡のような静かな海から暴風中の荒海まで極めて広く，その中での船体運動は他の交通機関では考えられない程大きく変化する．わが国ではこのような不規則な現象の実用的な解析法が早くから確立され(磯部 1960)，造船学の分野では外乱中の船の運動を確率過程として取り扱い，不規則波中の模型試験法や実船実験の記録を周波数領域で統計的に解析する方法が用いられてきた(山内保文 1961a, 1961b)．しかし，不規則波中の運動の時間領域でのモデル化は困難であり，得られた解析結果をさらに制御に使うことはなされていなかった．

近年，時系列解析で使われる自己回帰モデルなどの実データへのあてはめに赤池による FPE あるいは AIC などの統計モデル評価基準が極めて有効であることが示されるようになった(Akaike 1971; 赤池, 中川 1972; Akaike 1974)．この結果，造船学の分野でも水槽で起こした正弦波等の特殊な波の中での模型船の応答を調べることなく，不規則波中を運動する実船上で観測されたデータに時系列モデルをあてはめ，このモデルを使って，船の運動の解析を時間領域で行ったり，さらに船舶の制御系の設計に進む可能性が高まった．筆者等は，いち早くこの方法が不規則な海面を航行する船舶の制御系の設計に有効であることを認識し，種々の舶用制御機器の設計を試みた．

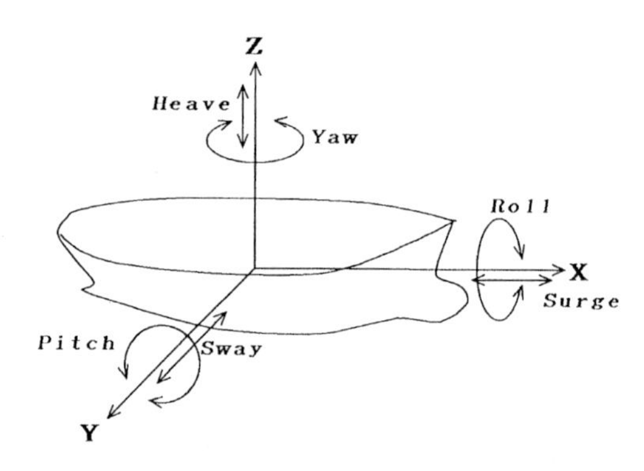

図 4.1　船体運動の名称

ここでは，舶用制御機器として代表的な2つのシステム，すなわち船舶の針路を制御する自動操舵システムと舶用主機関のプロペラ回転数を制御するガバナの設計にこの方法を用いた例を，実船による実験結果を中心に示す．

4.2　船体および主機関の運動の制御のあらまし

はじめに，本稿で取り扱う船体運動と主機関の運動について，後節と関連する事項を概括的に述べておく．

ここで対象とする船は従来型の船で，現在盛んに開発されているいわゆる高速船などは除外する．船体は，図 4.1 に示すような 6 自由度の運動を海面上で行いながら航走している．

このうち，横揺れ，縦揺れ，上下揺れは平衡点周りの復原力のある運動であるが，左右揺れ，前後揺れ，船首揺れは復原力のない運動である．後者の運動のうち船首揺れを制御し，目的の針路に船を向首させるのが舵である．舵によって起こる操舵運動は，希望針路を保持する保針運動と，針路を変更し新しい針路に向ける変針運動に分けることができる．前者は小運動に，後者は大運動に属する．ここでは，主として保針運動を取り扱う．大洋を航海するほとんどの船舶は，この操舵のために自動操舵システム(オートパイロット)を装備している．自動操舵システムは，図 4.2 に示すような典型的なフィードバック制御系である．

一方，船の前後運動を制御している推進装置はプロペラ推進が主流である．

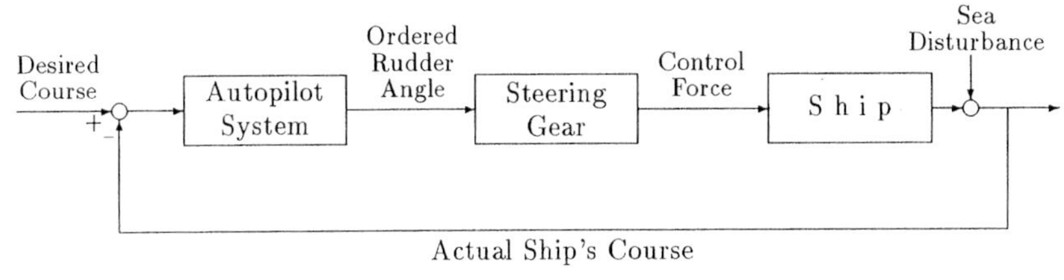

図 4.2　船舶の自動操舵システム

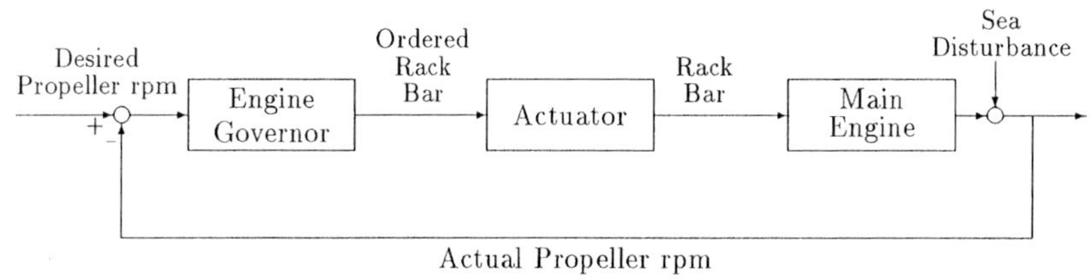

図 4.3　舶用主機関の回転数制御 (ガバナ) システム

プロペラはディーゼル機関，あるいはタービンによって回転運動が与えられるが，現在ではディーゼル機関が主流である．しかし，ディーゼル機関によって与えられるプロペラ回転は，なんらかの制御機能が無いと一定回転数を保持することができない．このときピストンに送り込む燃料噴射量を調整し，プロペラが目標回転数を保持するように調速するのがエンジンガバナ (調速器) である (図 4.3)．舶用ガバナとしては，いわゆる遠心式調速器がよく使われているが，最近では電子機器の発達により電子式ガバナが出現している．

なお，本章で用いる実船実験の結果は，全て東京商船大学練習船汐路丸 2 世，3 世によるものである．両船の主要寸法と機関要目を表 4.1 に示す．

4.3　統計モデルによる船体操縦運動の表現と最適制御

4.3.1　船舶の操縦系の制御型自己回帰モデルによる表現

いま，操舵をしながら航海中の船舶から，Δt 時間毎にサンプリングされた N 個の舵角信号の時系列 $y_1, \ldots, y_N$ に対する船首揺れの時系列 $x_1, \ldots, x_N$ が観測されたとする．このような 2 つの時系列に対して y_n を入力として持つ x_n の自己回帰モデル

$$x_n = \sum_{m=1}^{M} a_m x_{n-m} + \sum_{m=1}^{M} b_m y_{n-m} + u_n \tag{4.1}$$

表 4.1 汐路丸 2 世，3 世の主要目

	汐路丸 (2 世)	汐路丸 (3 世)
全　　長	41.70m	49.93m
型　　幅	8.00m	10.00m
喫　　水	2.575m	3.01m
総トン数	331.37 トン	425 トン
速力 (航海)	11.49 ノット	14.12 ノット
機関型式	ディーゼル機関	ディーゼル機関
馬　　力	300PS×2	1400PS
定格回転数	1200rpm	700rpm

を当てはめることを考える．(4.1) は，時刻 n における船首揺れ角度を，M 時刻手前からの船首揺れと舵角信号の荷重和に，時刻 n での偶然誤差を加えたモデルによって表現したものである．このモデルは，x_n，y_n を一般的な多変量時系列 X_n，Y_n に置き換えたときに得られる Y_n を入力として持つ X_n の多変量自己回帰モデル

$$X_n = \sum_{m=1}^{M} A_m X_{n-m} + \sum_{m=1}^{M} B_m Y_{n-m} + U_n \tag{4.2}$$

の 1 入力 1 出力の場合である．(4.2) は，$Z_n = (X_n, Y_n)$ の自己回帰モデルの X_n の部分を抜き出したものであるが，ここではこれを制御型自己回帰モデルと呼ぶことにする．このモデルにおいて，X_n は船首揺れ，横揺れ，プロペラ回転数などの船体，主機関の運動に対する r 次元被制御変数，Y_n は舵角や主機関回転数を制御するガバナに相当する ℓ 次元制御変数，U_n は r 次元白色雑音である．ガウス過程を想定して，最尤法によって係数を推定する場合のこのモデルの情報量規準 AIC は，

$$\mathrm{AIC}(M) = N \log |\Sigma_{r,M}| + 2r(r+\ell)M + r(r+1) \tag{4.3}$$

である．ここで，N はデータ数，$|\,\Sigma_{r,M}\,|$ はデータに最小 2 乗法を使って M 次制御型自己回帰モデルを当てはめたときの残差 U_n の分散共分散行列の行列式である．また右辺第 2〜3 項は，このモデルのパラメータ数の 2 倍である．赤池による最小 AIC 法 (Minimum AIC Estimation Method; MAICE 法) に従えば，想定した次数のうち AIC が最小となるモデルを採用すればよい (Akaike 1974)．

ところで，モデル (4.1) や (4.2) は，時系列解析における統計モデルであるが，

現代制御論では状態空間モデルを使うのが通例である．ここでは，制御型自己回帰モデルの一つの状態空間表現として，

$$Z_{p,n} = \sum_{i=1}^{M-p} A_{p+i} X_{n-i} + \sum_{i=1}^{M-p} B_{p+i} Y_{n-i} \qquad (p = 1, \ldots, M-1) \tag{4.4}$$

によって，rM 次元の状態変数 Z_n を

$$Z_n \equiv \begin{bmatrix} X_n \\ Z_{1,n} \\ \vdots \\ Z_{M-1,n} \end{bmatrix} \tag{4.5}$$

と定義し，モデル (4.2) を

$$\begin{cases} Z_n = \Phi Z_{n-1} + \Gamma Y_{n-1} + W_n \\ X_n = H Z_n \end{cases} \tag{4.6}$$

のように表現する (Akaike 1971; 赤池, 中川 1972)．ここで，

$$\Phi = \begin{bmatrix} A_1 & I & 0 & \cdots & 0 \\ A_2 & 0 & I & \cdots & 0 \\ \vdots & \vdots & \vdots & \ddots & \vdots \\ A_{M-1} & 0 & 0 & \cdots & I \\ A_M & 0 & 0 & \cdots & 0 \end{bmatrix}, \quad \Gamma = \begin{bmatrix} B_1 \\ B_2 \\ \vdots \\ B_{M-1} \\ B_M \end{bmatrix}, \quad W_n = \begin{bmatrix} U_n \\ 0 \\ \vdots \\ 0 \\ 0 \end{bmatrix},$$

$$H = [\, I \ \ 0 \ \ \cdots \ \ 0 \,] \tag{4.7}$$

である．この表現を用いると，現在までに得られているデータを将来使われる形で保存するので，最新のデータが得られた時，簡単な計算で次のステップの X_n の値を予測できる．

4.3.2 最適制御則

前節で得られた (4.6) に支配されて運動する線形システムの，適当な評価関数のもとでの最適制御則を導く．評価関数としては，よく用いられている

[1] 状態変数の分散と制御変数の分散を評価する 2 次形式の評価関数,

$$J_I = \mathrm{E}\left[\sum_{n=1}^{I} \{ Z_n^t Q Z_n + Y_{n-1}^t R Y_{n-1} \} \right] \tag{4.8}$$

[2] [1] に加えアクチュエータの機械的な損失を考慮して制御変数が滑らかに変化することを考慮した評価関数

$$J_I = \mathrm{E}\left[\sum_{n=1}^{I}\{Z_n^t Q Z_n + Y_{n-1}^t R Y_{n-1} + (Y_{n-1} - Y_{n-2})^t T (Y_{n-1} - Y_{n-2})\}\right] \quad (4.9)$$

を考えることにする．

ただし，ここで Q は $rM \times rM$ の非負定値行列，R は $\ell \times \ell$ 正定値行列，T は，$\ell \times \ell$ 非負定値行列とする．[1] は [2] の特別な場合であるから，以下では [2] の場合の最適制御則を示す (大津, 堀籠, 北川 1976, 1978)．そのため，

$$S_0 = Q, \quad R_0 = R, \quad P_0 = 0, \quad T_0 = T$$

から出発して

$$\begin{aligned} S_i &= S_{i-1} + \Phi^t\{S_{i-1} - (S_{i-1}^t \Gamma + P_{i-1})(\Gamma^t S_{i-1}\Gamma + P_{i-1}^t \Gamma + \Gamma^t P_{i-1} \\ &\qquad + R_{i-1} + T)^{-1}(\Gamma^t S_{i-1} + P_{i-1}^t)\}\Phi \qquad (4.10) \\ P_i &= P + \Phi^t(S_{i-1}\Gamma + P_{i-1})(\Gamma^t S_{i-1}\Gamma + \Gamma^t P_{i-1} + P_{i-1}^t \Gamma + R_{i-1} + T)^{-1} T \\ R_i &= T + R - T^t(\Gamma^t S_{i-1}\Gamma + \Gamma^t P_{i-1} + P_{i-1}\Gamma^t + R_{i-1} + T)^{-1} T \end{aligned}$$

と逐次計算を進めることにより最適制御 Y_i としてフィードバック型制御則，

$$Y_i = G_i Z_i + F_i Y_{i-1} \quad (4.11)$$

を得る．ここで，

$$\begin{aligned} G_i &= -(\Gamma^t S_{i-1}\Gamma + P_{i-1}^t \Gamma + \Gamma^t P_{i-1} + R_{i-1} + T)^{-1}(\Gamma^t S_{i-1}\Phi + P_{i-1}^t \Phi) \\ F_i &= (\Gamma^t S_{i-1}\Gamma + P_{i-1}^t \Gamma + \Gamma^t P_{i-1} + R_{i-1} + T)^{-1} T \qquad (4.12) \end{aligned}$$

である．このとき I を十分に長くとれば，事実上 G_i, F_i は一定値 G, F となるので，常に入力 Y_i を

$$Y_i = G Z_i + F Y_{i-1} \quad (4.13)$$

とすれば定常状態に対する最適制御入力となる．以後の制御系ではこの方法によって得られた制御則 (4.13) を用いることにする．

4.4 制御型自己回帰最適自動操舵システムの設計

これまで述べたようなモデルとして制御型自己回帰モデルを用い，その状態空間表現から最適制御則を得る方法の特長は，制御対象に対する多くの特別な実験を必要とせず，航行中にできるだけランダムな制御入力を与えた時の実船の応答時系列からモデルの構成を行えることである．また既存のシステムの改良のみによって制御システムを比較的簡単に実現できることも特長である．これらの特長は，強い外乱中を運動せねばならない大型のシステムである船舶系にとっては非常に都合のよいことである．この節では，まず本法を応用して筆者等が開発した制御型自己回帰最適操舵システムについて述べる (大津, 堀籠, 北川 1976, 1978).

4.4.1 シミュレーションによる検討

この方法では，実際に操船中の時系列データを観測し，それらの時系列の因果関係を制御型自己回帰モデルによってモデル化することから始まる．採取するデータは，出来る限り広い範囲の周波数成分をもつ不規則な操舵を行った時の船首角の応答であることが望ましい．そのためには，人間が舵をとり操船上問題を起こさない程度にランダムな操舵を行うのがよい．図 4.4 は，ランダム操舵ではないが，風力 9 ないし 10 の荒海を航行中のコンテナ船上で採られた実際の操船の際の動揺データの一部で，1 秒間隔でサンプリングされた上から縦揺れ (Pitch)，横揺れ (Roll)，船首揺れ (Yaw)，横方向加速度 (Yacc)，舵角量 (Rudder) の時系列である．ここでは，このデータを使って，新しい自動操舵システムの設計に際して取り込むべき変数を検討してみる．

前節で示した制御型自己回帰モデルによる最適制御系の設計法では，1 入力 1 出力システムのみならず多入力多出力システムの設計も可能である．その場合，制御入力である舵がどのような影響を船体運動全体に与えるかを前もって評価しておくことが重要である．そのためにはパワー寄与率による評価も有効であるが，ここでは実際の波形が観察できるように白色雑音によるシミュレーションを使って調べる方法を用いることにする (赤池, 中川 1972)．そのためまず，検討すべき変数を全て含んだ多次元制御型自己回帰モデルを MAICE 法で求め，検討すべき評価関数のもとでゲインを計算する．そして，当てはめた制御型自己回帰モデルに白色雑音を付加しつつ，求めたゲインでフィードバック

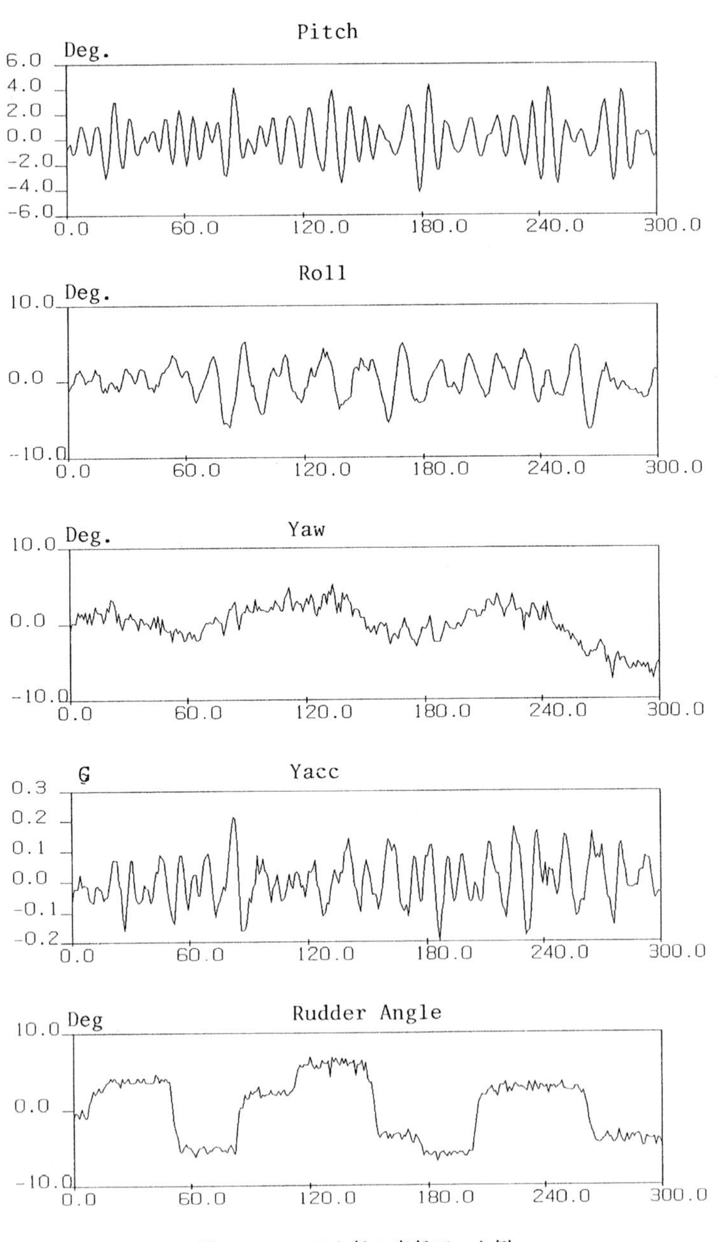

図 4.4　コンテナ船の実船データ例

表 4.2　シミュレーションの結果

	Q	R	Pitch	Roll	Yaw	Y_{acc}	Rudder	Diff.
(1)	(2,7,35,1)	0.85	1.726	4.575	1.709	0.0063	18.72	4.546
(2)	(3.6,7,40,1.67)	1.015	1.444	4.915	1.674	0.0062	19.12	5.052
(3)	(0,6.33,57.8,0)	0.86	2.242	4.473	1.672	0.0068	18.66	4.931
(4)	MANUAL		2.771	6.557	7.781	0.0081	17.62	0.832

制御を行い，全変数の時系列を記録する．すなわち，

$$\begin{cases} Z_n &= \Phi Z_{n-1} + \Gamma Y^*_{n-1} + W_n \\ Y^*_{n-1} &= G Z_{n-1} + F Y^*_{n-2} \end{cases} \tag{4.14}$$

を用いてシミュレーションを行い，その結果を評価する．この時，加える白色雑音 W_n の共分散行列としては，当てはめたモデルの残差項の共分散行列を用いる．また，評価関数の中の重み係数は，次のようなルールをプログラム化しておけば，ほぼ自動的に適当な値を選択することができる (Ohtsu, Horigome and Kitagawa 1979).

[1] 行列 Q, R および整数 K の初期値を設定する．例えば，Q として行列 $\Sigma_{r,M}$ の対角要素の逆数からなる対角行列，R として制御量の許容限度の逆数の 2 乗からなる対角行列をとる．

[2] 行列 Q の対角成分 $Q(i,i)$ を順番に 1 つだけ $1+K^{-1}$ 倍し，その結果の状態変数を比較し，いちばん効果的な方向 j を決定する．

[3] $Q(j,j)=(1+K^{-1})$ と置きなおし K を適当に増加させる (例えば，$K=K+1$ とする).

表 4.2 は，図 4.4 に示したデータを使って MAICE 法により制御型自己回帰モデルを作り，とりあえず $T=0$ とし，試行錯誤によってあるいは上に述べた半自動的な方法によって選択した評価関数 (4.8) 内の重み行列 Q, R を設定し，(4.12) から計算したゲイン G を計算し，それらを用いて (4.14) の方法で 1000 ステップのシミュレーションを 10 回繰り返した時の各変数の分散値の平均と，もとの人間による操舵の分散値を比較したものである (Ohtsu, Horigome and Kitagawa 1979). そのうち，ケース 1 は縦揺れ (Pitch)，横揺れ (Roll)，船首揺れ (Yaw)，船体横方向加速度 (Yacc) の 4 変数を状態変数に，舵 (Rudder) を制御変数に選択

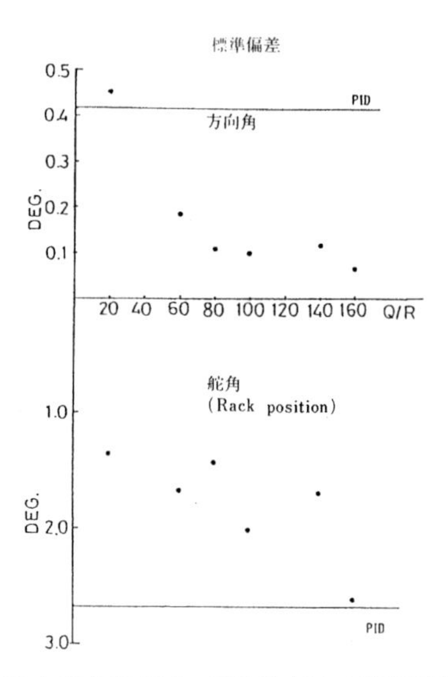

図 4.5　ゲイン比 Q/R と船首揺 (左)，舵角量 (右) の標準偏差の関係 (実船実験)

し，経験的に選択したゲインによる10回のシミュレーションした結果の各変数の分散値の平均を示す．ただし，表中左欄の重み行列 Q の括弧内の数値は上記変数のそれぞれに対する評価関数内の重み，また，R の欄の数値は舵に対する重みを示す (以下同じ)．また，Diff. と記した欄は，操作変数 (舵) の変化速度の分散である．ケース2はケース1のゲインをもとに先に述べた逐次近似的方法により自動的に選択したゲインによる結果，ケース4は実データの目標値周りの標準偏差である．一方，ケース3は，縦揺れと横方向加速度を考慮せずに船首揺れと横揺れの減少だけを目標として制御系を構成し，シミュレーションを行った結果である．これらの結果は，新しい自動操舵システムとして，従来のシステムのように船首揺れのみを制御目的の状態変数とするばかりでなく，横揺れもその対象とできることを示唆している．

4.4.2　実船実験とその解析

以上のようなシミュレーションを繰り返した結果，本法は実船の新しい自動操舵システムの設計法として実用的であるとの確信を得たので，まず制御目標の状態変数を船首角，制御入力を舵とする1入力1出力の制御型自己回帰最適操舵システムの実船による開発を試みることとした．対象とした船は東京商船大学練習船汐路丸2世である．本船は従来型の自動操舵システムが装備されているが，既存のこのシステムを最大限生かし，スイッチの切り替えによりただちに実験用の計算機モードになるシステムを構築した．そして構成されたシステムを使って，まず汐路丸2世に対して，人間操舵によるランダムな操舵に対する船首角の応答時系列を1秒毎に600点計測し，MAICE法により制御型自己回帰モデルをあてはめた結果7次のモデルが採用された．そしてそのモデルを使い(4.14)の方法でシミュレーションを行い，様々な評価関数内の重み Q/R を変えて得られたゲインに対する結果の検討を行った(大津 1983)．その結果，Q/R を大きくすると，舵角量は上昇するが，船首角の変動幅は $Q/R=60$ 以上ではほぼ横ばいとなることなどがわかった．

これらの結果をもとにゲインを種々変えて汐路丸2世による実船実験を行った結果を各変数の平均値周りの標準偏差の形で図4.5に示す．また図4.6には，$Q/R=160$ の場合の制御型自己回帰最適自動操舵の結果の時系列およびその後すぐに実施した従来型自動操舵システムの実船実験結果(以下では，PIDと記すことがある)を示す．これらの図から，(1) $Q/R=20$ の場合を除いて，最適型の場合の船首角の変動は従来型の装置による船首角変動より少なく，保針性に優れている，(2) その時の必要舵角量も，従来型よりも $Q/R=160$ ではほぼ同じであることを除いて少なくて済む，等のことがわかる．

図4.7は，種々ゲインを変えた時の船首揺れ，舵角の時系列のスペクトラムを示している．Q/R が大きくなると速い周期の舵の動きが多くなりその結果，長周期側のピークは減少するが0.15ないし0.20Hz付近のピークがやや増加することがわかる．

このようにして，新しく開発したシステムは良好な性能を示すことがわかったが，実際に船舶に装備し実用化するには，さらに様々の性能が要求される．このために行った本システムの評価試験のいくつかを示す(大津 1983)．図4.8は，外乱を受ける方向の違いによってどのように制御特性が変化するかを，短時間の間に船の針路を変えて評価した結果を希望針路からの標準偏差で表わした図である．向かい波(波向き0度)の場合が最も成績がよく，追い波になるほど成績が悪くなっている．これは，追い波特に斜め追い波になると波によって誘起される船体運動が大きくなるとともに，舵への流体の流入速度が減少し舵効き

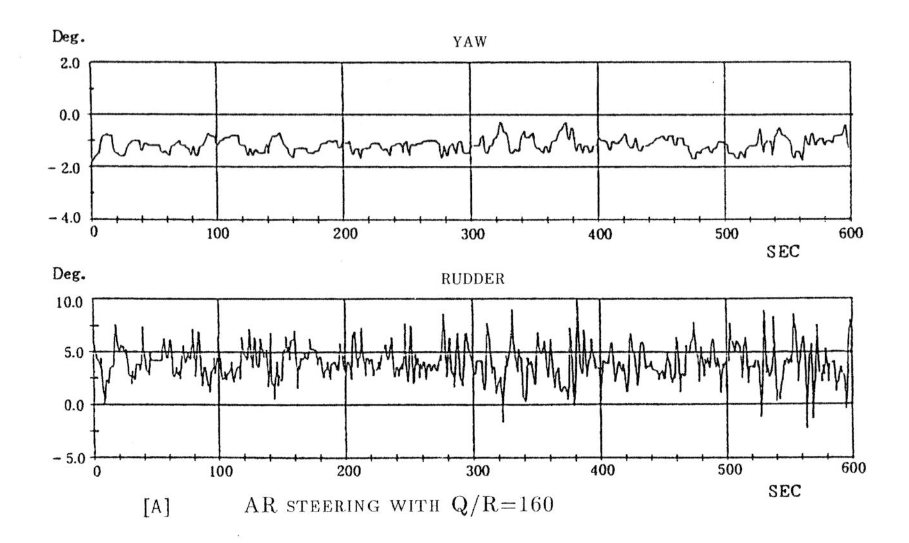

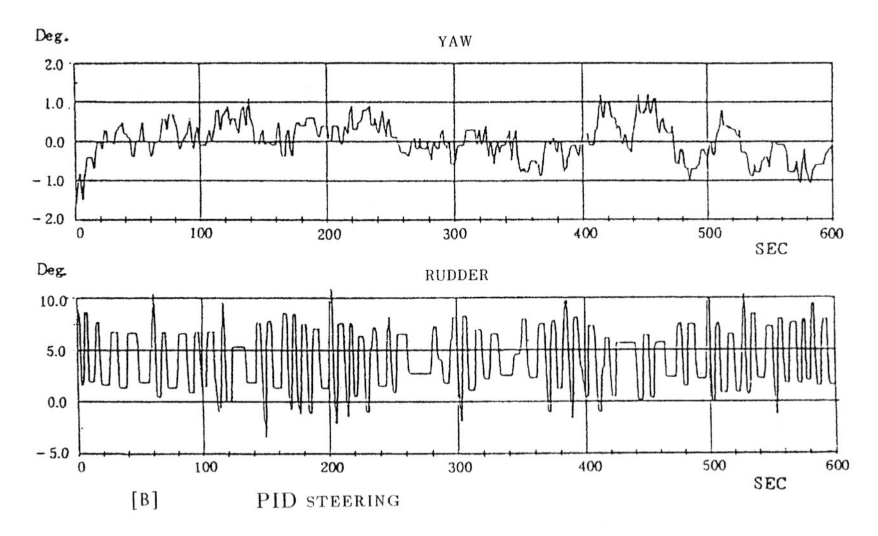

図 4.6　実船実験例 ([A]: 最適型 ($Q/R = 160$), [B]: 従来型)

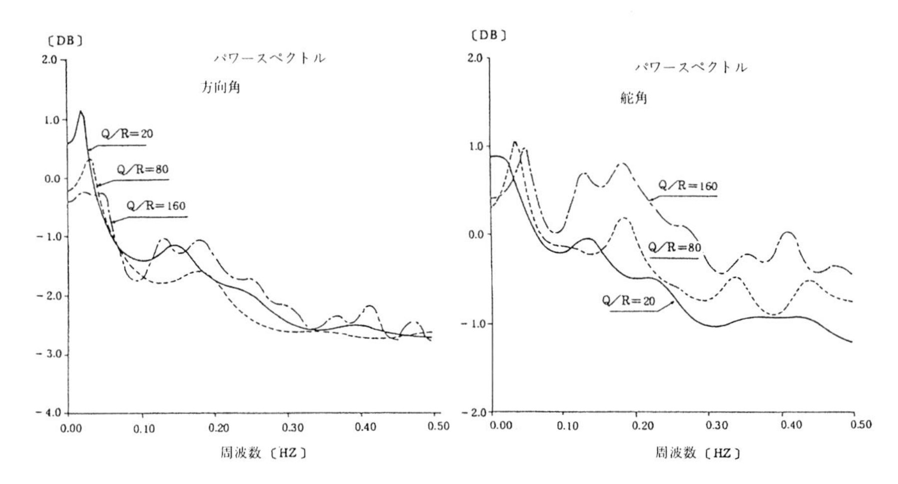

図 4.7 ゲイン比 Q/R の変化によるスペクトラムの比較 (左: 船首揺，右: 舵角量)

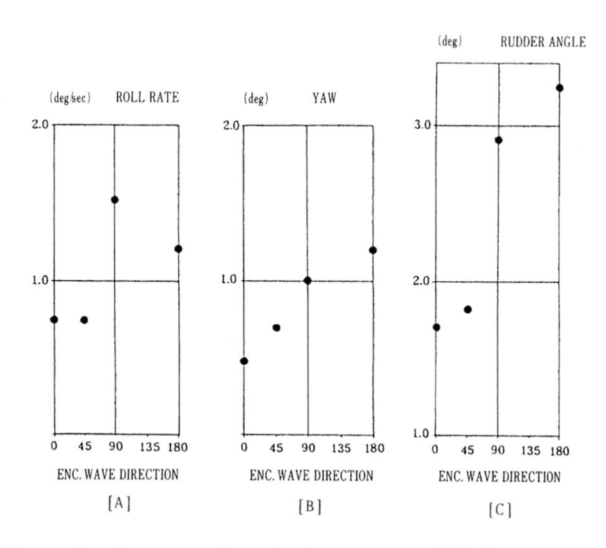

図 4.8 波との出会い角による変化 (縦軸: 左から [A] 横揺角速度，[B] 船首揺，[C] 舵角量の標準偏差，横軸: 出会い角)

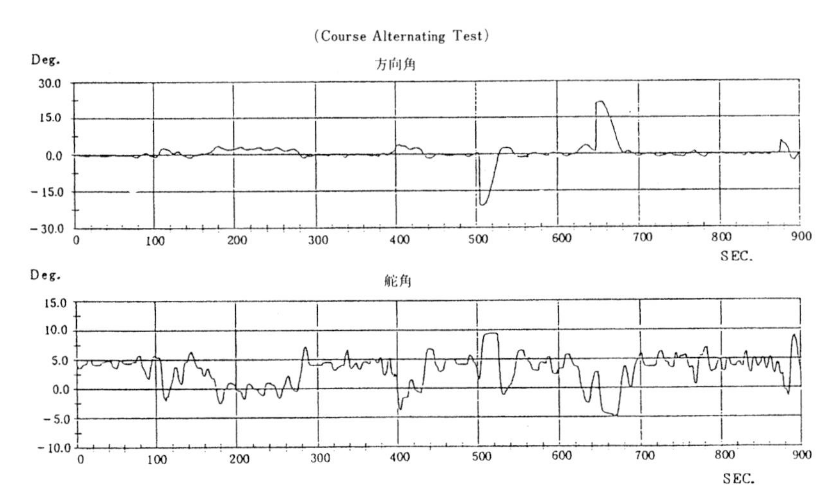

図 4.9　変針能力 (上: 船首揺, 下: 舵角量 (新しい針路が常に 0 度になる))

が悪くなるからである．しかし，この図に示す程度の保針性の悪化は実用上では許容範囲である．

また，船が一定針路で航行中は，自動操舵システムは保針することが目的であるが，針路を変える場合は，速やかに新しい針路に移ることが要求される．図 4.9 は，500 秒付近で右に 20 度変針し 600 秒過ぎにまた原針路に戻した例である．針路にオーバーシュートもなく極めて速く新しい針路に変針していることがわかる．さらに，操舵システムのアクチュエータである舵取機の変動が速いと，舵取機の破壊に繋がる．このことを避けるため導入された評価関数 (4.9) における T の効果を調べた結果，従来のシステム以上の保針能力を持っていることがわかっている (大津 1983)．この他，さまざまな実船試験が同船やさらに大型の船によって行われた．その結果，いずれの場合もこの程度の大きさの船舶に対しては，サンプリング周期を 1 秒程度にして制御系を設計すれば，適当なランダム操舵実験結果と適切なゲイン選択によって，極めて保針能力の高く変針性能も優れた自動操舵システムが設計できることがわかった．

4.5 外乱適応型自動操舵システム

これまでの船舶の操縦系を表す制御型自己回帰モデルは，固定されたもので，設計時に当てはめたモデルは変更されなかった．しかし，海洋の風，波は短期間では定常であると見なせるものの，長期的にみるとその確率過程としての構造は変化し非定常であるとみなす必要がある．前節で設計した制御型自己回帰最適操舵システムは，設計時に想定した以外の種々の外乱に対してもロバストであることが確認されているが，さらに性能を向上させるには外乱の変化に適応したモデルをシステム内で構成する機能，すなわち適応機能を持ったシステムが望まれる．ここでは，Ozaki and Tong (1978) により提案された局所定常 AR モデルを応用した外乱適応型自動操舵システム (Noise Adaptive Control System) について検討する (Ohtsu, Horigome and Kitagawa 1979)．ただし，最適制御をかけた時に得られたデータから，(4.1) のモデルを同定することは困難であることが知られているので，以下ではモデルの一部は固定し，外乱に対応するモデルだけを更新する方法を考える．

そのため，舵入力 y_n に対する船首角応答 x_n を表現するモデルとして次のようなモデルを考える．

$$x_n = \sum_{m=1}^{M} a_m x_{n-m} + \sum_{m=1}^{L} b_m y_{n-m} + u_n \tag{4.15}$$

ここで，u_n は外乱の影響を表す必ずしも白色であることを必要としない未知の雑音過程で，

$$u_n = \sum_{l=1}^{K} c_l u_{n-l} + \varepsilon_n \tag{4.16}$$

のように自己回帰表現できるものとする．この時，(4.15) を (4.16) に代入すると，

$$x_n = \sum_{m=1}^{M+K} A_m x_{n-m} + \sum_{m=1}^{L+K} B_m y_{n-m} + \varepsilon_n \tag{4.17}$$

を得る．ここで，

$$A_m = a_m - \sum_{j=1}^{m} c_j a_{m-j}, \qquad B_m = b_m - \sum_{j=1}^{m} c_j b_{m-j} \tag{4.18}$$

である．ただし，$a_i = 0\ (i > M)$，$b_i = 0\ (i > L)$ とする．この雑音過程 u_n は，局所的には定常であるが長期的にはその確率的構造を変えるものとする．この

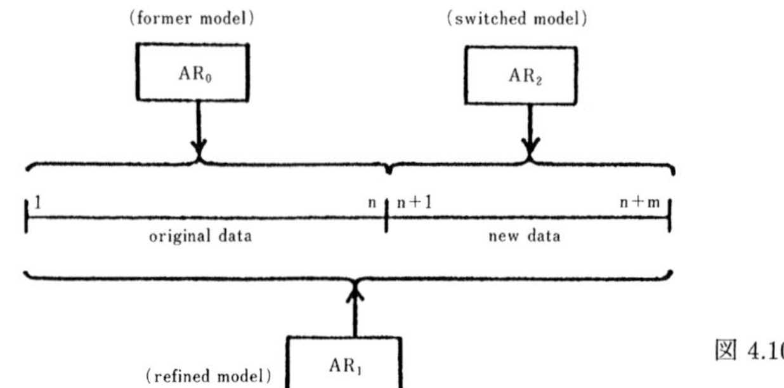

図 4.10 適応モデル選択のアルゴリズム

非定常性を，次のような手続きでオンラインで検出し，モデルを更新していくことを考える．

いま n 個のデータからなるデータセットが観測され，このデータセットに対して (4.15) により残差 $u_1,\ldots,u_n$ を計算し，この雑音過程 u_n に対して自己回帰モデル AR_0 が当てはめられたとする．そしてその後，新たに m 個の残差 $u_{n+1},\ldots,u_{n+m}$ が得られたとする．この時，2 つのデータセットが，同質であるか，異質であるかを MAICE 法によって比較検討する．まず 2 つのデータセットは同質であるとする場合，これら 2 つのデータセットを合わせた $u_1,\ldots,u_{n+m}$ に対して自己回帰モデル AR_1 が得られたとする (図 4.10)．その時のモデルの良さは，

$$\mathrm{AIC}_1 = (n+m)\log\sigma_1^2 + 2(K_1+1) \tag{4.19}$$

で評価される．ここで，σ_1^2 は AR_1 の残差過程の分散，K_1 はモデルの次数である．それに対して異質と仮定する場合の AIC は，前半の部分のモデルの良さである AIC_0 に，後半の雑音過程 $u_{n+1},\ldots,u_{n+m}$ に対する自己回帰モデル AR_2 の良さを表す AIC を加えた

$$\mathrm{AIC}_2 = n\log\sigma_0^2 + m\log\sigma_2^2 + 2(K_0+K_2+2) \tag{4.20}$$

となる．ここで，σ_0^2，σ_2^2 は，それぞれモデル AR_0，AR_2 の残差過程の分散，K_0，K_2 はそれぞれのモデルの次数である．

この AIC_1 と AIC_2 を比べ，(1) もし，$\mathrm{AIC}_2 \leq \mathrm{AIC}_1$ ならば，モデル AR_0 を捨ててモデル AR_2 に切り換え，(2) $\mathrm{AIC}_2 > \mathrm{AIC}_1$ ならば，AR_1 モデルを使うことにする．このように本システムでは，次々にモデルを切り換え局所的に外乱

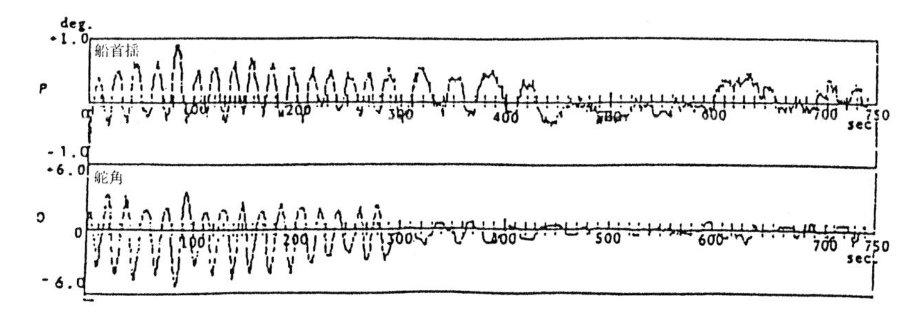

図 4.11　外乱適応型操舵システムによる実船実験 (上: 船首揺 ±1 度，下: 舵角量 ±6 度)

の状態変化に適応させる．モデルが得られた直後に新しいゲインを計算し，次の区間では新しいゲインを使って操舵を行う．この時の状態空間表現としては，状態変数を，

$$Z_n^t = \left[x_n,\ x_{n-1},\ \ldots,\ x_{n-M+1},\ y_{n-1},\ \ldots,\ y_{n-L+1}\right] \tag{4.21}$$

とする状態空間表現を使う．

これまで述べた方法を実現するには，2 つのプログラムを同時に走らせる必要がある．1 つのプログラムは，舵に送る命令をリアルタイムで作る．他のプログラムはバックグラウンドで一定区間毎に走り，モデルの作成，ゲインの作成を行い，得られたモデルとゲインを前者のプログラムに送る．

図 4.11 に，このようにして構成された外乱適応型オートパイロットによる実船実験例を示している．供試船は，汐路丸とほぼ同型船で $n = m = 200$ 秒，基本制御周期 $\Delta t = 1$ 秒である．図は結果の一部で，かなり偏差のあった船首角変化が，新しいモデルにスイッチされることにより 300 秒付近から制御結果が改善され，少ない舵角で船首角の設定針路からの偏差も少なくなっていることを示している．

4.6　舵減揺型自動操舵システム

ここまでの自動操舵システムでは，その設計目標を少ない舵角量による高い保針能力に置いてきた．しかし舵をとると船首揺れが起こるとともに，横揺れが誘起される．舵をとると周りの流体から流体力を受けて，舵面に圧力を生じ，その結果，この圧力の着力点と船体重心の周りに横揺れモーメントが生じる．

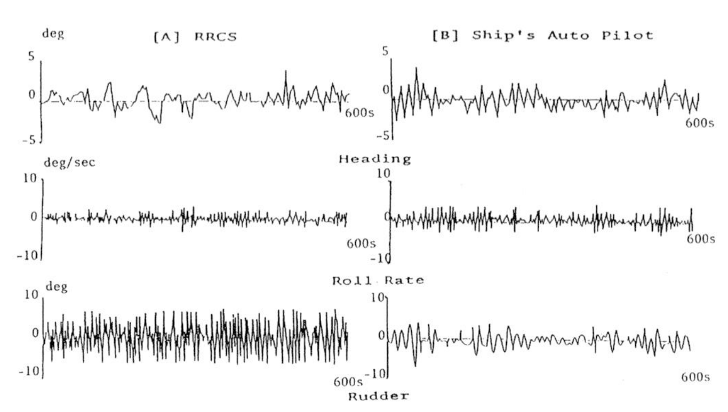

図 4.12　舵減揺型操舵システム [A] による実船実験と従来型システム [B] との比較 (上から船首揺，横揺角速度，舵角)

逆にこのモーメントをうまく利用すれば横揺れを軽減させることが可能であることが予想される．前節のシミュレーションでもゲインの適切な選択によってこの減揺効果が現われることが確認されている．舵角量が少ないと横揺れも少ないから，舵角量を少なくすることも横揺れ軽減の一つの方法である．しかしここで目標とするのは，舵をとるとき横揺れへの効果も積極的に考慮するアクティブ型の舵減揺システムである．織田等は，舵による横揺れ効果のある舵減揺型自動操舵システム (Rudder Roll Control System, RRCS) を開発している (織田, 大津, 佐々木, 関, 堀田 1991).

この型の自動操舵システムの難しい点は，舵の動きによって横揺れを制御するため，横揺れが激しくなると舵を頻繁かつ大きくとる可能性があることである．この結果，本来の機能である保針能力が減少してしまう．両者のトレードオフ点は，多くのシミュレーションの繰り返しによって決定する必要がある．図 4.12 は，汐路丸 3 世を使って行った舵減揺型オートパイロットの実船実験結果である．この場合の制御対象としては，船首角と横揺れ角速度を選び，制御変数としては舵 1 つである．横揺れ角そのものよりも横揺れ角速度を選んだ理由は，シミュレーションにより横揺れ角速度を用いた方が減揺効果が大きいという結果を得ていたことによる．左半分の舵減揺型と右半分の直後に行った本船の自動操舵システムによる実船実験を比較すると，真ん中の横揺れ角速度の変動が RRCS の場合の方が減少していることがわかる．しかも，船首揺れは本船の従来型自動操舵システムに比較してその保針能力が落ちておらず，実用上問題ないことがわかる．ただし，舵の動きは従来型よりも頻繁に，しかも大きくなっていることがわかる．あまり速い速度で舵を頻繁にとるとアクチュエータを破壊する．そのため，評価関数 (4.9) の T を 導入して対処している．

現在このシステムは実用化され稼働しているが，(1) 舵直圧力中心と船体重心の距離が長い程，(2) 舵角速度が速い程，(3) 1 軸 1 舵船よりも 2 軸 2 舵船の方が，減揺効果が増すことがわかっている．

4.7 主機関ガバナシステムへの応用

4.7.1 実験システムと実験手順

最後に船舶制御システムで，自動操舵システムと並んで重要な，主機関のプロペラ回転数のエンジンガバナによる制御について検討する．エンジンガバナの目的は，ピストンへの燃料噴射量を調整することによるプロペラ回転数の変動の抑制である．この調整は最終的には，燃料弁に連結されたラック棒 (rack bar) を調整することによって行う．プロペラシャフトの回転数変動を電気信号に変換し計算機へ入力する一方，このラック棒を作動するアクチュエータに計算機から出力される電気信号を送ることによって，プロペラ回転数の計算機制御が可能となる．このような計算機制御を可能にするために図 4.3 の汐路丸の既設のガバナ (以後これを機側ガバナと呼ぶ) のコントローラの部分を計算機に置き換えた実験システムを開発した．このシステムを使用して実験を行う手順は，安全のため，まず本船側の機側ガバナによる制御から離散型 PID 制御則による計算機ガバナに移し，その後本実験に切り換える方式を採用した．

この手順に従って，まず入力をガバナのラック棒への入力信号，出力をプロペラ回転数変動とする制御型自己回帰モデルを作成するための基本データを取得した．ただし自動操舵システムの設計においても述べたが，このときの入力は出来る限りランダムであることが望まれる．しかし，制御なしにランダム信号を入力すると機関は不安定となるので，計算機制御に切り換えた直後の離散型 PID 制御則の上に乱数を乗せ，そのときの回転数変動を測定することとして，サンプリング周期 0.1 秒で 1000 点のデータを得た．

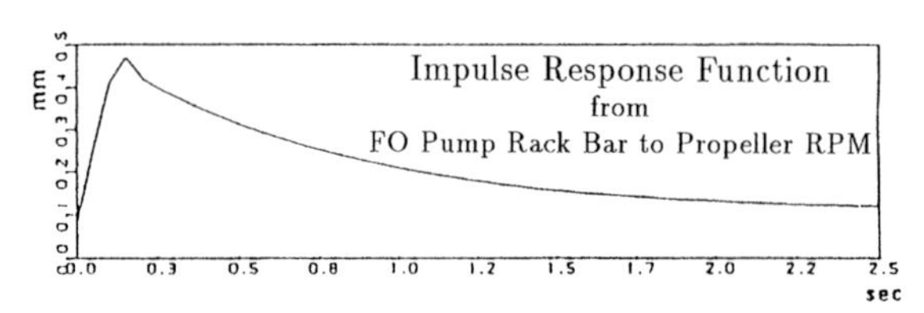

図 4.13 ガバナ–プロペラ回転系のインパルス応答関数

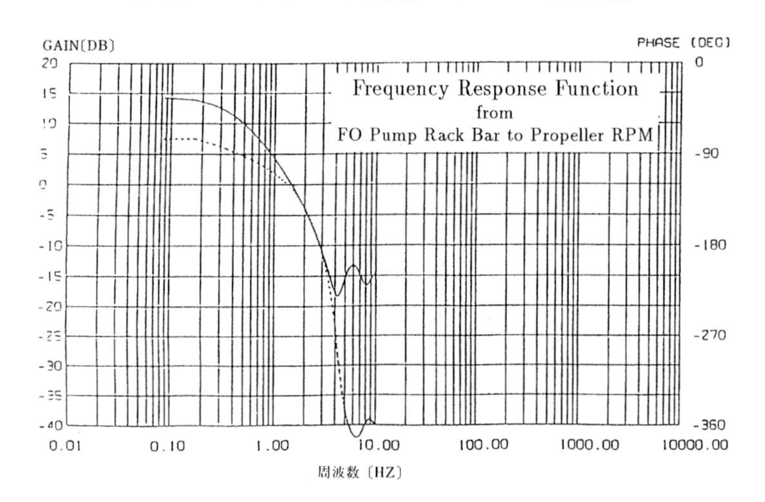

図 4.14 ガバナ–プロペラ回転系の周波数応答関数 (実線: 振幅, 破線: 位相)

4.7.2 ガバナ–回転数系の動特性

今日船舶用エンジンは大型化し信頼性も増してきているが，航行中のエンジンの詳しい動特性を解析した例はこれまでほとんど無い．そこで，前節で得られたデータを使って，初めに MAICE 法により自己回帰モデル

$$X_n = \sum_{m=1}^{M} A_m X_{n-m} + U_n \tag{4.22}$$

を作り，ガバナ–プロペラ回転数系の解析を行ってみる (石塚, 大津, 堀籠 1991)．ここで，X_n は 2 次元ベクトル過程で，プロペラ回転数，ガバナ操作量からなっている (以後，プロペラ回転数は毎分回転数 rpm，ガバナ操作量はガバナのラック棒 (rack bar) の動きを mm で表わす)．このモデルを使って，はじめにガバナ–プロペラ回転数系の周波数応答関数，インパルス応答関数を計算する．自己回帰モデルからこれらの関数を計算する方法は，赤池, 中川 (1972) の方法を使

表 4.3　最適ガバナによる実船実験結果 (分散値)

Gain's name	Q/R	Variance of RPM	Variance of Rack Bar
A0001	0.001	7.1952	0.01963
A0005	0.005	2.2512	0.02541
A001	0.010	1.2730	0.07563
Ship's Governor	–	4.0121	0.171

用した．

図 4.13，図 4.14 は，それぞれ前節で得られた航海中のデータを使って，ガバナ入力信号を入力に回転数変動を出力にした時のインパルス応答および周波数応答関数である．これらの図から，この系の伝達関数の形状としては，

$$D(s) = e^{-Ls}\frac{K}{s(T_1 s+1)(T_2 s+1)} \tag{4.23}$$

のような形式が予想される．これらの知見は，前節で述べたPID制御則による計算機制御系設計などに将来活用できよう．

4.7.3　新しいガバナによる回転数制御実験

つぎに，モデル (4.1) において，制御変数をガバナアクチュエータへの入力信号，状態変数としてプロペラ回転数変動を選んで制御型自己回帰モデルをあてはめ，$T=0$ とする評価関数を用いて最適制御ゲインを計算した．航海中の汐路丸 3 世において，このゲインによる最適ガバナに切り換え実船実験を行った (石塚, 大津, 堀籠 1991).

表 4.3 は，この時の全実験の結果を平均値からの分散の値で示す．Q/R は評価関数における回転数への重み係数とガバナ入力への重み係数の比を示している．最下段の本船側のガバナによる実験は，最適型ガバナの実験直後に行われた．実験番号 A0001 の $Q/R = 0.001/1.0$ の場合はゲインが弱すぎ，回転数の変動が大きくなっているが，その他の場合は，いずれも最適型の場合の方が現用の場合に比べ回転数，ガバナ入力とも変動が減少していることがわかる．図 4.15 はゲイン比をベースに上にプロペラ回転数の分散を，下側にガバナ入力の分散をプロットしたものである．図 4.16 は，実験番号 A001 の場合の最適ガバナによる実験を，直後に実施した機側ガバナの実験と時系列で比較したもので

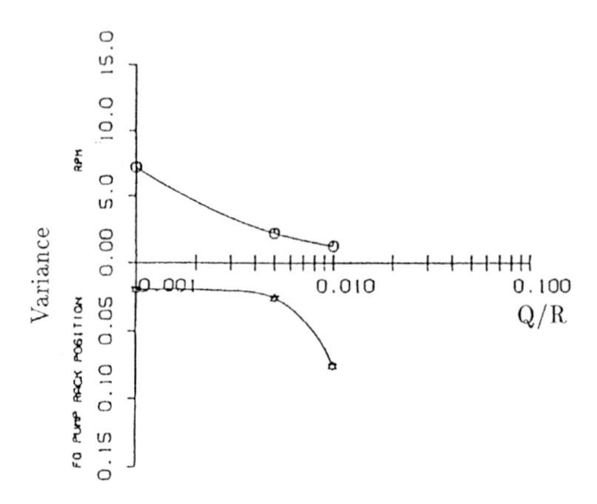

図 4.15　ゲイン比 Q/R と制御結果の関係 (分散値，上半分: プロペラ回転数変動，下半分: ガバナ量)

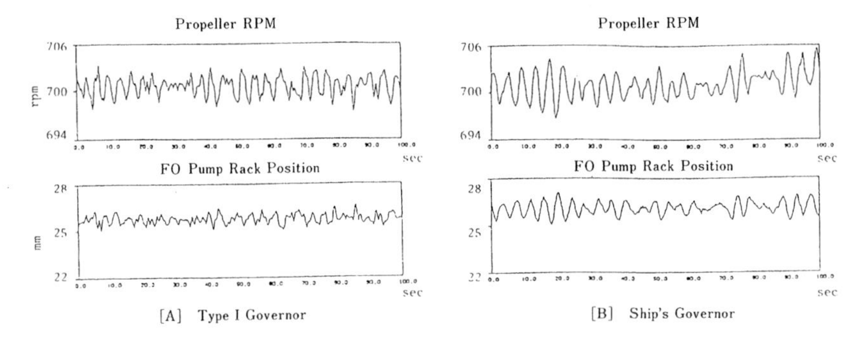

図 4.16　最適ガバナ [A] と従来型ガバナ [B] の実船実験 (上: プロペラ回転数，下: ガバナ量)

ある．最適型では低周波の変動が抑えられているが高周波の変動が起きていることがわかる．この原因は，本プロペラの定格回転数 (700rpm) と関連するシリンダ内の燃焼サイクルと制御周期の間の問題と考えられる．

4.8　まとめ

本章では，赤池によって導入された制御型自己回帰モデルを使用する統計的最適制御理論を応用して，筆者等が開発した舶用の固定ゲイン型，外乱適応型自動操舵システム，舵減揺型自動操舵システムおよび舶用エンジンガバナシステムについて設計法と実船実験を中心に解説した．これらのシステムの開発において，本章で述べた制御型自己回帰モデルを用いる設計法は，船舶のような強い外乱下で運動する大型システムの最適制御系設計に対して，何よりもその設計の容易さと，設計された制御系に期待される効果，改善目標の確実な達成度などの点において，非常に秀れた方法であることが明らかとなった．今後本法の特長のひとつである多変数制御系への設計の容易さを利用して，現在よりも外乱中の船舶システム制御系としてロバストで，かつ統一のとれた，例えば姿勢制御系と機関系を統一するような船舶最適制御システムの設計に向けて研究を進めたいと考えている．

[大津 皓平]

文　献

磯部 孝編 (1960), 相関関数およびスペクトル, 東京大学出版会.

山内保文 (1961a, 1961b), 船の波浪中動揺応答の解析法について (その 1), (その 2), 造船協会論文集, 第 109 号, 169–183, 第 110 号, 19–29.

Akaike, H. (1974), "A New Look at the Statistical Model Identification," *IEEE, Transactions on Automatic Control*, Vol. AC-19, 716–723.

Akaike, H. (1971), "Autoregressive Model Fitting for Control," *Annals of the Institute of Statistical Mathematics*, Vol. 23, 163–180.

赤池弘次, 中川東一郎 (1972), ダイナミックシステムの統計的解析と制御, サイエンス社.

大津皓平, 堀籠教夫, 北川源四郎 (1976a, 1976b), 保針運動の統計的同定と最適制御,(続), 日本造船学会論文集, 第 139 号, 31–44, 第 143 号, 216–224.

大津皓平 (1983), 船体運動の統計的最適制御に関する研究 (1), 日本造船学会論文集, 第 152 号, 243–256, 第 153 号, 19–25.

Ohtsu, K., M. Horigome and K. Kitagawa (1979), "A New Ship's Auto Pilot through a Stochastic Model," *Automatica*, Vol. 15, No. 3, 255–268.

Ozaki, T. and H. Tong (1978), "On the Fitting of Non Stationary Autoregressive Models in Time Series Analysis," *Proceedings of 8th Hawaii International Conference on System Science,* Western Periodical Company, 224–226.

Ohtsu, K., M. Horigome and K. Kitagawa (1979), "A Robust Autopilot System against the Various Sea Conditions," *Proceedings of ISSOA Symposium*, Tokyo, 118–123.

これまで共同研究者としてご協力願った方々，とりわけ統計数理研究所の北川源四郎博士に深甚の感謝を捧げます．また，実船実験において長年協力して頂いた東京商船大学練習船汐路丸 2，3 世の乗組員諸兄ならびに図面作成に協力頂いた織田美千子さん，黒川正充君に深く感謝します．

織田博行, 大津皓平, 佐々木学, 関佳之, 堀田敏行 (1991), 制御型多次元自己回帰モデルを用いた舵による横揺れ減揺制御, 関西造船協会誌, 第216号, 165–173.

石塚正則, 大津皓平, 堀田敏行, 堀籠教夫 (1991, 1992), 主機関の統計的同定と最適制御に関する研究 (第1報), (第2報), 日本造船学会論文集, 第170号, 211–220, 第171号, 425–433.

5

地震波到着時刻の精密な推定

5.1 はじめに

地震の発生にともなって，その発生場所 (震源) から四方八方に振動が伝播していく．大きな地震では遠く離れた地点でもしばらくするとこの振動が観測される．一般にこのような振動を地震波とよんでいる．地球の中を伝播する地震波には大まかに伸び縮み振動のＰ波とねじれ振動のＳ波，そして場合によっては地表付近に沿って伝わる表面波 (レーレー波，ラブ波) などがあり，それらの波は地球内部の各点における媒質の物理的性質に従って伝播していく．一般に地表から深くなるに従って地震波の速度は大きくなる．そして各地震波の間には，おおよそＰ波の速度はＳ波の 1.73 倍，レーレー波の速度はＳ波の 0.92 倍となる関係がある．したがって震源からの距離やその深さの違いでそれぞれの波の到着する時間に差が生じる．現在ではこの距離と深さと到着時刻を関係づけた表 (走時表という) が用意され，震源を推定する計算に利用されている．これを利用すると，地球上の多くの観測点で地震波の到着時刻を観測すれば，その地震の発生した時刻と位置が推定できる．また逆に，数多くのより正確な到着時刻の観測データから，地球の詳細な速度構造を推定することができる．その結果，さらに正確な走時表が作られ，より詳しい震源情報を得ることができるようになる．

このように，詳細な震源情報を得るだけでなく，正確な地球の構造を知るためにも地震波の到着時刻を正確に測定することが重要である．しかし実際は，自動車や工事現場，または人の生活する環境で生成される人工的な振動，そして波浪，風等の自然環境によって生じる振動などで，地震計を置いた地面は絶えず不規則に揺れている．常時，地震計はこの様な地面の揺れを記録しているのである．微弱な地震波の場合は，そのため識別が大変困難になる．一方，大学の微小地震観測網は，地震予知の立場から，微少な地震(マグニチュード3以下)の活動の推移を中心に研究することになっている．したがってこの種の数多くの微弱な地震波を観測し，その震源や規模(マグニチュード)などの震源情報を迅速に求め，地震活動の推移を観察している．

地震の規模と発生頻度とは規模が小さくなるほどその頻度が指数的に増大する，という関係がある．したがって，微小地震観測網の膨大な数の地震データから地震情報を正確にすばやく求めるために，今日では計算機を用いた実時間処理が行われている．地震予知の観点からも，地震発生後なるべく早く地震情報を得るための効率のよい地震波識別アルゴリズムの必要性が認められ，その開発が行われてきた(例えば，横田ほか 1981, Takanami and Kitagawa 1988, Takanami and Kitagawa 1991).

ここでは，地震の観測データを時系列として扱い，自己回帰モデル(ARモデル)を利用する，精度のよい，実時間処理用の地震波到着時刻の推定法について述べる．また具体的な説明のために，1993年7月12日に発生した北海道南西沖地震の余震(図5.1)を用いる．さらに，判定されたP波とS波の到着時刻が地球科学の分野でどの様な意義があるかを付言する．そのため，ここではまず震源付近の地殻上部のP波とS波のみかけ速度を求め，地殻の弾性的性質を示すポアッソン比を推定し，これらの物理定数がさらに他の重要な物理定数を知るための基礎的データであることを補足する．

地震計に記録される振動の時系列は非定常なものが多い．非定常時系列のモデリングとしてもっとも簡単な方法は時間区間を適当な小区間に分割し，各小区間では定常と仮定することである．それぞれの区間でARモデルをあてはめることにより非定常時系列を近似的に表現するモデルが得られる．この章では，はじめに地震波の到着時刻を大まかに決定するための区間の自動決定法を説明し，つぎにP波やS波の到着時刻を精密に決定する方法を説明する．

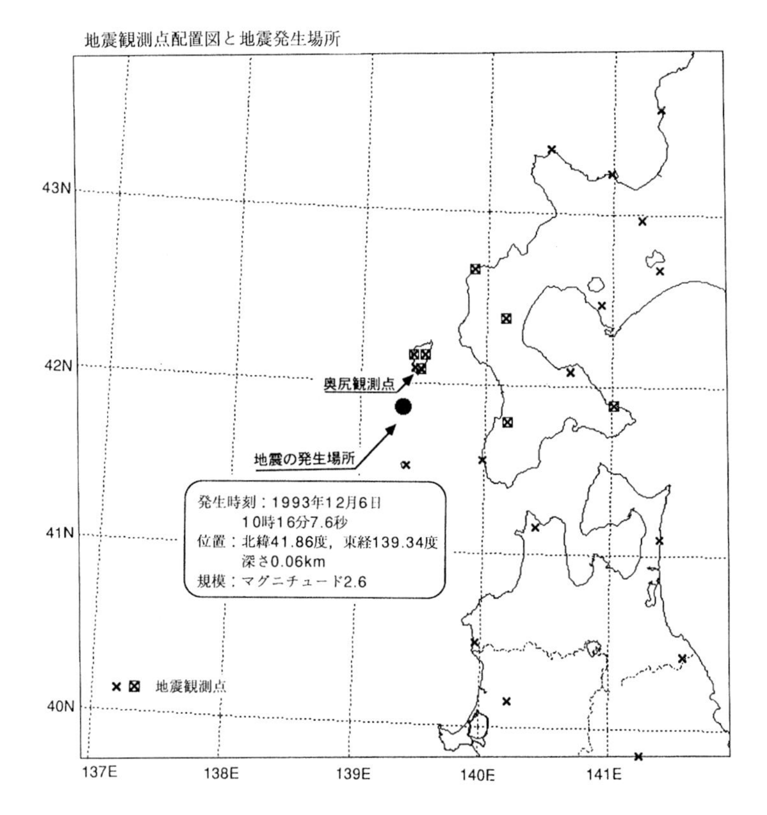

図 5.1　説明のために使用した地震と地震観測点

5.2　局所定常 AR モデル

地震計に記録された振動の時系列 $\{y_1, \ldots, y_N\}$ は全体では定常といえなくても，適当な小区間に分割すると各小区間では定常とみなせる場合が多い．このように，区分的には定常性を満たす時系列は局所定常時系列と呼ばれる．すでに Ozaki and Tong (1975) や Kitagawa and Akaike (1978) 等は全体では定常でない時系列であっても各小区間では AR モデルで表現できる局所定常 AR モデル (locally stationary AR model) の概念を確立し，記録された振動の時系列をいくつかの最適な AR モデルに分ける判定法を提唱している．以下では，振動の時系列を分割する区間の個数を k，またそれぞれの区間のデータ数を $N_i\,(N_1 + \cdots + N_k = N)$ とする．実際の解析においてはこれらの k や N_i の値は未知である．したがって，局所定常 AR モデルの推定のためには分点の個数と位置およびそれぞれの区間におけるモデルを推定することが必要になる．

まず j 番目の小区間を $[n_{j0}, n_{j1}]$ とする．小区間の始点 n_{j0} および終点 n_{j1} は $n_{j0} = \sum_{i=1}^{j-1} N_i + 1$，$n_{j1} = \sum_{i=1}^{j} N_i$ で与えられるとする．j 番目の小区間では時系列 y_n が AR モデル

$$y_n = \sum_{i=1}^{m_j} a_{ji} y_{n-i} + v_{nj} \tag{5.1}$$

に従うものとする．ただし，各小区間での v_{nj} は白色雑音で $\mathrm{E}[v_{nj}] = 0$，$\mathrm{E}\left[v_{nj}^2\right] = \sigma_j^2$，$\mathrm{E}[v_{nj} y_{n-m}] = 0$ がみたされているものとする．

区間 j において $y_{n_{j0}-m_j}, \ldots, y_{n_{j0}-1}$ を既知とすると，$y_{n_{j0}}, \ldots, y_{n_{j1}}$ に関する尤度は

$$L_j = p(y_{n0}, \ldots, y_{n1}) = \prod_{n=n_{j0}}^{n_{j1}} p_j(y_n | y_{n-m_j}, \ldots, y_{n-1}) \tag{5.2}$$

で与えられる．ここで，$p_j(y_n | y_{n-m_j}, \ldots, y_{n-1})$ は $y_{n-m_j}, \ldots, y_{n-1}$ が既知の下での y_n の条件つき分布であり，平均 $\sum_{i=1}^{m_j} a_{ji} y_{n-i}$，分散 σ_j^2 の正規分布の密度関数である．したがって区間の数 k からなる局所定常 AR モデルの尤度は

$$L = \prod_{j=1}^{k} L_j = \prod_{j=1}^{k} \prod_{n=n_{j0}}^{n_{j1}} p_j(y_n | y_1, \ldots, y_{n-1}) \tag{5.3}$$

で与えられる．さらに，最初の m_1 個のデータの分布を無視し，N_1 を $N_1 - m_1$ で，また n_{10} を $m_1 + 1$ で置き換えると，このモデルの尤度は近似的に

$$\prod_{j=1}^{k} \left(\frac{1}{2\pi\sigma_j^2} \right)^{N_j/2} \exp\left\{ -\frac{1}{2\sigma_j^2} \sum_{n=n_{j0}}^{n_{j1}} \left(y_n - \sum_{i=1}^{m_j} a_{ji} y_{n-i} \right)^2 \right\} \tag{5.4}$$

で与えられる．この尤度を小区間の数 k，小区間の長さ N_j，AR モデルの次数 m_j，自己回帰係数 $a_j = (a_{j1}, \ldots, a_{jm_j})^t$ および白色雑音の分散 σ_j^2 の関数と考えると，対数尤度は

$$\begin{aligned} &\ell\left(k, N_j, m_j, a_j, \sigma_j^2; (j = 1, \ldots, k)\right) \\ &= -\frac{1}{2} \sum_{j=1}^{k} \left\{ N_j \log 2\pi\sigma_j^2 + \frac{1}{\sigma_j^2} \sum_{n=n_{j0}}^{n_{j1}} \left(y_n - \sum_{i=1}^{m_j} a_{ji} y_{n-i} \right)^2 \right\} \end{aligned} \tag{5.5}$$

となる．任意の a_j に対して σ_j^2 の最尤推定量 $\hat{\sigma}_j^2$ は，以下に示すように (5.5) を σ_j^2 について偏微分して 0 とおくことにより，

$$\hat{\sigma}_j^2 = \frac{1}{N_j}\sum_{n=n_{j0}}^{n_{j1}}\left(y_n - \sum_{i=1}^{m_j} a_{ji}y_{n-i}\right)^2 \tag{5.6}$$

と求まる．さらに，$a_{j1},\ldots,a_{jm_j}$ の最尤推定値はこれを (5.5) に代入したときの

$$\begin{aligned}&\ell\left(k, N_j, m_j, a_j, \hat{\sigma}_j^2; (j=1,\ldots,k)\right)\\ &= -\frac{1}{2}\sum_{j=1}^{k}\left(N_j \log 2\pi\hat{\sigma}_j^2 + N_j\right)\\ &= -\frac{N-m_1}{2}(\log 2\pi + 1) - \frac{1}{2}\sum_{j=1}^{k} N_j \log \hat{\sigma}_j^2 \end{aligned}\tag{5.7}$$

となる対数尤度から求められる．したがって，$a_{j1},\ldots,a_{jm_j}$ の最尤推定値は最小二乗法を用いて σ_j^2 を最小化することによって求められる．

局所定常 AR モデルの AIC (赤池情報量規準) は

$$\text{AIC} = (N-m_1)(\log 2\pi + 1) + \sum_{j=1}^{k} N_j \log \hat{\sigma}_j^2 + 2\sum_{j=1}^{k}(m_j+1) \tag{5.8}$$

によって与えられる．したがっていろいろな可能性のなかで AIC を最小とする小区間の数 k，小区間の長さ N_j，AR モデルの次数 m_j を捜せばよい．

5.3 局所定常区間の自動分割

最適な局所定常 AR モデルは，原理的には最小二乗法と AIC の利用により推定できる．しかし，北川 (1993) が説明しているように，局所定常モデルの区間数 k および小区間の長さ $N_1,\ldots,N_k$ をすべての可能な組合せに対して試み，AIC を最小とするものを捜すのは莫大な計算量を要し現実的ではない．そこで，実際は分割の最小単位 L をあらかじめ定めておき，$n_i = iL$ だけを分割点の候補とし，局所定常 AR モデルの分点を自動的に決定することを考える．例えば地震波が到着するまでの局所定常モデルと地震波を含む局所定常モデルのとの分点を如何に効率よく，自動的に決定するかについて考える．この自動決定の作業手順を以下で説明する．

1) 定常性を仮定する小区間の長さ L と各区間であてはめる AR モデルの最高次数 m を決める．L は m 次の AR モデルを当てはめることができる程度の長さとしておく．

2) $y_1, \ldots, y_L$ に m 次までの AR モデルをあてはめて残差分散 $\hat{\sigma}_0^2(0), \ldots, \hat{\sigma}_0^2(m)$ を求め，$\mathrm{AIC}_0(0), \ldots, \mathrm{AIC}_0(m)$ を $\mathrm{AIC}_0(j) = (L-m)\log\hat{\sigma}_0^2(j) + 2(j+1)$ により計算する．さらに，$\mathrm{AIC}_0 = \min_j \mathrm{AIC}_0(j)$ とし，$k=1$，$n_{10} = m+1$，$n_{11} = L$，$N_1 = L - m$ とおいておく．

3) $y_{n_{k1}+1}, \ldots, y_{n_{k1}+L}$ に m 次までの AR モデルをあてはめ残差分散 $\hat{\sigma}_1^2(0), \cdots, \hat{\sigma}_1^2(m)$ を求め，$\mathrm{AIC}_1(0), \cdots, \mathrm{AIC}_1(m)$ を $\mathrm{AIC}_1(j) = L\log\hat{\sigma}_1^2(j) + 2(j+1)$ により計算する．このとき，$\mathrm{AIC}_1 = \min_j \mathrm{AIC}_1(j)$ とすると，AIC_1 は時刻 $n_{k1}+1$ でモデルが変化したと仮定したときの新しいモデルの AIC である．区間 $[n_{k0}, n_{k1}+L]$ を二つの小区間 $[n_{k0}, n_{k1}]$ と $[n_{k1}+1, n_{k1}+L]$ に分割した局所定常 AR モデルの AIC は $\mathrm{AIC}_D = \mathrm{AIC}_0 + \mathrm{AIC}_1$ で与えられる．このモデルを分割モデルと呼ぶ．

4) $y_{n_{k0}}, \ldots, y_{n_{k1}+L}$ をひとつの区間とみなして m 次までの AR モデルをあてはめ残差分散 $\hat{\sigma}_p^2(0), \ldots, \hat{\sigma}_p^2(m)$ を求め，$\mathrm{AIC}_P(0), \ldots, \mathrm{AIC}_P(m)$ を $\mathrm{AIC}_p(j) = (N_k+L)\log\hat{\sigma}_p^2(j) + 2(j+1)$ により計算する．このとき，$\mathrm{AIC}_P = \min_j \mathrm{AIC}_P(j)$ は時刻 $n_{k1}+1$ で分割せず区間 $[n_{k0}, n_{k1}+L]$ をひとつの小区間と仮定した併合モデルの AIC となる．

5) AIC の値を比較して 3) と 4) のモデルのどちらがよいかを判断する．

   (a) $\mathrm{AIC}_D < \mathrm{AIC}_P$ のときは分割モデルの方がよいモデルと判断される．したがって，$n_{k1}+1$ が新しい分点となるのでまず $k \equiv k+1$ と置き換え，次に $n_{k0} \equiv n_{k-1,1}+1$，$n_{k1} = n_{k-1,1}+L$，$N_k = L$，$\mathrm{AIC}_0 = \mathrm{AIC}_D$ とおく．これは地震波が区間 $[n_{k0}, n_{K1}+L]$ のなかに表われた場合に相当する．

   (b) $\mathrm{AIC}_D \geq \mathrm{AIC}_P$ のときは併合モデルが採用されるので新しい小区間 $[n_{k1}+1, n_{k1}+L]$ をもとの小区間に併合し $[n_{k0}, n_{k1}+L]$ とする．したがって，$n_{k1} \equiv n_{k1}+L$，$N_k = N_k + L$，$\mathrm{AIC}_0 = \mathrm{AIC}_P$ と置き直す．この状態は，地震波がまだ現れていない場合や，地震波が現れ新し

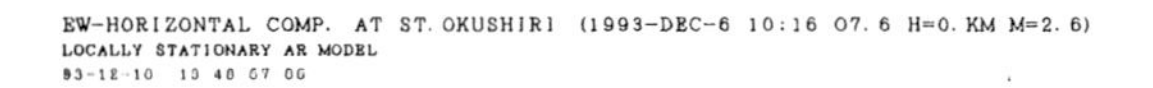

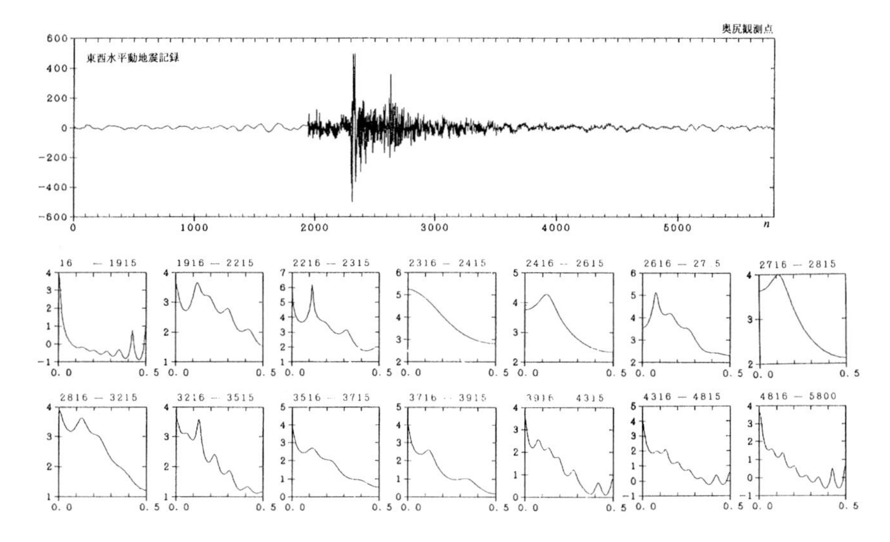

図 5.2　北海道南西沖地震の余震記録とその局所定常 AR モデル

い区間がすでに再定義され，そのまま維持された区間の場合に相当する．

6) さらに L 個以上のデータがあればステップ 3) へもどる．その他の場合には，k が分割数，$[1, n_{11}], [n_{20}, n_{21}], \ldots, [n_{k0}, N]$ が k 個の分割を与える．

● 例　図 5.2 は 1993 年 7 月 12 日に発生した北海道南西沖地震の余震記録 (奥尻観測点での東西動成分，$N = 5800$) と $L = 100$，$m = 15$ として局所定常 AR モデルをあてはめた結果を示している．記録には常時微動と呼ばれるノイズの部分と P 波と S 波及び変換波の 3 種類の地震波が含まれている．また，下側のそれぞれの図には局所定常 AR モデルによって定常とみなされた小区間の場所とその区間で推定されたスペクトルが表示してある．

$n = 1915, 2215, 2315, 2415, 2615, 2715, 2815, 3215, 3515, 3715, 3915, 4315, 4815$ の 13 か所で変化が検出されている．$n = 1900$ 前後の変化は P 波の到着による分散とスペクトルの変化に対応している．$n = 1900$〜2300 の部分は P 波及びそ

のコーダ部であるがP波初動付近の $n = 2000\sim2200$ の部分は比較的滑らかなスペクトル分布であるのに対し，後半の $n = 2200\sim2300$ では1つの周期成分が卓越していることがわかる．$n = 2300\sim2600$ 以降はS波の部分であるが振幅の減少にともないパワーが低下しているだけでなく，スペクトルの主要なピークの位置が低周波から高周波側へ移動しているのがわかる．$n = 2600\sim2700$ 付近では地下構造の速度不連続面を示唆するある種の変換波が見られ，スペクトルの変化にそれが認められる．これはこの地震がごく浅いところに起きたためS波のコーダ部に表面波も混在したためと推察される．それ以後ふたたびパワーを低下させつつ複雑にスペクトルが変化している．しかし $n = 4800$ 以降はほとんど変化がないとみなされている．

5.4 地震波到着時刻の精密な推定

前節では非定常時系列を各区間上では定常と見なせるような複数個の区間に自動的に分割する方法を示した．この節では，ある区間 $[n_0, n_1]$ の中で地震波が到着していることがわかっているとして，その到着時刻を精密に推定する方法を考える．そのためには，$n_0 \le n \le n_1$ を満たす各時刻 n に地震波が到着したと仮定して，二つの区間 $[1, n-1]$ および $[n, N]$ にそれぞれ別のARモデルをあてはめ，ふたつのAICの合計を計算すれば時刻 n に到着したと仮定したモデルのよさが評価できる．したがって，局所定常ARモデルを利用して，到着時点の精密な決定をするためには $n_0 \le n \le n_1$ のすべての n についてAICを計算し最小値をとる時刻を捜せばよい．

まず，$y_1, \ldots, y_{n_0}$ に対して0次～ m 次のARモデルを最小二乗法によりあてはめたときの残差分散を $\hat{\sigma}_0^2(0), \ldots, \hat{\sigma}_0^2(m)$ とする．これらのモデルのAICは

$$\mathrm{AIC}_0(j) = (n_0 - m)\log \sigma_0^2(j) + 2(j+1) \tag{5.9}$$

によってAICが計算できる．したがって

$$\mathrm{AIC}_0^1 \equiv \min_j \mathrm{AIC}_0(j) \tag{5.10}$$

と定義すると時刻 $n_0 + 1$ に新しい波が到着したと仮定したときの，前半のARモデルのAICになる．次に，$n_0 + 1$ 個のデータ $y_1, \ldots, y_{n_0+1}$ にARモデルをあ

てはめ，同様に，残差分散 $\hat{\sigma}_1^2(0),\ldots,\hat{\sigma}_1^2(m)$ を計算すると，

$$\mathrm{AIC}_1(j)=(n_0-m+1)\log\sigma_1^2(j)+2(j+1) \tag{5.11}$$

によって $y_1,\ldots,y_{n_0+1}$ にあてはめた j 次の AR モデルの AIC が計算できる．したがって

$$\mathrm{AIC}_1^1\equiv\min_j \mathrm{AIC}_1(j) \tag{5.12}$$

と定義すると時刻 n_0+2 に新しい波が到着したと仮定したときの，前半の AR モデルの AIC になる．以下，同様に繰り返せば $\{y_1,\ldots,y_{n_0}\}$, $\{y_1,\ldots,y_{n_0+1}\},\ldots,$ $\{y_1,\ldots,y_{n_1}\}$ にあてはめた AR モデルの AIC すなわち $\mathrm{AIC}_0^1,\mathrm{AIC}_1^1,\ldots,\mathrm{AIC}_\ell^1$ が計算できる．ただし，$\ell=n_1-n_0$ である．

同様に，まず $y_{n_1+1},\ldots,y_N$ に AR モデルをあてはめ，その後データ $y_{n_1},y_{n_1-1},$ $\ldots,y_{n_0+1}$ を順次追加していくことにより後半のモデルの AIC，すなわち AIC_ℓ^2, $\mathrm{AIC}_{\ell-1}^2,\ldots,\mathrm{AIC}_0^2$ を求めることができる．

このとき

$$\mathrm{AIC}_j=\mathrm{AIC}_j^1+\mathrm{AIC}_j^2 \tag{5.13}$$

が時刻 n_0+j+1 に地震波が到着したと仮定した局所定常 AR モデルの AIC をあらわす．したがって，$\mathrm{AIC}_0,\ldots,\mathrm{AIC}_\ell$ のなかで最小となる時刻を捜すことによって最適な区分時点が得られる．この点が地震波の到着時刻に相当する．

以上の計算は，データ数とモデルの次数を変更する度に毎回改めて最小二乗法をやりなおすと大量の計算量を要することになる．しかし，ハウスホルダー法による最小二乗法のアルゴリズムを用いると極めて効率よく逐次的に計算をすることができる．アルゴリズムの詳細については北川 (1993) を参照のこと．

● **例**　図 5.3 (a)–(h) は図 5.2 で大きな変化が見られる $n=1950$ と $n=2300$ の周辺でその変化時点を精密に調べた結果である．(b) は上下動地震記録の $n=$ 1900～2000 の部分を拡大した図で，後半に P 波が到着している．これに対し，(a) は (1.13) により求めた AIC の値をプロットしたものである．$n=1941$ で最小値 6274 をとっており P 波が $n=1941$ に到着したと判定できる．

(d) は同じ上下動地震記録の $n=2250$～2350 の部分を拡大したもので，前半は P 波のコーダ部，後半は S 波である．(c) の AIC の値から $n=2290$～2305 で S 波が到着したと判定できる．ただし，(a) の場合には AIC の変化がきわめて

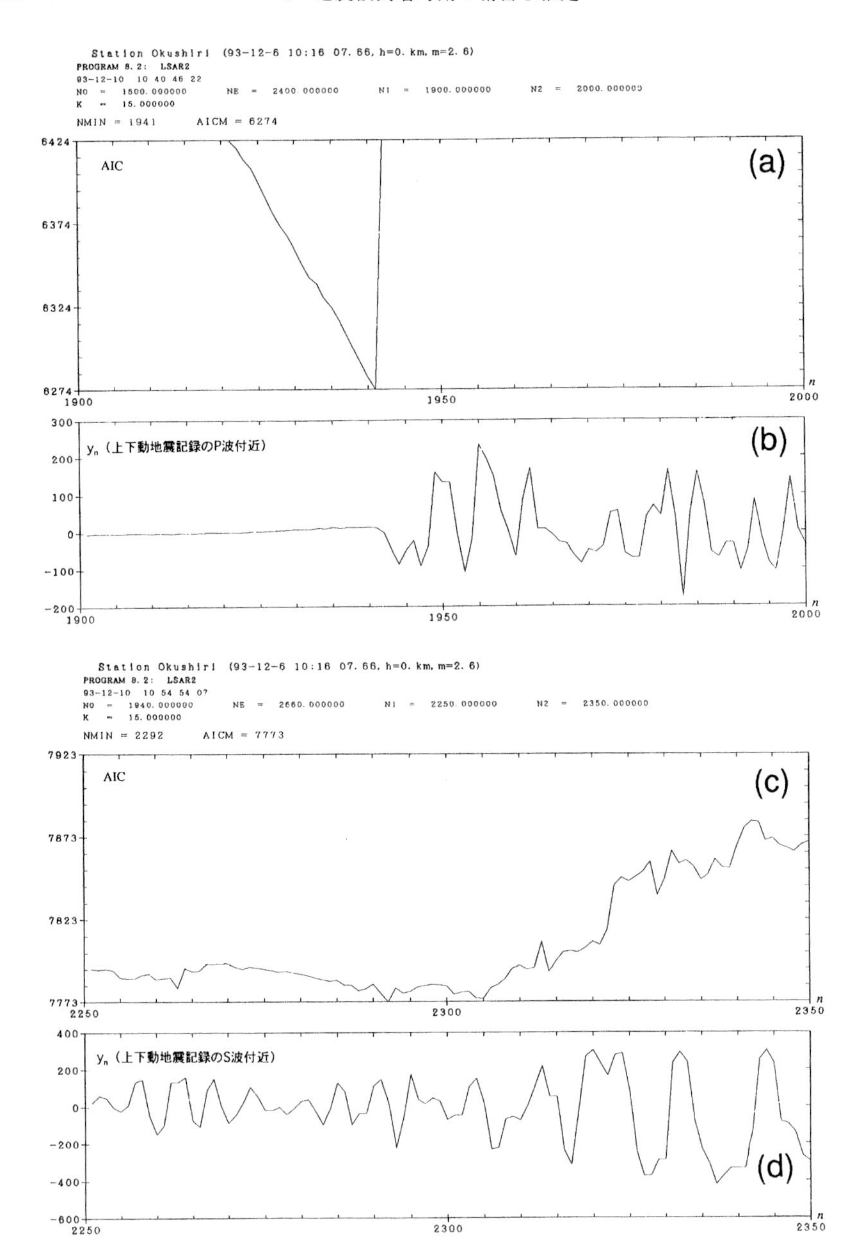

図 5.3　P 波と S 波の到着時刻の推定

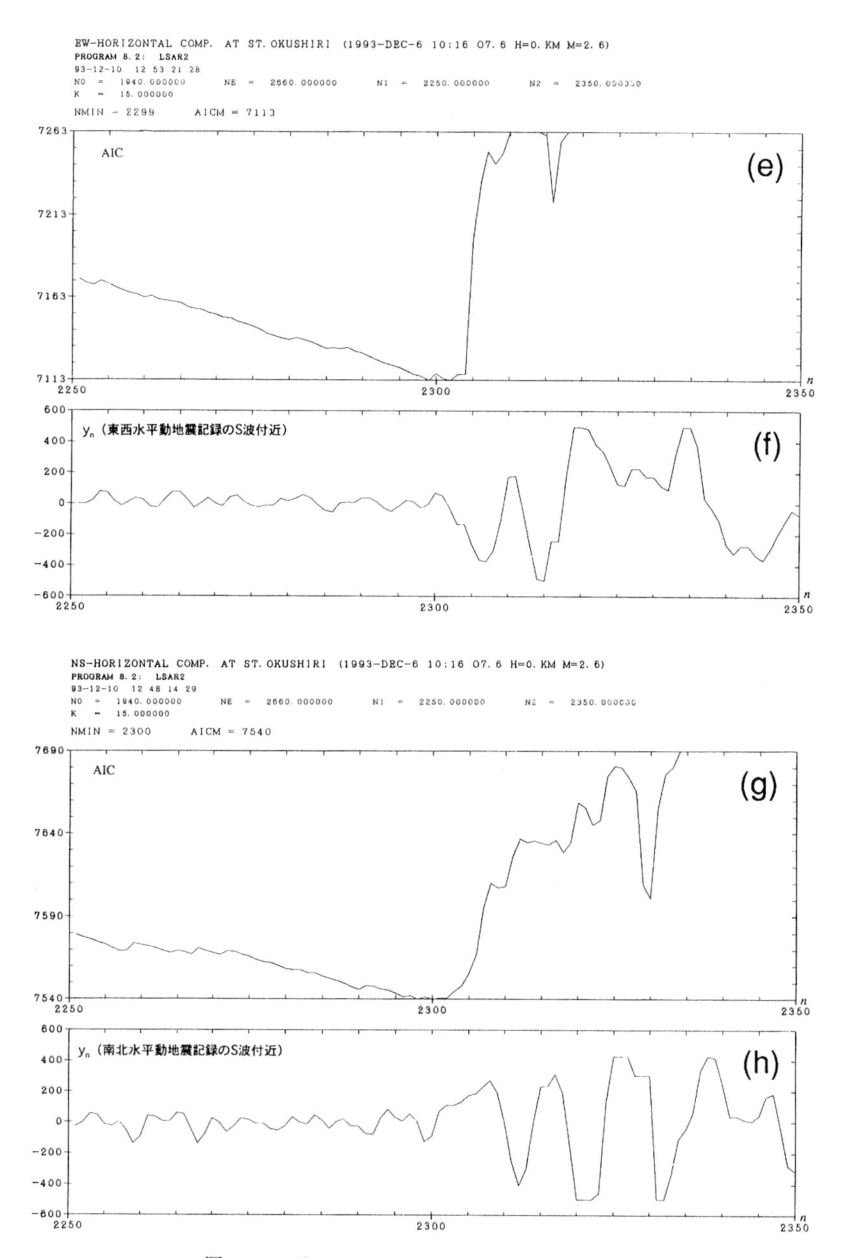

図 5.3 P 波と S 波の到着時刻の推定 (つづき)

急激で，推定精度が良いことを示しているのに対し，(c) の場合は比較的緩やかで，S 波の検出が P 波より困難であることを示している．(f) と (h) は (d) と同じ区間の東西，南北成分の水平動地震記録を拡大した図で，P 波のコーダ部 (地球内部の構造の不均質性によって生じた散乱波，多重反射波などの後続波) と S 波が示されている．(e) と (g) の AIC の値から $n = 2299$ または $n = 2300$ に S 波が到着したと判定できる．また水平動の (e) と (g) が上下動の (c) より良い精度で S 波の到着時刻を推定している．

波動論的考察からも推察されることであるが，以上のことは P 波は上下動成分で，S 波は水平動成分で到着時刻を判定した方が望ましいことを示している．現実の S 波の到着時刻付近は P 波のコーダ部でもあり複雑な地下構造の影響を受けた幾つかの変換波が混在する．この様な場合，上下方向および水平 2 方向の 3 成分の多変量時系列を用いると，より正確な到着時刻の判定が可能となる．Takanami and Kitagawa (1991) は 3 成分自己回帰モデルによる到着時刻の推定法を開発し，複雑な S 波の場合にこれを適用している．

5.5 応用：地震波の到着時刻から推定される地球内部の物理定数

いままで述べてきた地震波の到着時刻の精密決定法を実際の地震に適用し，各地震観測点で決定された P 波と S 波の到着時刻から震源位置の推定を行った．その結果は図 5.1 の黒丸で示されている．すなわちこの地震は 1993 年 7 月 12 日に発生した北海道南西沖地震の余震域の南端に起きた余震の 1 つであり，さらにマグニチュードが 2.6，深さが 0.06km と求まったことから，この地震はほとんど地殻表層部に起きた微小地震であったのが判る．このような微小地震の場合，震源で放出された地震エネルギーが小さく，遠く離れた観測点や浅い地殻構造の影響を受けた観測点では波形が複雑になるのが一般的である．

図中に観測点の位置 (北海道大学，東北大学，弘前大学の地震観測点) を×印で示してあるが P 波の到着時刻が震源計算に用いられた観測点には四角で囲ってある．それらは奥尻島と渡島半島内に限られ，その他の観測点は S/N が非常に低く，震源計算には用いられなかった．一方もっとも震源に近い観測点の奥尻観測点 (奥尻町青苗) での震央距離は 27.5km であった．

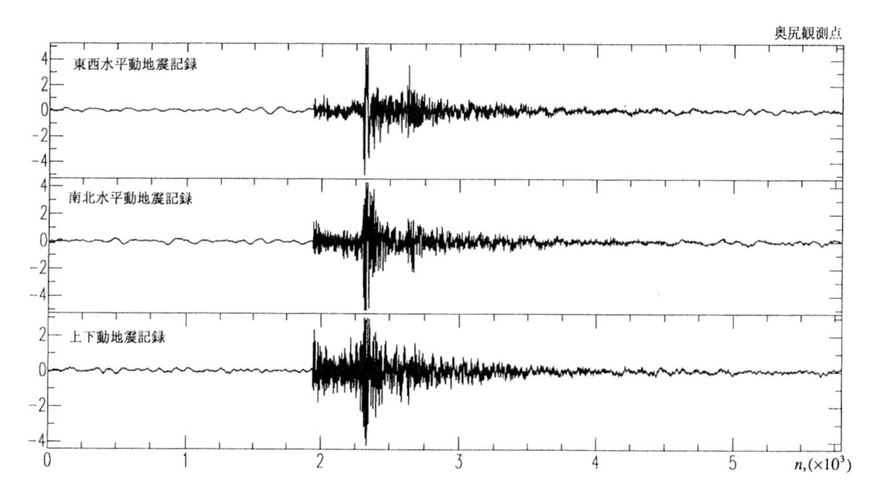

図 5.4　奥尻観測点での 3 成分記録

● **3 成分記録**　　図 5.4 は奥尻観測点での東西動，南北動及び上下動の 3 成分記録である．今までの具体的な説明にはこの記録を用いて行った．そして P 波の到着時刻は上下動成分で，S 波の場合は水平成分で判定を行った方がより正確に求められる，というのがこの図からも判る．またその他の顕著な波群が S 波のコーダにみられるが，これは地学的観点からみれば，地殻の速度構造の不連続性を示唆した，大変貴重な波群である．今回の方法がこれらの後続波の到着時刻の判定にも利用でき，地球の速度構造探査に威力を発揮するのは勿論である．

● **P 波の走時解析**　　図 5.5 は上下動成分の波形を上から順に震央距離に比例した場所に並べたものである．図の右端に各観測点までの震央距離が示してある．一般には，P 波が伝播する媒質の速度分布が一様であるとした場合，この震央距離にしたがった P 波の到着時刻が求められる．遠い観測点ほど震央距離に比例して波は図の右側に表示される．したがって逆に震央距離を一定の速度で除した値 (時間) をシフトすると，ほぼ同一の時刻に地震波が現れる．実際は図を見ながら多くの観測点でほぼ同一の到着時刻になるように速度を試行錯誤的に変える．さらに，この同一到着時刻から震源計算で求められた地震の発生時刻を差し引くと時間軸上のほぼ原点に P 波初動が並ぶように表現できる．

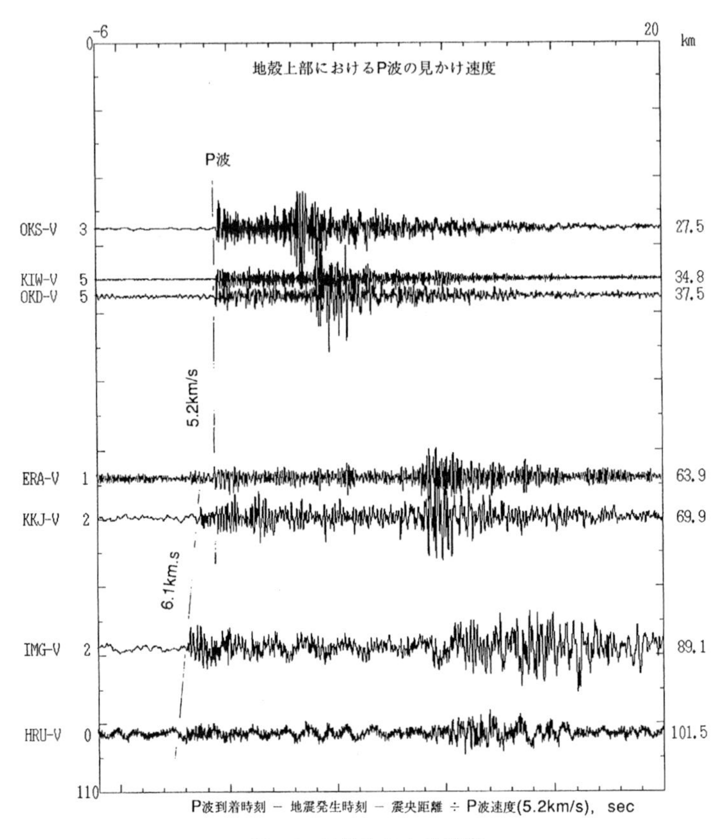

図 5.5　P 波とみかけ速度

この簡単な表現法によって，地震波の初動付近を注目するような場合はある特定の限られた時間内を拡大して観察するのが可能である．さらにその初動の並びかたから，各観測点までの速度分布が一様か否かを判断することができる．この様な手続きをこの例の地震に適用したのが図 5.5 である．この波形表現法の操作により震源から観測点に至る地殻上部の P 波のみかけ速度が $V_{P1} = 5.2\mathrm{km/sec}$，その下に $V_{P2} = 6.1\mathrm{km/sec}$ のそれぞれの速度からなる 2 層の存在が示された．第 1 層の V_{P1} は高波ほか (1991) が渡島半島南部で実施した砕石発破の稠密地震観測から求めた第 1 層目の $V_{P1} = 5.2\mathrm{km/sec}$ と一致している．

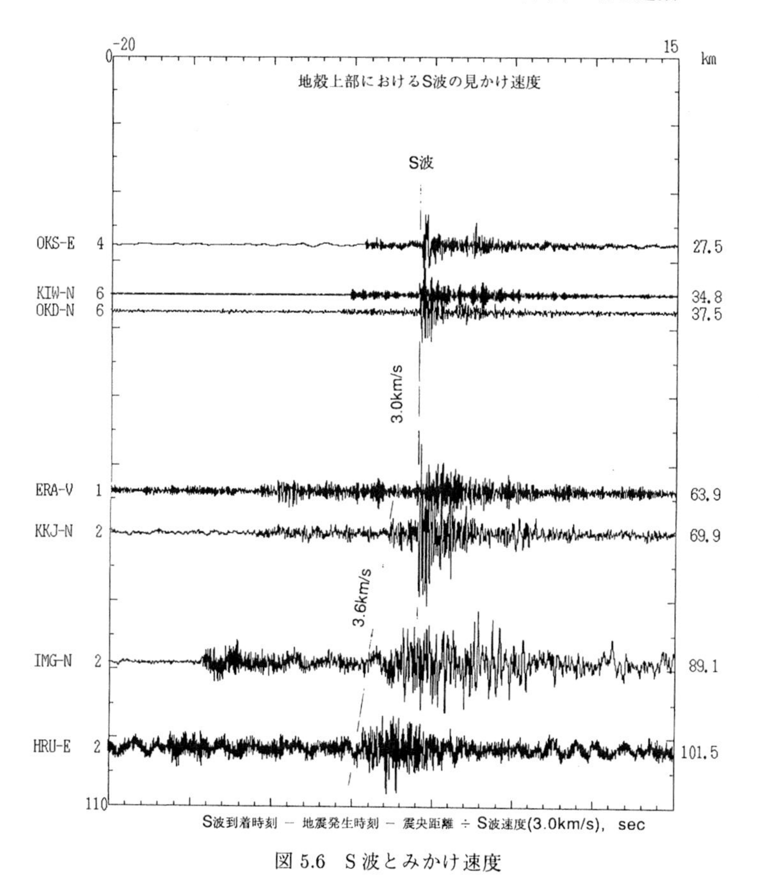

図 5.6　S 波とみかけ速度

• S 波の走時解析　図 5.6 は，同様に水平動の S 波の到着時刻に注目して時間軸をシフトした図である．この図から $V_{S1} = 3.0\text{km/sec}$ と $V_{S2} = 3.6\text{km/sec}$ のみかけ速度からなる S 波速度構造が示唆された．いずれの場合も第 2 層以上については震央距離の大きな観測点の初動を用いて推定するため，より大きな規模の地震が望まれる．この例の場合は波形を距離順に並べてどうにか第 2 層の速度の推定ができたと云えよう．非常に S/N の低い地震記録の場合には，Kitagawa and Takanami (1985) が開発した状態空間モデルによる波形の分離法を用いた方がよいであろう．ちなみにこの 2 組の P 波と S 波のみかけ速度から算出された，各層のポアッソン比 σ_i は，0.25 と 0.23 である．ここで，ポアッソン比はＰ波とＳ波の速度比とつぎの式で関係づけられる．

$$\frac{V_{Pi}}{V_{Si}} = \sqrt{\frac{2(1-\sigma_i)}{1-2\sigma_i}}, \qquad (i = 1, 2). \tag{5.14}$$

さらにこれらの物理定数から密度 $\rho_1 = 2.5\mathrm{g/cm^3}$，$\rho_2 = 2.7\mathrm{g/cm^3}$ (物理探査学会 1989)，体積弾性率 $K_1 = 3.76 \times 10^{11}\mathrm{dyne \cdot cm^{-2}}$，$K_2 = 5.4 \times 10^{11}\mathrm{dyne \cdot cm^{-2}}$ と求められた．ただ第２層については，先に述べた理由や便宜上水平成層構造を仮定した計算結果であるので真の値とは異なっている可能性がある．しかし計算機の発達した今日では，数多くの地震とたくさんの観測点での地震波到着時刻を用いたトモグラフィー (tomography) 法を用いることにより第２層以下についてもより正確な値を推定することができる．

第１層の物理定数からは石灰岩または花崗岩に相当する岩石の存在が暗示され，当地域にみられる古・中生代の岩層 (日本の地質 1990) と調和的である，という結果が得られた．

一方地震予知の分野では正確な震源の情報を迅速に求めるため，いろいろなシステム開発の努力がなされてきた．今日では自己回帰モデルによる地震波到着時刻の自動判定法を組込んだシステムが広く普及し，実用に供されている．

補足として，地球内部の物理定数を求めたり地震活動の推移を監視したりするには，地震波の到着時刻が非常に重要な情報である，ということを具体例をもって説明した．そして地震波の到着時刻の精密な推定の実用化に成功した背景には地震波の合理的な統計的表現として，自己回帰モデルと局所定常モデルの導入およびその最適なモデル判定に赤池の情報量規準があったのは言うまでもない．

5.6　おわりに

本章では，局所定常自己回帰モデルを実際の地震波のＰ波とＳ波の到着時刻の判定に応用できることを述べた．その中で精度よく，そして実時間処理に適用できるアルゴリズムを解説した．また判定された地震波の到着時刻が，地球の構造や，地震活動の推移を知るために如何に重要なデータとなり得るかを具体例をもって紹介した．

[高波 鐵夫]

文 献

赤池弘次, 中川東一郎 (1972), ダイナミックスシステムの統計的解析と制御, サイエンス社.

赤池弘次 (1976), 情報量規準 AIC とは何か, 数理科学, No. 153, 5–11.

赤池弘次 (1979), 統計的検定の新しい考え方, 数理科学, No. 198, 51–57.

Akaike, H. (1973), "Information theory and an extension of the maximum likelihood principle," *2nd International Symposium on Information Theory* (eds. B. N. Petrov and F. Csaki), 267–281.

Akaike, H. et al. (1979), TIMSAC-78, *Computer Science Monographs*, No. 11, The Institute of Statistical Mathematics.

物理探査学会 (1989), 図解物理探査, 物理探査学会.

ハーベイ, A. C. (1985), 時系列モデル入門, 国友直人, 山本拓訳, 東京大学出版会.

日野幹雄 (1977), スペクトル解析, 朝倉書店.

ジェーガー, J. C. (1968), 弾性・破壊・流動論, 飯田汲事訳, 共立出版.

片山徹 (1983), 応用カルマンフィルター, 朝倉書店.

Kitagawa, G. and H. Akaike (1978), "Procedure for the modeling of non-stationary time series," *Annals of the Institute of Statistical Mathematics*, Vol. 30, 351–363.

Kitagawa, G. (1983), "Changing spectrum estimation," *Journal of Sound Vibration*, Vol. 89, 433–445.

Kitagawa, G. and T. Takanami (1985), "Extraction of signal by a time series model and screening out micro earthquakes," *Signal Processing*, Vol. 8, 303–314.

北川源四郎 (1993), FORTRAN77 時系列解析プログラミング, 岩波書店.

坂元慶行, 石黒真木夫, 北川源四郎 (1983), 情報量統計学, 共立出版.

Takanami, T. and G. Kitagawa (1988), "A new efficient procedure for the estimation of onset times of seismic waves," *Journal of Physics of the Earth*, Vol. 36, 267–290.

Takanami, T. and G. Kitagawa (1991), Estimation of the arrival times of seismic waves by multivariate time series model, *Annals of the Institute of Statistical Mathematics*, Vol. 43, 403–433.

高波鐵夫, 小河富夫, 石川春義, 山内政也, 佐藤魂夫 (1991), 北海道渡島半島に於ける砕石発破の地震観測, 平成 3 年度地球惑星関連学会予稿集, 157.

ここで述べた地震波の到着時刻の推定法は状態空間モデルに基づく波形分離の方法とともに統計数理研究所との共同研究によって開発されたものである．ほぼ10年前，快く共同研究の仲間に加えてくださった統計数理研究所の赤池弘次所長と，そして今日までひとかたならぬお世話になった同研究所の北川源四郎教授の辛抱強い支援がなければこの研究は成り立たなかったであろう．これらの方々に心からのお礼を申上げたい．

Ozaki, T. and H. Tong (1975), "On the fitting of non-stationary autoregressive models in the time series analysis," *Proceedings of the 8th Hawaii International Conference on System Science*, Western Periodical Hawaii, 224–226.

横田 崇, 周 勝奎, 溝上 恵, 中村 功 (1981), 地震波データの自動検測方式とオンライン処理システムにおける稼働実験, 地震研究所彙報, Vol. 56, 449–484.

6

人間-自動車系の動特性解析

自動車はドライバ(運転者)がアクセルペダルやステアリングホイールを操作してはじめて運動する．したがって，自動車の走行について考える場合，自動車単体の運動特性だけでなく，ドライバの運転特性も含めた人間-自動車系として捉えることが重要になる．

人間-自動車系を解析するための手法は様々であるが，古典的方法の一つはドライバや自動車の伝達関数を求めるものである．この手法によれば，ドライバや自動車の過渡応答，定常応答，周波数応答など，多くの有益な情報が得られる．これらの情報から，ドライバにとって運転しやすく，より安全な自動車の最適設計ができる．また，近年さかんに開発がなされているアクティブ制御システム(四輪操舵，駆動制動力制御，アクティブサスペンションなど)の制御性能などを検討する上でもこれらの情報は有効である．

しかし，実際に自動車が走行している状態のデータから，ドライバや自動車の伝達関数を求めることは容易でない．機械構造物などであれば，任意の目標入力を加えたり，インパルス加振することで，その機械の動特性や構造物としての振動特性が解析できるが，人間-自動車系では，このような手段をとることは一般に不可能である．なぜなら，系の主要素である人間は，目標入力を自らの意志で決定することができるため，外部から強制的に加えられた入力に必ず応答するとは限らない．また，環境や状況に応じて自らの特性を自在に変化させるため，ある限られた時間内での状況がドライバに対して運転行動を起こすための刺激となっている．

図 6.1 横風送風装置

したがって，人間–自動車系の場合には，ある状況下の入力となっている信号(時系列データ)を短時間の間に見いだし，これと計測可能な出力信号とから，何らかの時系列解析手法を用いて伝達関数を推定しなければならない．

ここでは，人間–自動車系の運動を伝達関数によって解析する例として，横風外乱を受けたときのドライバ操舵の動特性と自動車の平面運動に関する動特性を，多変量 AR モデルによる時系列解析手法(以下，AR 法と呼ぶ)により，求めた研究について紹介する．走行中に横風を受ける状況は，高速道路や高架橋上でよくみられ，一般ドライバが現実に遭遇する問題である．

6.1 自動車単体の横風動特性

これまでに AR モデルを自動車運動，特に操縦安定性の分野，に応用した例はほとんどない．そこで，人間–自動車系(クローズドループ)の動特性同定の事例を述べる前に，AR 法による自動車単体(オープンループ)の動特性同定の事例について紹介する．自動車に横風外乱が加わった場合を取り上げる．

6.1.1 ハンドルを固定した横風受風試験

試験方法　横風試験の方法は，JASO-Z108(乗用車の横風安定性試験方法, 1976)に準拠した方法であり，次のように行った．まず，横風送風装置(図 6.1)で走行進路に対して直角の方向に横風を発生させ，横風が吹いている区間(送風帯)に向かって風速の方向に対して直角に自動車を直線進入させる．ドライバ

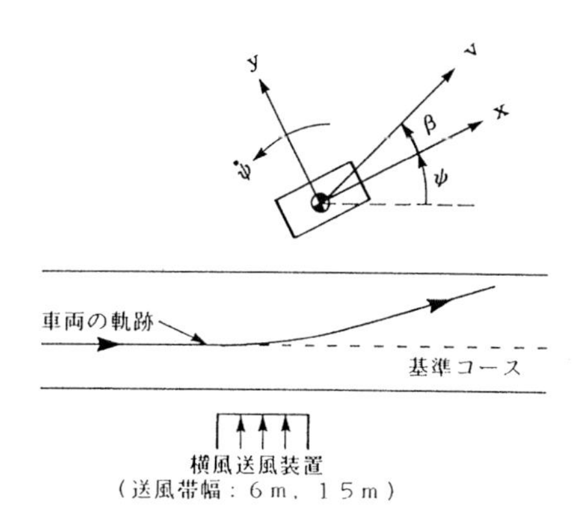

図 6.2　横風受風試験におけるコースと車両の座標系，x：車体前後方向，y：車体横方向，v：車速，ψ：自動車の向き (ヨー角)，$\dot{\psi}$：方向角速度 (ヨー角速度)，β：横すべり角

はステアリングホイールを固定したまま一定車速で送風帯を通過する (図 6.2). 試験条件は，風速が 15m/s と 22.5m/s，送風帯幅が 6m と 15m の各 2 条件，車速は 40，60，80，100km/h の 4 条件とし，各条件とも 4〜6 回の走行を行った. 試験車には比較的横風の影響を受け易いワンボックス車を用いた.

計測値としては，風速，横加速度，方向角速度 (ヨー角速度) および車速が与えられる. 風速の計測には車体前後方向の風速と横方向の風速が測定できる二次元超音波風速計を用いた. この際，車体からの超音波の反射による計測誤差を抑えるとともに，車体近傍の流れの影響をできるだけ受けないようにするため，超音波風速計は車両の先端部から約 1.5m 突き出す形で車載した. なお，超音波風速計を取り付けた場合と付けない場合とで横ずれ量 (横風受風後の車体重心点の移動量) を比較し，風速計の取り付けが車両の横風特性に影響していないことを確認した. 横加速度は車体横方向の加速度成分，方向角速度は車体上下軸周りの回転速度で，それぞれ加速度計およびレートジャイロを用いて計測した.

計測された信号の特徴　計測された各信号の一例を風速 15m/s，送風帯幅 15m，車速 80km/h の場合について示すと図 6.3 のようになる. 車両が送風帯を通過する時間，すなわち，横風風速の立ち上がりから再び 0 付近に戻るまでの時間は約 0.7s である. また，横加速度の応答が発生してからほぼ収束したと見

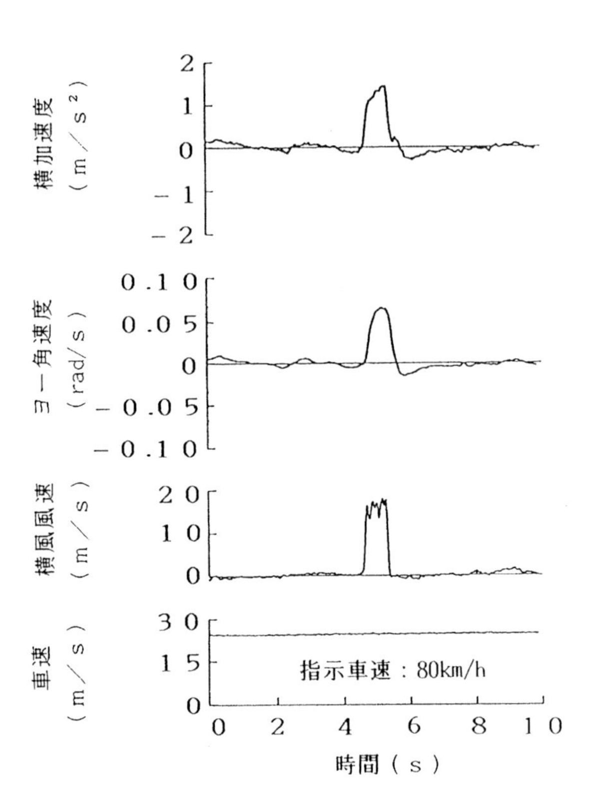

図 6.3　横風受風時の自動車の応答波形 (ハンドル固定，風速：15m/s，送風帯幅：15m)

なせるまでの時間は 2s である．操縦安定性試験の処理におけるサンプリング時間は通常 10ms 程度であり，この時，横風風速と横加速度の有効なデータ点数はそれぞれ約 70 点および約 200 点となる．

このように有効な計測時間が短く，かつ，有効点数が少ないデータを用いて従来の方法により同定すると，周波数分解能が十分に得られないなどの問題が生じる．これに対し，AR 法によれば少ないデータ点数でも十分な分解能が得られるといわれており (鈴木ら 1982)，本事例のような横風外乱に対する車両動特性の解析には AR 法が有効と思われる．また，AR 法は本来定常時系列に対して開発されたものであるが，観測データが非定常な場合にも変数間の対応関係が定常である場合には有効な解析結果を与えることが知られている．本事例はこのような場合の典型として一つのテストケースを与えることが期待される．

6.1.2 AR法による解析手順

多変量ARモデルを適用して横風受風時の車両動特性を同定する方法について述べる．

時系列変数 x_n がベクトル，AR係数 A_i が行列で表される多変量ARモデル

$$x_n = \sum_{i=1}^{m} A_i x_{n-i} + \varepsilon_n$$

において，時系列ベクトル x の要素を次のように設定する．

$$x = [\,\theta v_r^2,\, \ddot{y},\, \dot{\psi}\,]^T$$

ただし，

θ ： 合成風速と車体前後方向とのなす角

v_r ： 合成風速 $(= \sqrt{w_v^2 + v^2}$，w_v：横風風速，v：車速)

$\ddot{y}$ ： 横加速度

$\dot{\psi}$ ： 方向角速度

ここで，入力信号は単なる風速ではなく θv_r^2 である．これは，自動車に作用する空気力が v_r^2 の増加にほぼ比例する形で増えることと，空力係数(空気の流れから受ける力やモーメントの大きさの程度を示す指標，値が大きいほど受ける力やモーメントが大きい)の値が θ の増加にともなって増える(正確には θ が 0〜40° 前後の間で増加する)ことから，θv_r^2 が疑似的な空気力と見なせるからである．

これより多変量ARモデルをまず同定し，一般的な手法(赤池, 中川 1972)にしたがってARモデルからスペクトル密度関数を求め，最後に伝達関数を計算する．ここで求める伝達関数は $\ddot{y}(s)/\theta v_r^2(s)$ および $\dot{\psi}(s)/\theta v_r^2(s)$ である．ただし，ARモデルの最大次数 m はFPE(最終予測誤差)が最小となる次数とする．

解析に用いたデータの区間は，送風帯前後の直進走行部を含めて3〜5s間である．また，データ処理時のサンプリング時間は10msであり，データをカットオフ周波数20Hzのローパスフィルタに通して前処理した．

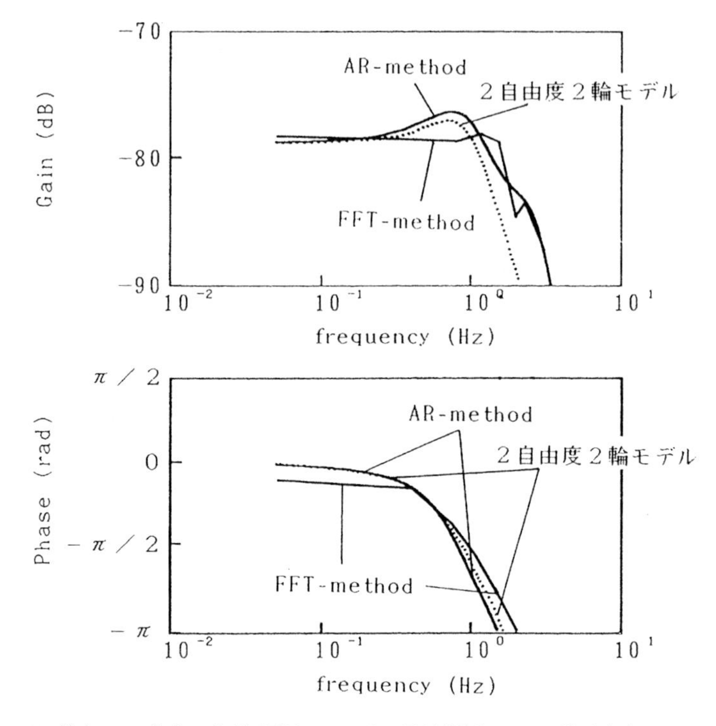

図 6.4　AR 法と FFT 法との比較 (風速：15m/s，送風帯幅：15m，指示車速：100km/h)

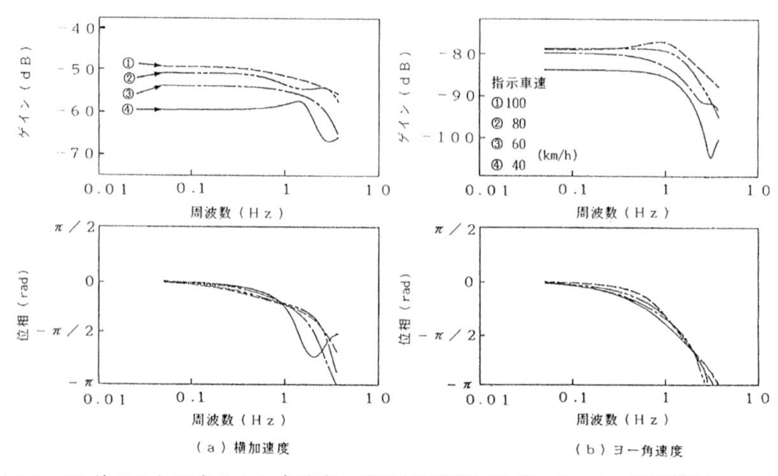

図 6.5　AR 法により同定された自動車の横風伝達関数 (風速：15m/s，送風帯幅：15m)

6.1.3 動特性同定結果

AR 法と FFT 法との比較 図 6.4 に AR 法と FFT 法でそれぞれ同定した伝達関数の一例を示す．試験車の平面運動を模擬した 2 自由度 2 輪モデル (安部 1992) から伝達関数を計算する (点線) と，AR 法で求めた結果と定性的にほぼ一致した．ただし，ここでの FFT 法は，高速フーリエ変換によって入出力信号間の相互スペクトル密度関数と入力信号のパワースペクトル密度関数を求め，両者の比より伝達関数を計算するものである．図 6.4 の結果は 256 個のデータ点数を用いて計算された．

車速と動特性 図 6.5 に風速 15m/s，送風帯幅 15m の場合の θv_r^2 に対する横加速度および方向角速度の伝達関数を示す．車速の違いによる特性の差が明瞭に示されている．これによると，車速が大きくなるに従いゲイン曲線が全体に上昇しており，横風の影響を受け易い状態となる．Wallentowitz (1980) や土屋ら (1973) によれば，本試験で使用したようなアンダーステア (舵角一定で円旋回中に車速を増したとき，旋回円の半径がもとの円の半径より増大する特性，一般の市販車はほとんどこの特性を示す) の車両では，横風感度が車速に対して増加するとされおり，図 6.5 のゲイン曲線の上昇はこれと対応する．

送風帯幅と動特性 図 6.6 に車速 80km/h のときの送風帯幅の違い (6m および 15m) による結果を示す．送風帯幅が 6m と短い場合に横風入力はパルス状になり，送風帯幅が長くなるにつれ次第に入力波形は矩形状になる．図 6.6 の結果は，送風帯幅によらずほぼ一致していることから，AR 法は横風入力の形態の影響を受けにくく，短い送風帯でも良好な結果を与える手法であると考えられる．

FPE 図 6.7 には，図 6.3 の波形例を用いて同定したときの FPE の変化を示す．次数 9 のとき FPE が最小値をとったため，AR モデルの次数としては 9 を採用した．AR モデルの次数は同定するときに利用するデータによって多少変化するが，本試験では 7〜15 の範囲であった．

6.1.4 時間応答との比較

多変量 AR モデルが正しく同定されているか否かを検証するため，AR モデルにより再現した時系列波形と計測結果とを比較した．同定された自己回帰係数行列を利用して状態方程式を導き (赤池, 中川 1972)，状態量の初期値に時刻

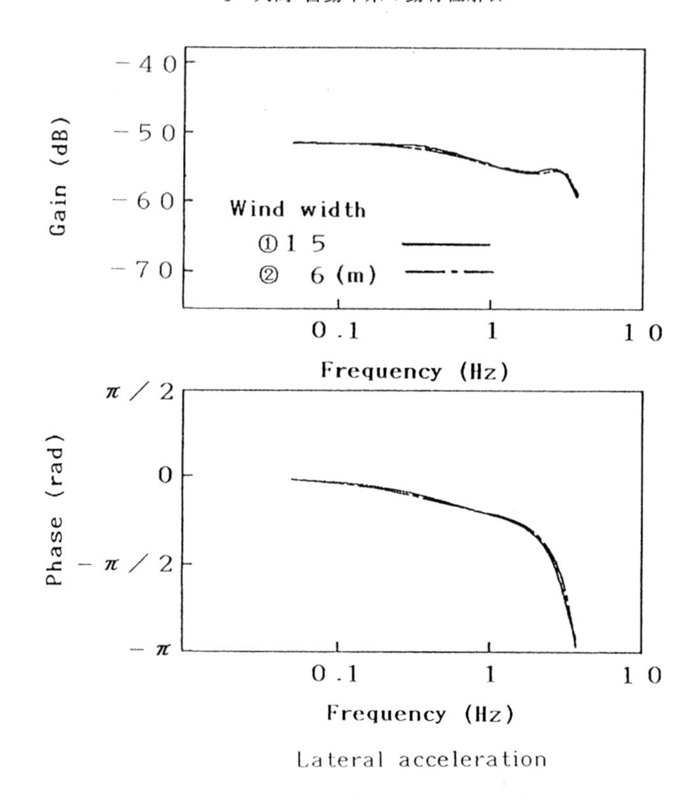

図 6.6 送風帯幅の変化と横風伝達関数 (風速 : 15m/s, 指示車速 : 80km/h)

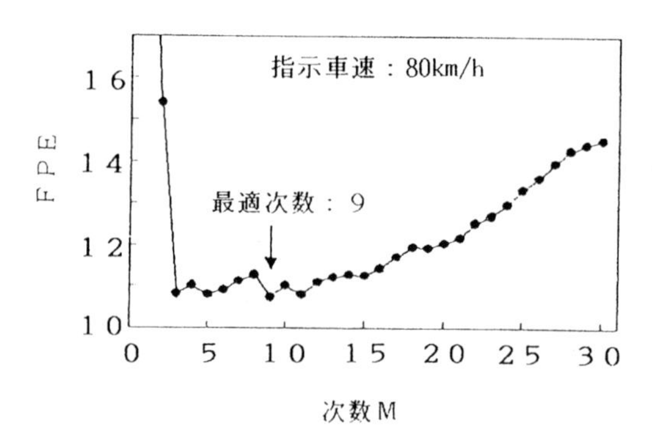

図 6.7 AR モデルの次数と FPE の変化

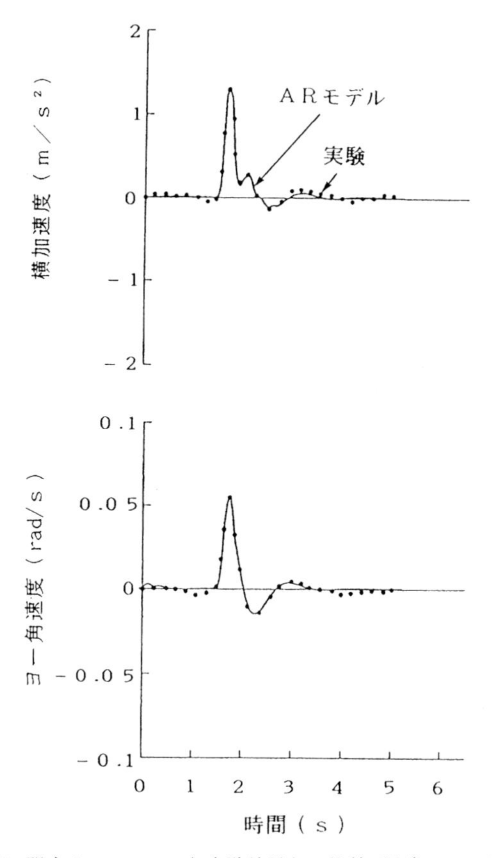

図 6.8　時間応答に関する AR モデルと実験結果との比較 (風速：15m/s，送風帯幅：6m，指示車速：100km/h)

0s における計測値を代入して，その状態方程式から時系列波形を予測した．

図 6.8 に車速 100km/h で，風速が 15m/s, 送風帯幅が 6m についての比較結果を示す．実線が伝達関数より算出した応答波形の結果で，● が実験結果である．両者ともよく一致しており，同定された多変量 AR モデルが妥当であることが分かる．

以上のように，AR 法を横風外乱を受けた自動車単体の動特性解析に応用した場合，その特性変化が明瞭に捕らえられる．また，送風帯幅が 6m とかなり短い場合でも解析が可能である．

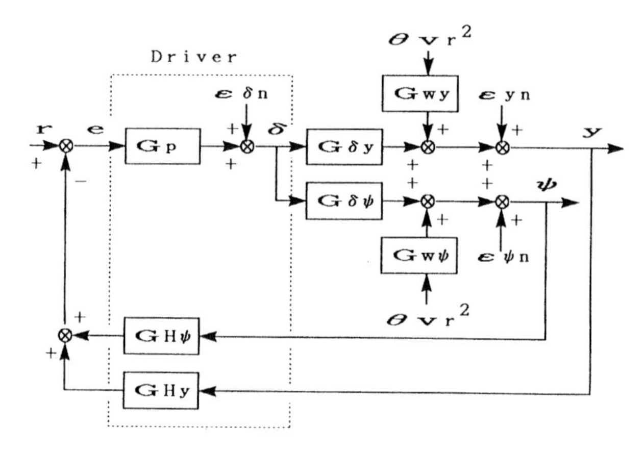

図 6.9　人間–自動車系のブロック線図 (θv_r^2：横風入力，δ：ハンドル角，y：自動車の横変位，ψ：自動車のヨー角，r：目標コース，e：コース偏差，ε_{δ_n}：ドライバの操作ノイズ，ε_{y_n}：y へのノイズ，ε_{ψ_n}：ψ へのノイズ)

6.2　多変量 AR モデルの人間–自動車系への応用

ここでは，多変量 AR モデルを利用してドライバ操舵の動特性と自動車の平面運動に関する動特性とを求める方法について述べる．

6.2.1　人間–自動車系のモデルと解析原理

横風外乱を受ける人間–自動車系のブロック線図を図 6.9 に示す．横風外乱によって乱された自動車の運動をドライバはステアリングホィールを操舵することによって修正し (修正操舵)，直進走行を保つ．したがって，自動車は横風外乱とハンドル角の 2 入力を受けることになる．また，ドライバは自動車の横方向変位と自動車の向き (ヨー角) を知覚し，こららをもとに修正操舵を行う．

図 6.9 を参照して，計測可能な信号である w_v (横風風速)，δ (ハンドル角)，$\ddot{y}$ (横加速度) および $\dot{\psi}$ (方向角速度) から次の 3 種の動特性を求めた．

1) 横風外乱入力 (θv_r^2) に対する自動車平面運動 ($\ddot{y}, \dot{\psi}$) の動特性

2) ハンドル角入力 (δ) に対する自動車平面運動 ($\ddot{y}, \dot{\psi}$) の動特性

3) ドライバの動特性 ($\delta/y, \delta/\psi$)

なお，y (横方向変位) および ψ (自動車の向き) は，次の方法で計算した (平

松ら 1991).

$$\begin{aligned}\psi &= \int \dot{\psi} dt \\ \beta &= \int (\ddot{y}/v - \dot{\psi}) dt \\ y &= \int v \sin(\psi + \beta) dt\end{aligned} \tag{6.1}$$

ただし，v は車速とする．

上記の動特性を同定するための原理について説明する．図 6.9 のブロック線図に基づき各信号間の関係を離散時間系で記述するとつぎのようになる．ただし，各変数の最後の下付き添字 n は 時刻を示し，z は $z^i x_n = x_{n-i}$ となる時間シフト演算子である．

$$u_n = G_{nw}(z)\varepsilon_{wn} \tag{6.2}$$

$$\delta_n = -G_p(z)G_{Hy}(z)y_n - G_p(z)G_{H\psi}(z)\psi_n + \varepsilon_{\delta n} \tag{6.3}$$

$$y_n = G_{\delta y}(z)\delta_n + G_{wy}(z)u_n + \varepsilon_{yn} \tag{6.4}$$

$$\psi_n = G_{\delta\psi}(z)\delta_n + G_{w\psi}(z)u_n + \varepsilon_{\psi n} \tag{6.5}$$

$$u_n = \theta v_{rn}^2 = \theta(w_{vn}^2 + v^2)\ ; \qquad (v：\text{定数}) \tag{6.6}$$

ここで，w_v は送風装置により発生させた横風風速であるため，理想的なホワイトノイズにはなっていない．そこで，式 (6.2) によって合成風速 u_n はホワイトノイズ ε_w から生成されるものと仮定する．実際，u_n はつぎのような AR モデルを用いて，ホワイトノイズ ε_w と関係づけることができる．

$$u_n = \sum_{i=1}^{m} a_i u_{n-i} + \varepsilon_{wn}$$

いま，

$$x_n = [\ \theta v_{rn}^2, \delta_n, y_n, \psi_n\ ]^T \tag{6.7}$$

とすると，式 (6.2)〜(6.5) は次のようになる．

$$x_n = G(z)x_n + E(z)\varepsilon_n \tag{6.8}$$

ただし，

$$G(z) = \begin{bmatrix} 0 & 0 & 0 & 0 \\ 0 & 0 & -G_y(z) & -G_\psi(z) \\ G_{wy}(z) & G_{\delta y}(z) & 0 & 0 \\ G_{w\psi}(z) & G_{\delta\psi}(z) & 0 & 0 \end{bmatrix} \tag{6.9}$$

$$E(z) = \begin{bmatrix} G_{nw}(z) & 0 & 0 & 0 \\ 0 & 1 & 0 & 0 \\ 0 & 0 & 1 & 0 \\ 0 & 0 & 0 & 1 \end{bmatrix} \tag{6.10}$$

$$\varepsilon_n = [\, \varepsilon_{wn}\ \varepsilon_{\delta n}\ \varepsilon_{yn}\ \varepsilon_{\psi n} \,]^T \tag{6.11}$$

$$G_y(z) = G_p(z)G_{Hy}(z)$$

$$G_\psi(z) = G_p(z)G_{H\psi}(z)$$

式 (6.8) を変形して，

$$x_n = \{I - G(z)\}^{-1}E(z)\varepsilon_n \tag{6.12}$$

ここで，

$$C(z) \equiv \{I - G(z)\}^{-1}E(z) \tag{6.13}$$

とおくと，右辺の $\{I - G(z)\}^{-1}E(z)$ は 4×4 行列であるから，左辺の $C(z)$ も 4×4 行列となる．これに式 (6.9) および式 (6.10) を代入すると求める伝達関数は $C(z)$ の各要素 C_{ij} $(i, j = 1, \cdots, 4)$ を用いて次のように表される (演算子 z を省略).

$$\begin{aligned} G_y &= \frac{C_{24}C_{43} - C_{23}C_{44}}{C_{33}C_{44} - C_{34}C_{43}}, & G_\psi &= \frac{C_{23}C_{34} - C_{24}C_{44}}{C_{33}C_{44} - C_{34}C_{43}} \\ G_{\delta y} &= \frac{C_{32}C_{11} - C_{31}C_{12}}{C_{11}C_{22} - C_{12}C_{21}}, & G_{\delta\psi} &= \frac{C_{42}C_{11} - C_{41}C_{12}}{C_{11}C_{22} - C_{12}C_{21}} \\ G_{wy} &= \frac{C_{31}C_{22} - C_{32}C_{21}}{C_{11}C_{22} - C_{12}C_{21}}, & G_{w\psi} &= \frac{C_{41}C_{22} - C_{42}C_{21}}{C_{11}C_{22} - C_{12}C_{21}} \end{aligned} \tag{6.14}$$

一方，一般的に多変量 AR モデルは次のように表される．

$$x_n = \sum_{i=1}^{m} A_i x_{n-i} + \varepsilon_n \tag{6.15}$$

ここで，

$$A(z) = \sum_{i=1}^{m} A_i z^i \tag{6.16}$$

であるから，

$$x_n = \{I - A(z)\}^{-1} \varepsilon_n \tag{6.17}$$

となる．

式 (6.12) と式 (6.17) を比較すると

$$\{I - A(z)\}^{-1} = C(z) \equiv \{I - G(z)\}^{-1} E(z) \tag{6.18}$$

となっている．したがって，式 (6.15) または式 (6.17) の多変量 AR モデルが同定できれば，式 (6.18) の関係から $C(z)$ の各要素が求められ，式 (6.14) により各伝達関数 (動特性) が計算できる．

6.2.2 解析手順

上記の原理を用いて各伝達関数を同定する具体的手順を示す．まず，時系列信号 x_n の各要素が式 (6.7) となるように設定した後，多変量 AR モデルの同定を行なう．この時の予測残差 (時系列) は式 (6.11) となる．次に，$z^i = \exp(-i2\pi f)$ として，同定された自己回帰係数行列から式 (6.16) を計算し，これと予測残差の共分散行列とを用いて多変量スペクトル密度関数行列を計算すれば，その各要素が式 (6.18) の $C(z)$ の複素領域における各要素となる．最後に，複素領域において式 (6.14) を計算すれば，これらの左辺に示される各伝達関数が得られる．自動車の平面運動の伝達関数は，式 (6.1) の関係を再度利用して，出力が $\ddot{y}$ および $\dot{\psi}$ となるように演算を施せばよい．

ただし，上記の過程で同定が正しく行われていることを確認するため，次の事項を調べる．

1) 予測残差の時系列がホワイトノイズ，もしくは問題としている周波数範囲でホワイトノイズとみなせる状態になっていること．
2) 予測残差の各要素間の相関係数が，十分に小さいこと．

6.3 人間–自動車系の横風動特性

ここでは，前章で述べた手法を用いて，自動車の平面運動に関する動特性およびドライバの修正操舵に関する動特性を同定した結果について示す．

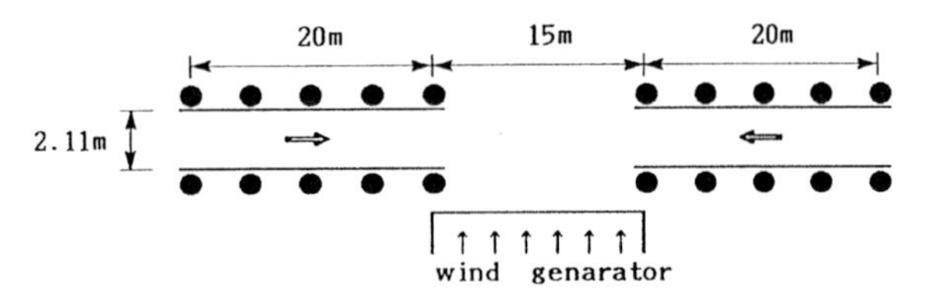

図 6.10 修正操舵を許した横風受風試験のコース

6.3.1 修正操舵を許容した横風受風試験

試験方法 図 6.10 に試験コースを示す．ドライバは図の直線路に対して左右から交互に自動車を進入させ，横風外乱を受けた後もコースから自動車が逸脱しないように修正操舵を行なう．コース幅は ISO の車線変更試験方法 (TR-3888) で規定されている (車幅×1.1+0.25m) とし，2.11m にした．同乗した記録員が走行毎に車速を指示し，ドライバは指示車速に対してその変化が ±3km/h となるように運転した．また，同じ車速で左進入と右進入の各 1 回を行なった．車速の指示は 40，60，80，90，100km/h の順に行った．

この実験のドライバは操縦安定性試験の経験がない一般の男性ドライバであり，年齢 20〜30 歳未満の青年層および年齢 40〜50 歳の中年層各 10 名である．試験条件は，送風帯幅が 15m，風速が 15m/s と 22.5m/s の二通りである．計測項目としては，6.1 節で述べたものの他に，ドライバの操舵状態を調べるため，ハンドル角を計測した．

計測された信号の特徴 本試験において計測された各信号の一例を，風速 15m/s，送風帯幅 15m，指示車速 80km/h の場合について図 6.11 に示す．横風風速が立ち上がっている時間および方向角速度の応答が現れている時間は，それぞれ約 0.7s および約 4.5s 程度である．6.1 節の自動車単体の場合に比べると応答時間はドライバの修正操舵のために長くなっているが，ここで対象としている系の場合，問題となる周波数範囲は 10Hz 以下のところにあり，解析する上で充分に長い時間とは言えない．

6.3.2 人間–自動車系より求めた自動車の動特性

ハンドル角入力に対する動特性 まず，ハンドル角入力に対する試験車の動特性を図 6.12 に示す．これは，風速 15m/s，送風帯幅 15m，車速 100km/h のときの結果である．6.1 節の場合と同様に 2 自由度 2 輪モデルから得られる伝達

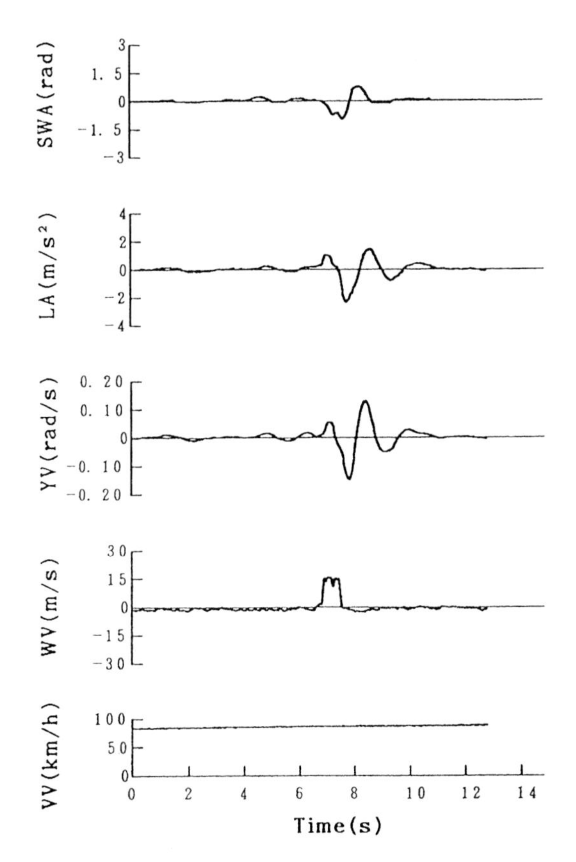

図 6.11 修正操舵を行った場合の応答波形 (風速：15m/s，送風帯幅：15m，指示車速：80km/h), SWA：ハンドル角, WV：風速, LA：横加速度, VV：車速, YV：方向角速度

関数 (点線) とほぼ等しいゲイン曲線および位相曲線を与えることが認められ，自動車単体での試験と人間–自動車系の試験のいずれからも自動車の動特性が同じように求められることが分かる．

横風外乱入力に対する動特性　つぎに，上記と同一試験条件の横風外乱入力に対する横加速度と方向角速度の動特性解析結果を図 6.13 に示す．この動特性は上記の動特性と同時に算出された結果である．

横風外乱に対する自動車の運動特性の評価として従来から用いられるものに横風感度係数 (土屋ら, 1973) がある．これは，自動車に作用する単位横力当り

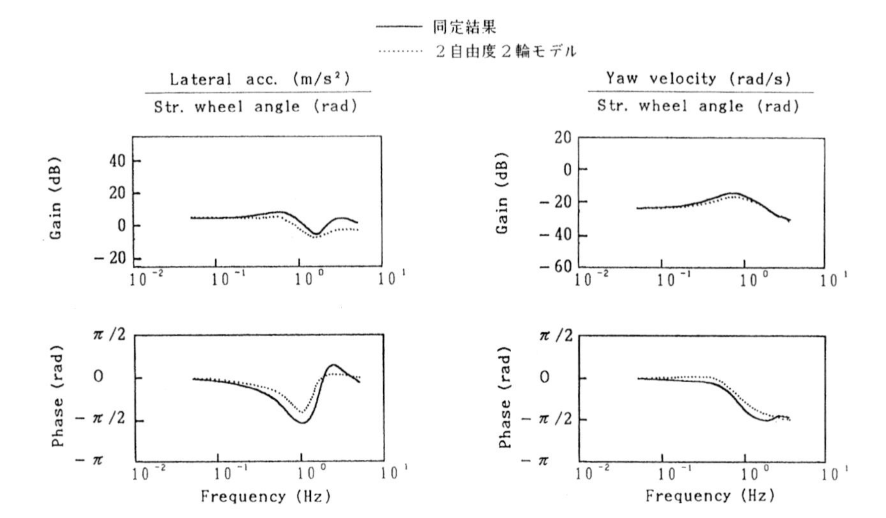

図 6.12 ハンドル角入力に対する自動車の伝達関数 (風速：15m/s，送風帯幅：15m，指示車速：100km/h)

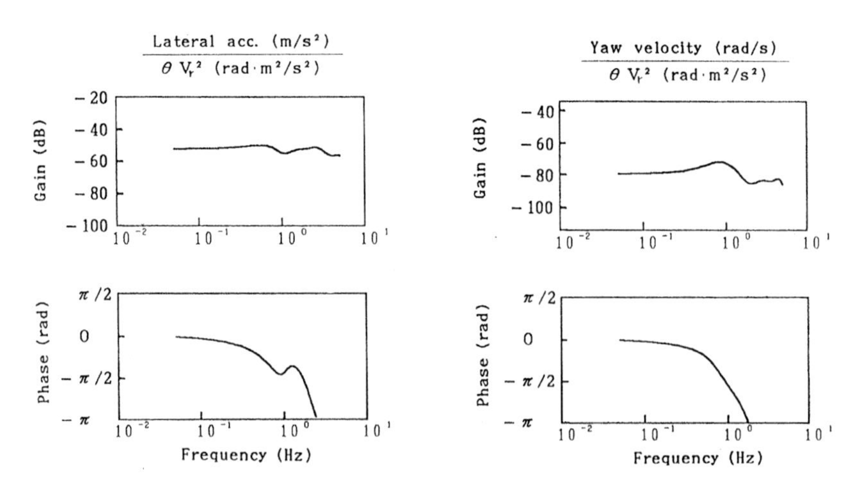

図 6.13 横風入力に対する自動車の伝達関数 (風速：15m/s，送風帯幅：15m，指示車速：100km/h)

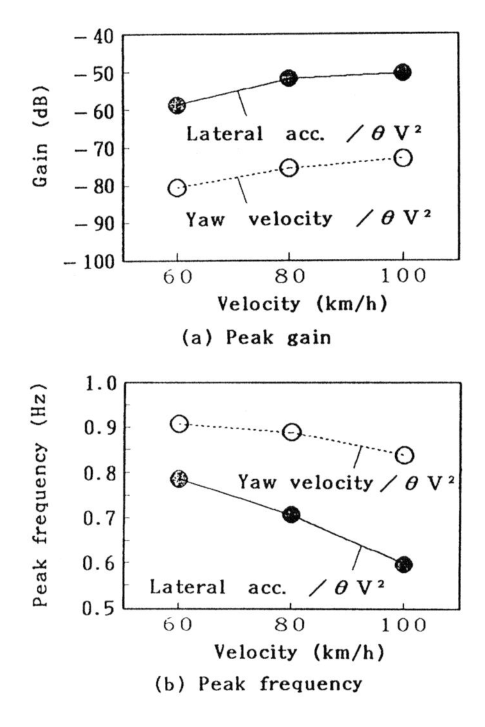

図 6.14　自動車の横風動特性

の横加速度や方向角速度の定常値などで定義される．これと同様に，ここで求めたゲイン曲線において最大ゲインの値(ピークゲイン)は，その周波数成分の横風を受けたときに最も自動車の応答が顕著になることを示しており，動的な横風感度を示していると考えられる．

そこで，ピークゲインの値とその周波数を整理してみると図 6.14 のようになる．車速が増加するにしたがって，ピークゲインの値が大きくなり，横風外乱に対する減衰が悪くなっている．また，ピーク周波数は車速の増加にともなって次第に低くなる．一般にドライバの操舵周波数は 1Hz よりも低い領域にあると思われるから，ピーク周波数が低くなることは，ドライバ操舵と横風外乱に対する自動車の応答とが共振する可能性があり，人間-自動車系の観点からは好ましくないと考えられる．

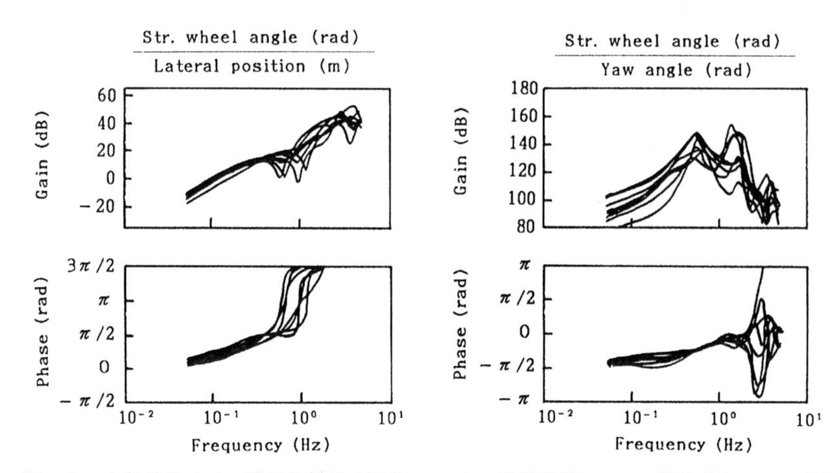

図 6.15　中年ドライバの操舵動特性 (風速：15m/s，送風帯幅：15m，指示車速：60km/h)

6.3.3　ドライバ操舵の動特性

車速に対するドライバ動特性　図6.15～図6.17に送風帯幅15m，風速15m/s，車速がそれぞれ60，80，100km/hのときのドライバ動特性を示す．ドライバは中年層である．各図の左側の特性は自動車の横方向変位をフィードバックとするG_yについて示しており，右側は自動車の向きをフィードバックとするG_ψを示している．

G_yではゲインが右上がりで位相も進んでおり，微分特性を示していることがわかる．これはドライバの予測特性に相当するものと考えられ，コースへの追従性と挙動の安定性を補償していると思われる．これに対し，G_ψのゲイン特性ではおよそ0.7Hz付近と1.4Hz付近に顕著なピークがみられ，この付近の周波数において自動車の向きのフィードバック効果が強くなっている．このように自動車の横方向変位と自動車の向きのフィードバックは，横風受風時のドライバ操作において異なる影響を示している．

各特性の車速による違いをみるとG_yではあまり変化がないが，G_ψでは車速が増加するにしたがって約1.4Hz付近でのピークが減少している．車速の増加はドライバの自動車の向きのフィードバックにより影響を及ぼすと思われる．

被験者層間の違い　送風帯幅15m，風速22.5m/s，車速80km/hのときの中年層と青年層との伝達関数をそれぞれ図6.18と図6.19に示す．主な違いを挙げ

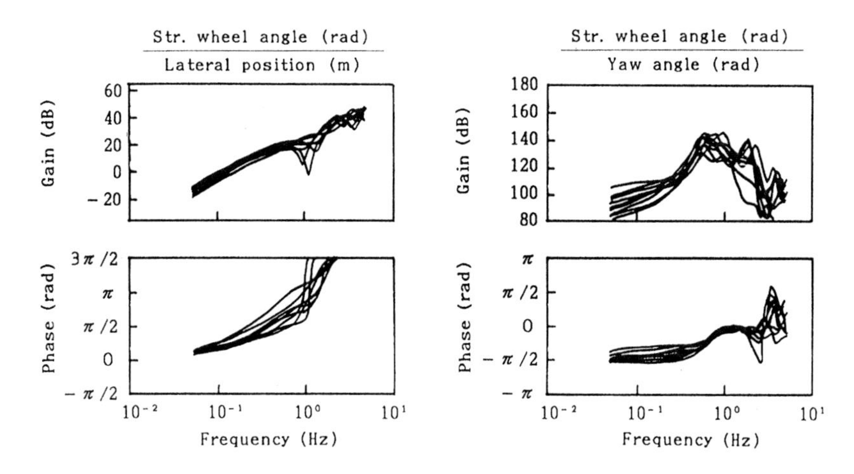

図 6.16 中年ドライバの操舵動特性 (風速：15m/s, 送風帯幅：15m, 指示車速：80km/h)

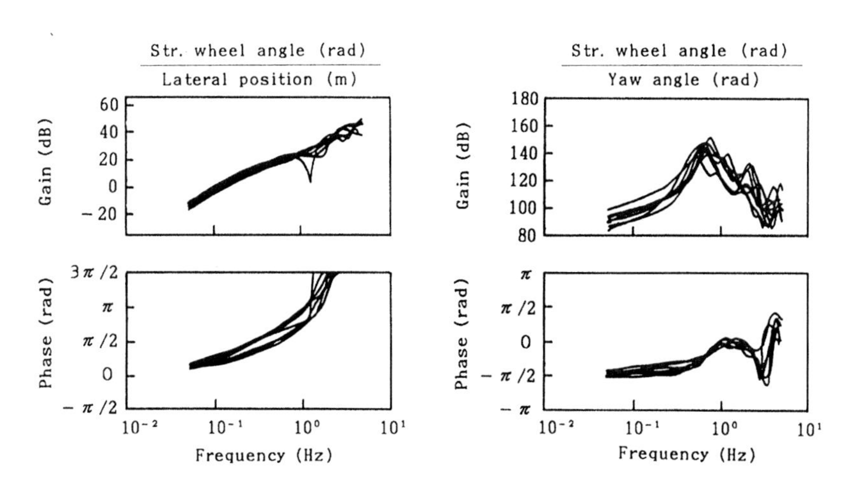

図 6.17 中年ドライバの操舵動特性 (風速：15m/s, 送風帯幅：15m, 指示車速：100km/h)

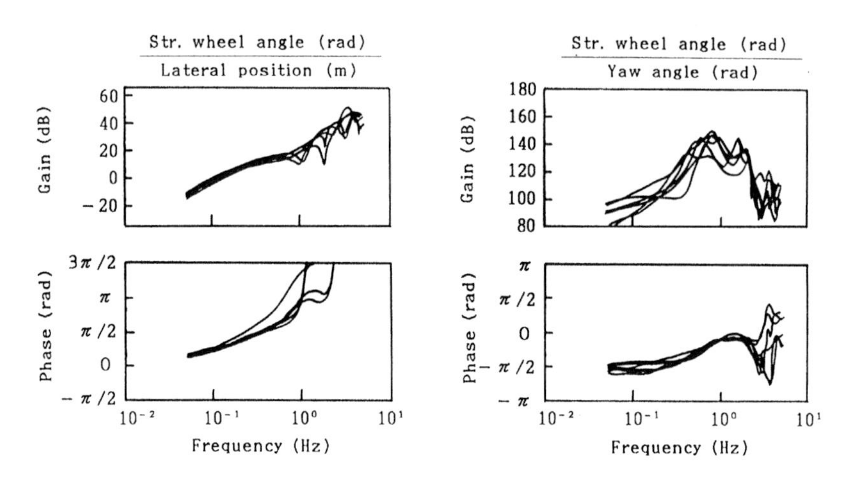

図 6.18 中年ドライバの操舵動特性 (風速：22.5m/s，送風帯幅：15m，指示車速：80km/h)

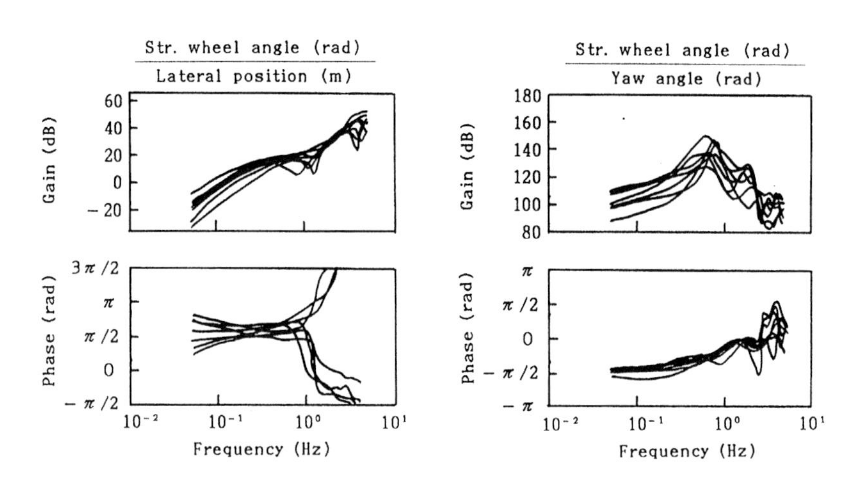

図 6.19 青年ドライバの操舵動特性 (風速：22.5m/s，送風帯幅：15m，指示車速：80km/h)

ると，中年層に比べて青年層では，[1] 応答のばらつきが大きい，[2] G_y の位相特性で 1Hz 以上の領域で位相遅れを示すものがある，[3] G_ψ のゲイン特性で約 1.4Hz 付近でのピーク値が小さい，などとなる．

以上は多変量 AR モデルを人間-自動車系に応用した一例である．横風外乱を受ける場合を取り挙げ，[1] ハンドル角入力に対する自動車平面運動の動特性，[2] 横風外乱入力に対する自動車平面運動の動特性，および [3] ドライバ操舵の動特性を求めた．その特徴は，クローズドループ系の試験結果から [1]~[3] の動特性を同時に同定したことであり，1 種類の走行試験から種々の特性が捕らえられたことになる．このことは，このような解析を用いれば，人間-自動車系の試験から自動車単体での試験の場合よりも多くの貴重な情報が得られることを示している．

6.4　まとめ

人間-自動車系のように複雑なクローズドループ系の解析においては，系を構成する各要素の動特性を分離して求めることが重要な問題である．ここで取り扱った事例は，このような系の動特性解析に対して AR 法が有効な手法であることを示している．自動車単体の平面運動に関する動特性を調べた例も，この種の試験では自動車の応答を長時間計測することが通常難しいため，短時間データの解析に適した AR 法が有効であることを示している．ここでは横風外乱が入力として加わる場合について述べたが，その他の状況での自動車運動や人間-自動車系の解析にも応用可能と思われる．

[相馬 仁]

文　献

相馬 仁, 平松金雄 (1991), AR 法による横風車両動特性の同定, 自動車技術会学術講演会前刷集, No. 911, 235–238.

Soma, H. and K. Hiramatsu (1993), "Identification of Vehicle Dynamics under Lateral Wind Disturbance Using Autoregressive Model," *SAE paper*, No. 931894.

相馬 仁, 平松金雄 (1992), 横風受風時のクローズドループ操安性の解析 (送風装置を用いた試験の場合), 自動車技術会学術講演会前刷集, No. 924, 205–208.

平松金雄, 相馬 仁 (1991), 横風受風時の横ずれ量の測定, 自動車技術会学術講演会前刷集, No. 912, 1-149–1-152.

赤池弘次, 中川東一郎 (1972), ダイナミックシステムの統計的解析と制御, サイエンス社.

鈴木浩平, 中嶋 明 (1982), AR 時系列解析法の特徴を利用した振動系の減衰比推定法, 日本機械学会論文集, C 編, Vol. 48, No. 433, 1389–1397.

安部正人 (1992), 自動車の運動と制御, 山海堂.

土屋俊二, 岩瀬博英 (1973), 自動車の横風感受性について, 日本機械学会論文集, Vol. 39, No. 324, 2372–2380.

Wallentowitz, H. (1980), "Zusammenwirken von Fahrer und Fahrzeug bei normaler Straßenfahrt unter natürlichem Seitenwind," *18th FISITA Congress*, 237–247.

自動車技術会 (1976, 1989 改正), 自動車規格・自動車の横風安定性試験方法, JASO-Z108-89.

7

船体動揺データを用いた方向波スペクトルの推定

7.1 はじめに

荒天中を航行する船舶の運航者にとって，周囲の気象・海象状態を正確に把握し，適切な操船によって船体ならびに貨物の安全を確保することは非常に重要である．仮に自船が危険な状態に陥ることが予想され，変針および減速等の操船が必要と考えられる場合にも，その操作量は航海の経済性と密接に関係してくるので，運航者は自船の耐航性能に関する深い知識を身につけておく必要がある．

船舶の安全運航を支援するためのシステムが近年精力的に研究され，実用に供されるものもいくつか開発された．これらのシステムは造船学の分野における船体動揺や波浪荷重の予測に関する研究の成果を取り入れて作られたものであり，各種センサによって得られたデータを解析し，船舶の運航者に対して操船上有効と考えられる情報を逐次提供するものである．しかし，これらの中で大量にコマーシャルベースで使用されているものは今のところ存在しておらず，一般商船への今後の普及には，克服しなければならない課題が多いようである．これらのシステムが必要とするデータの中で，波浪の方向性に関するデータは最も得ることが困難な情報の一つであり，上で述べたシステムにおいても乗組員による目視観測の助けを全く必要としないものは少ないようである．

波浪エネルギーの周波数分布と方向性分布とを同時に表す方向波スペクトルは，海洋学，海岸・港湾工学，造船学等の多くの研究分野において現在関心が高まっており，その測定技術の進歩にともない，解析手法も著しく発達している．これらの解析手法の中で，磯部ら (1984) によって提案された拡張最尤法 (EMLM) は，波高計アレイを対象とし Capon (1969) によって開発された最尤法にもとづく推定法を任意波動量に対して適用可能にしたものであり，比較的計算が容易であることから実海域の方向波スペクトルの解析に広く用いられている．また，橋本 (1987) によって提案されたベイズ型モデルを用いた推定法は他の計算法と比べて極めて高い推定精度を持ち，EMLM と同様に任意の波動量に対して適用可能であるばかりではなく，観測誤差の影響を受けにくいことから近年注目されている．

ところで，波浪中を動揺しながら航走する船体も一種の波浪計と見なすことができる．波浪と船体動揺との間に線形の入出力関係を仮定すれば，波浪入力に対する船体動揺の伝達関数が理論計算によってかなりの精度で求められるので，上述の解析法が適用可能となるからである．最近では振動ジャイロ等の安価でメンテナンスフリーのセンサが種々開発されているので，縦揺れ (Pitching) や横揺れ (Rolling) などの船体動揺は比較的計測が容易であり，船体動揺データのみから方向波スペクトルを推定するシステムが開発できれば，一般商船にも広く普及する船載式波浪計となり得ると思われる．わが国では，一定トン数以上の船舶は海上気象観測の報告が法律で義務づけられているが，船載式波浪計はこの目的に有用であるばかりでなく，上で述べた操船支援システムの一部を構成するサブシステムとしての利用価値も高いものと考えられる．

船体動揺データのみから方向波スペクトルを推定する試みは，わが国においては平山 (1987)，井関ら (1992) によって既に行われており，実船実験ならびに水槽実験による種々の成果が報告されている．しかしながら，実用段階に至るまでには解決すべき問題がいくつか残されている．本章では，船体動揺データのみから方向波スペクトルを推定する問題にベイズ型モデルを適用する方法について述べ，模型船を用いた水槽実験による推定結果を示し，その有用性ならびに問題点について考察を加える．

7.2 多次元 AR モデルによるクロススペクトル解析

ここではまず多次元 AR モデルを定常時系列ベクトルにあてはめる方法について説明し，次に多次元 AR モデルにもとづくクロススペクトルならびにパワー寄与率の計算法について述べる．さらに，これらの計算法を実際の船体動揺データに適用した例を示す．

いま，実船上で縦揺れや横揺れなどの k 種類 $(k \leq 6)$ の船体動揺が計測されたとすると，これらの時系列ベクトル $\boldsymbol{y}(s)$ $(s = 1, \ldots, N)$ は k 次元 AR モデルによって次のように表すことができる．ただし，N は離散的時系列のデータ数を表すものとする．

$$\boldsymbol{y}(s) = \sum_{m=1}^{M} \boldsymbol{A}(m)\boldsymbol{y}(s-m) + \boldsymbol{w}(s) \tag{7.1}$$

ここで，

$$\boldsymbol{y}(s) = \begin{bmatrix} y_1(s) \\ y_2(s) \\ \vdots \\ y_k(s) \end{bmatrix}, \quad \boldsymbol{w}(s) = \begin{bmatrix} w_1(s) \\ w_2(s) \\ \vdots \\ w_k(s) \end{bmatrix}$$

$$\boldsymbol{A}(m) = \begin{bmatrix} a_{11}(m) & a_{12}(m) & \cdots & a_{1k}(m) \\ a_{21}(m) & a_{22}(m) & \cdots & a_{2k}(m) \\ \vdots & \vdots & \ddots & \vdots \\ a_{k1}(m) & a_{k2}(m) & \cdots & a_{kk}(m) \end{bmatrix}$$

であり，$\boldsymbol{A}(m)$ は M 次の AR 係数行列である．また，$\boldsymbol{w}(s)$ は k 次元の白色雑音であると仮定している．この AR 係数行列は種々の次数 M に対して順次レビンソン・ダービン法によって効率よく計算することができる．また，最適なモデルの次数は MAICE 法によって決定することができる．すなわち，k 次元 AR モデルの AIC,

$$\mathrm{AIC}(M) = N \log|\boldsymbol{\Sigma}_M| + 2k^2 M + k(k+1) \tag{7.2}$$

が最小となるものを最適な次数として採用すれば良い．ここで，$|\boldsymbol{\Sigma}_M|$ は予測誤差共分散行列の行列式を表す．なお，具体的な計算手順については赤池，中川 (1972) に詳しい．

つぎに，(7.1) 式のフーリエ変換をとり，$\boldsymbol{B}(f)=(\boldsymbol{I}-\boldsymbol{A}(f))^{-1}$ とおくと，

$$\boldsymbol{y}(f) = \boldsymbol{B}(f)\cdot\boldsymbol{w}(f) \tag{7.3}$$

が得られる．ただし，

$$y(f) = \sum_{s=1}^{N} y(s)e^{-2\pi isf}, \quad w(f) = \sum_{s=1}^{N} w(s)e^{-2\pi isf}, \quad A(f) = \sum_{s=1}^{M} A(s)e^{-2\pi isf}$$

である．このとき，$\boldsymbol{y}(s)$ のパワースペクトル $\boldsymbol{\Phi}_{YY}(f)$ は，

$$\boldsymbol{\Phi}_{YY}(f) = \mathrm{E}\Big[\boldsymbol{y}(f)\cdot\boldsymbol{y}^{*}(f)^{T}\Big] \tag{7.4}$$

で与えられる．ただし，* は共役複素数を表すものとする．ここで，$\boldsymbol{\Phi}_{YY}(f)$ の対角項 $\phi_{ii}(f)$ に注目すると，

$$\phi_{ii}(f) = \mathrm{E}\Bigg[\sum_{j=1}^{k}|b_{ij}(f)|^{2}w_{i}^{2}(f)\Bigg] + \mathrm{E}\Bigg[\sum_{j_1=1}^{k}\sum_{j_2=1}^{k} b_{ij_1}(f)b_{ij_2}(f)^{*}w_{j_1}(f)w_{j_2}^{*}(f)\Bigg] \tag{7.5}$$

なる式が得られる．ただし，$b_{ij}(f)$ は $B(f)$ の (i,j) 成分を表す．したがって，もし $\mathrm{E}\Big[w_{j_1}(f)w_{j_2}^{*}(f)\Big]=0$，すなわち $y_{j_1}(s)$ と $y_{j_2}(s)$ のノイズが無相関であるならば，上式の右辺第 2 項はゼロとなり，結局 $y_i(s)$ のパワースペクトル $\phi_{ii}(f)$ は

$$\phi_{ii}(f) = \sum_{j=1}^{k}|b_{ij}(f)|^{2}\phi_{w_j}(f) \tag{7.6}$$

のように $w_j(s)$ のスペクトルの和によって表現されることがわかる．この式を用いてパワー寄与率

$$\gamma_{ij}(f) = \frac{|b_{ij}(f)|^{2}\phi_{w_j}(f)}{\phi_{ii}(f)} \tag{7.7}$$

を定義することができる．

図 7.1 に東京商船大学附属練習船 “汐路丸”の実験航海において得られた時系列データの一部を示す．図は上から縦揺れ角 (Pitch)，横揺れ角 (Roll)，波高 (Wave heigt) の時系列を示している．なお，波高データの計測は船首部に取り付けられたマイクロ波式船用波高計 (桑島 1988) を用いている．一般に船舶の縦揺れ周期は周囲の波浪の周期に影響を受けやすく，横揺れ周期は影響をほとんど受けないことが知られている．図 7.1 を見てもその傾向は明らかであり，横揺れは固有の周期を持っていることがよくわかる．

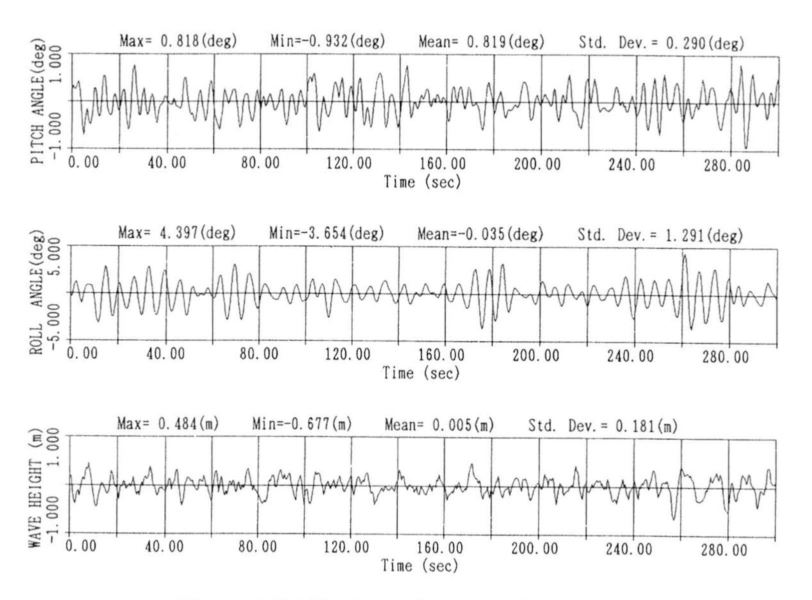

図 7.1 実船実験によって得られた時系列データ

このデータから多次元ARモデルを用いたクロススペクトル解析を行うと，図7.2に示すような結果が得られる．なお，解析におけるサンプリング周期は0.5秒としており，データ数は600点である．また，MAICE法によって決定されたモデルの次数は16次であった．図中の太い実線と細い実線はそれぞれクロススペクトルの実部と虚部を表している．この図を見ると，縦揺れのパワースペクトルのピーク周波数は波高のパワースペクトルのピーク周波数にほぼ一致しているのに対し，横揺れのパワースペクトルは固有周波数にのみピークが現れており，上述の傾向を裏付けていることがよくわかる．

図7.3には縦揺れと横揺れのパワースペクトルに対する波高のパワー寄与率を示している．これらの図において，波高からのパワーの寄与分は疎なハッチングで表されており，それぞれの動揺自身のパワーの寄与分は密なハッチングで表されている．また，それぞれのパワーの囲む面積が全体のパワースペクトルの囲む面積に占める割合をパーセントで図中に示している．これらの図を見ると船体の動揺が周囲の波から影響を受けている様子がよくわかる．なお，このデータを収録したときの船体と波との出会い角は，目視観測によると約 $\chi = 106°$

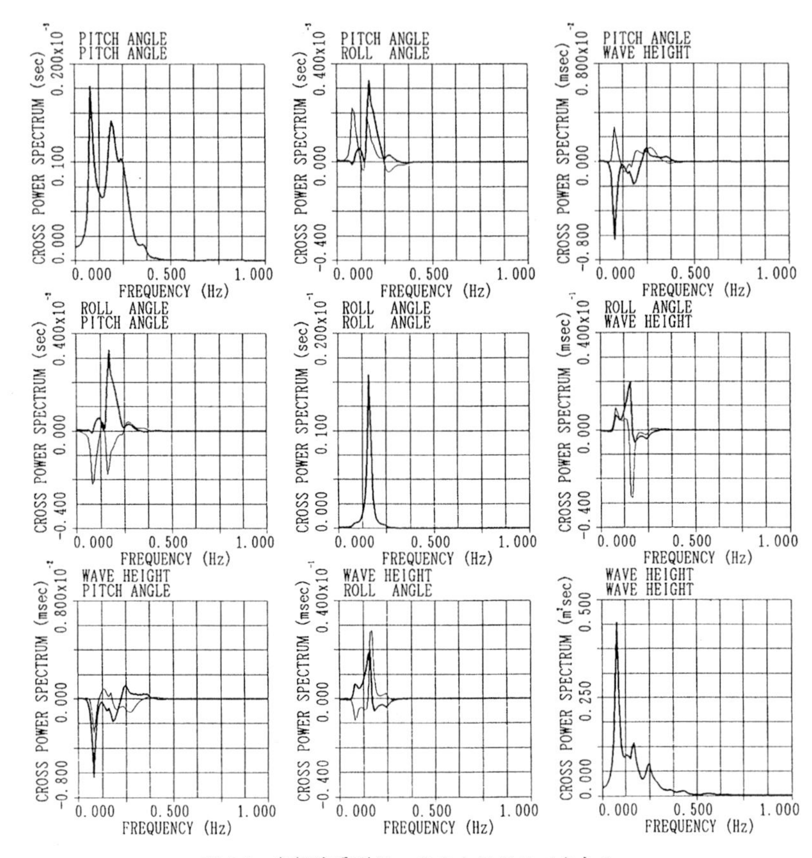

図 7.2　実船時系列データのクロススペクトル

であり (χ は追い波状態を 0°, 反時計回りを正とし, −180° から 180° までの値をとる), 船体は右舷やや前方からの波を受けている状態であった. 波との出会い角が正面に近くなると, 縦揺れに対する波高の寄与率が増大するとともに横揺れに対する波高の寄与率が低下していく.

7.3　方向波スペクトルと船体動揺の関係

海洋波を種々の方向に伝播する不規則な波の集合と考え, その不規則な波を周期, 波高ともそれぞれ異なる無数の要素波 (規則波) で表現することにすれば, 海面上のある点における不規則な波面の隆起量 $\eta(t)$ は方向波スペクトル

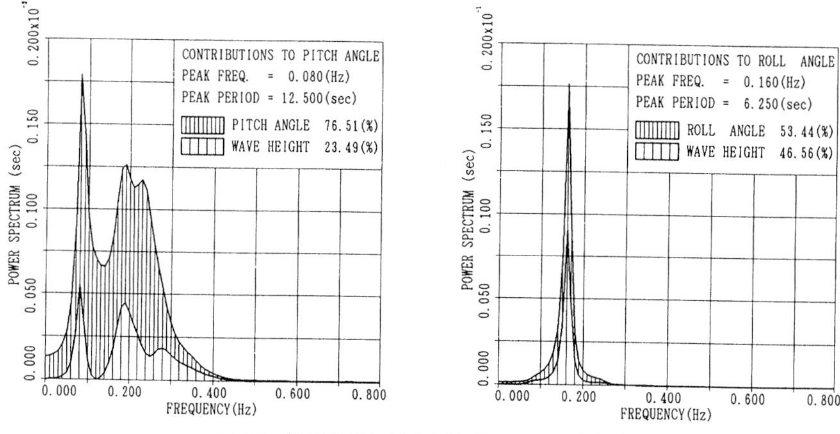

図 7.3 船体動揺に対する波高のパワー寄与率

$E(f,\chi)$ を用いて次のように表すことができる．

$$\eta(t) = \int_{-\pi}^{\pi}\int_{0}^{\infty}\cos\{2\pi ft+\epsilon(f,\chi)\}\sqrt{2E(f,\chi)dfd\chi} \tag{7.8}$$

ここで，f は波の周波数を表し，χ はそれぞれの要素波との出会い角を表す．$\epsilon(f,\chi)$ は要素波の位相を表す確率変数であり，$-\pi \leq \epsilon \leq \pi$ の一様分布に従うと仮定している．また，$\sqrt{2E(f,\chi)dfd\chi}$ は，それぞれの要素波の振幅を意味している．

海洋波中を航行する船舶はこの不規則な波浪海面上で6自由度の動揺をするわけであるが，船体動揺が波浪入力に対して線形に応答するものと仮定すると，方向波スペクトルと船体動揺のクロススペクトルとの関係は，次式のように表される．

$$\phi_{ij}(f) = \int_{-\pi}^{\pi} H_i(f,\chi)H_j^*(f,\chi)E(f,\chi)d\chi \tag{7.9}$$

ここで，$\phi_{ij}(f)$ は計測された船体動揺のクロススペクトルを表し，i と j は縦揺れや横揺れなどを表す．$H_i(f,\chi)$ は船体動揺 i の応答関数(伝達関数)を表し，* はその複素共役を表す．この応答関数は，船体形状が与えられれば，ストリップ法等の理論計算法により求めることができる．ストリップ法は船舶工学の分野で広く用いられている簡便な準三次元的な計算法であり，その詳細については元良 (1982) を参照されたい．

(7.9) 式において，χ に関する積分範囲を N 個の微小区間に分け，微小積分範囲内での応答関数と方向波スペクトルは一定と見なすと次のような離散形に書きかえることができる．

$$\phi_{ij}(f) = \sum_{n=1}^{N} H_{in}(f)H_{jn}^*(f)E_n(f) \tag{7.10}$$

ただし，

$$H_{in}(f) = \sqrt{\Delta\chi}H_i(f,\chi_n), \quad H_{jn}^*(f) = \sqrt{\Delta\chi}H_j^*(f,\chi_n)$$

$$\Delta\chi = 2\pi/N, \quad E_n(f) = E(f,\chi_n), \quad \chi_n = -\pi+(n-1)\Delta\chi$$

いま，任意の船体動揺として ζ : 上下揺れ，θ : 縦揺れ，ψ : 横揺れの 3 つを計測したとすると，船体動揺のクロススペクトルは 3×3 行列 $\boldsymbol{\Phi}_{YY}$ となる．したがって，方向波スペクトルと船体動揺のクロススペクトルの関係式も次式のような行列表示となる (ただし，周波数 f の関数表記は以下省略する)．

$$\begin{bmatrix} \phi_{\zeta\zeta} & \phi_{\zeta\theta} & \phi_{\zeta\psi} \\ \phi_{\theta\zeta} & \phi_{\theta\theta} & \phi_{\theta\psi} \\ \phi_{\psi\zeta} & \phi_{\psi\theta} & \phi_{\psi\psi} \end{bmatrix} = \begin{bmatrix} H_{\zeta1} & H_{\zeta2} & \cdots & H_{\zeta N} \\ H_{\theta1} & H_{\theta2} & \cdots & H_{\theta N} \\ H_{\psi1} & H_{\psi2} & \cdots & H_{\psi N} \end{bmatrix}$$
$$\times \begin{bmatrix} E_1 & 0 & \cdots & 0 \\ 0 & E_2 & \cdots & 0 \\ \vdots & \vdots & \ddots & \vdots \\ 0 & 0 & \cdots & E_N \end{bmatrix} \begin{bmatrix} H_{\zeta1}^* & H_{\theta1}^* & H_{\psi1}^* \\ H_{\zeta2}^* & H_{\theta2}^* & H_{\psi2}^* \\ \vdots & \vdots & \vdots \\ H_{\zeta N}^* & H_{\theta N}^* & H_{\psi N}^* \end{bmatrix} \tag{7.11}$$

ここで，$\boldsymbol{\Phi}_{YY}$ はエルミート行列であるから上三角行列のみをあつかうものとし，実数部および虚数部を分けて表記し，次節での推定を考え，誤差項を導入しておくと (7.11) 式は次のような線形回帰モデルに書きかえることができる．

$$\boldsymbol{\varphi} = \boldsymbol{A\delta}(\boldsymbol{x}) + \boldsymbol{w} \tag{7.12}$$

ただし，

$$\boldsymbol{\varphi} = \begin{bmatrix} \phi_{\zeta\zeta} \\ \phi_{\theta\theta} \\ \phi_{\psi\psi} \\ R_e(\phi_{\zeta\theta}) \\ R_e(\phi_{\zeta\psi}) \\ R_e(\phi_{\theta\psi}) \\ I_m(\phi_{\zeta\theta}) \\ I_m(\phi_{\zeta\psi}) \\ I_m(\phi_{\theta\psi}) \end{bmatrix}, \quad \boldsymbol{\delta}(\boldsymbol{x}) = \begin{bmatrix} \exp(x_1) \\ \exp(x_2) \\ \vdots \\ \vdots \\ \vdots \\ \vdots \\ \vdots \\ \vdots \\ \exp(x_N) \end{bmatrix}, \quad \boldsymbol{w} = \begin{bmatrix} w_1 \\ w_2 \\ w_3 \\ w_4 \\ w_5 \\ w_6 \\ w_7 \\ w_8 \\ w_9 \end{bmatrix}$$

$$\boldsymbol{A} = \begin{bmatrix} |H_{\zeta 1}|^2 & |H_{\zeta 2}|^2 & \cdots & |H_{\zeta N}|^2 \\ |H_{\theta 1}|^2 & |H_{\theta 2}|^2 & \cdots & |H_{\theta N}|^2 \\ |H_{\psi 1}|^2 & |H_{\psi 2}|^2 & \cdots & |H_{\psi N}|^2 \\ R_e(H_{\zeta 1}H_{\theta 1}^*) & R_e(H_{\zeta 2}H_{\theta 2}^*) & \cdots & R_e(H_{\zeta N}H_{\theta N}^*) \\ R_e(H_{\zeta 1}H_{\psi 1}^*) & R_e(H_{\zeta 2}H_{\psi 2}^*) & \cdots & R_e(H_{\zeta N}H_{\psi N}^*) \\ R_e(H_{\theta 1}H_{\psi 1}^*) & R_e(H_{\theta 2}H_{\psi 2}^*) & \cdots & R_e(H_{\theta N}H_{\psi N}^*) \\ I_m(H_{\zeta 1}H_{\theta 1}^*) & I_m(H_{\zeta 2}H_{\theta 2}^*) & \cdots & I_m(H_{\zeta N}H_{\theta N}^*) \\ I_m(H_{\zeta 1}H_{\psi 1}^*) & I_m(H_{\zeta 2}H_{\psi 2}^*) & \cdots & I_m(H_{\zeta N}H_{\psi N}^*) \\ I_m(H_{\theta 1}H_{\psi 1}^*) & I_m(H_{\theta 2}H_{\psi 2}^*) & \cdots & I_m(H_{\theta N}H_{\psi N}^*) \end{bmatrix}$$

であり，方向波スペクトルは非負であるから $E_n = \exp(x_n)$ としている．

7.4 ベイズ型モデルを用いた方向波スペクトルの推定法

船体動揺のクロススペクトルから方向波スペクトルを推定する問題を考えると，(7.12) 式の線形回帰モデルから未知係数ベクトル $\boldsymbol{\delta}(\boldsymbol{x})$ を推定する問題に帰着できることがわかる．この問題を解く場合，Akaike (1980) によって定式化されたベイズ的推論法に従えば，モデルの尤度関数と適当に仮定された事前分布との積を最大化する未知係数ベクトルを方向波スペクトルの推定量とすればよいことがわかる．以下，橋本 (1987) に従って計算法を説明する．

(7.12) 式で表されるモデルの尤度関数は，観測誤差が正規分布に従うと仮定すれば次式のように表される．

$$L(\boldsymbol{x}|\sigma^2) = \left(\frac{1}{2\pi\sigma^2}\right)^{\frac{9}{2}} \exp\left\{-\frac{1}{2\sigma^2}||\boldsymbol{A\delta}(\boldsymbol{x}) - \boldsymbol{\varphi}||^2\right\} \tag{7.13}$$

ここで，$||\boldsymbol{a}||$ はベクトル $\boldsymbol{a}$ のノルムを表す．

また，事前分布として $\boldsymbol{\delta}(\boldsymbol{x})$ の推定値が波との出会い角 χ に対して滑らかに変化するという条件を課し，2 次の階差の総和すなわち

$$\sum_{n=1}^{N} \varepsilon_n^2 = \sum_{n=1}^{N} (x_n - 2x_{n-1} + x_{n-2})^2 \tag{7.14}$$

がさほど大きくない時の確率分布を考える．いま，ε_n が平均値 0，分散 σ^2/u^2 の正規分布に従うものと仮定すれば，事前分布 $p(\boldsymbol{x})$ は次のように与えられる．

$$\begin{aligned} p(\boldsymbol{x}|u^2) &= \left(\frac{u^2}{2\pi\sigma^2}\right)^{\frac{N}{2}} \exp\left\{-\frac{u^2}{2\sigma^2}\sum_{n=1}^{N}\varepsilon_n^2\right\} \\ &= \left(\frac{u^2}{2\pi\sigma^2}\right)^{\frac{N}{2}} \exp\left\{-\frac{u^2}{2\sigma^2}||\boldsymbol{Dx}||^2\right\} \end{aligned} \tag{7.15}$$

ただし，

$$\boldsymbol{D} = \begin{bmatrix} 1 & 0 & 0 & \cdots & 0 & 1 & -2 \\ -2 & 1 & 0 & \cdots & 0 & 0 & 1 \\ 1 & -2 & 1 & \cdots & 0 & 0 & 0 \\ \vdots & \vdots & \vdots & \ddots & \vdots & \vdots & \vdots \\ 0 & 0 & 0 & \cdots & 1 & -2 & 1 \end{bmatrix}, \quad \boldsymbol{x} = \begin{bmatrix} x_1 \\ x_2 \\ \vdots \\ x_N \end{bmatrix}$$

である．

u^2 は超パラメータと呼ばれるものであり，モデルの適合度と推定値の滑らかさとのバランスを決める重み係数の役割を果たす．なお，超パラメータ u^2 の決定は，次式で与えられる ABIC(赤池のベイズ型情報量規準)

$$\mathrm{ABIC} = -2\log\int L(\boldsymbol{x}|\sigma^2)p(\boldsymbol{x}|u^2)d\boldsymbol{x} \tag{7.16}$$

の最小化によって行う．

したがって，ベイズ的手法により未知パラメータ $\delta(x)$ を決定するためには，(7.13)，(7.15) 式より種々の u^2 について

$$L(\boldsymbol{x}|\sigma^2)p(\boldsymbol{x}|u^2) = \left(\frac{1}{2\pi\sigma^2}\right)^{\frac{9}{2}}\left(\frac{u^2}{2\pi\sigma^2}\right)^{\frac{N}{2}} \times \exp\left[-\frac{1}{2\sigma^2}\left\{||\boldsymbol{A\delta}(\boldsymbol{x})-\boldsymbol{\varphi}||^2+u^2||\boldsymbol{Dx}||^2\right\}\right] \tag{7.17}$$

を最大にする $\boldsymbol{x}$ を求め，そのなかでABICが最小となるものを選べば良いことになる．ところで，(7.17) 式の指数部に注目すれば (7.17) 式の最大化は

$$\boldsymbol{J}(\boldsymbol{x}) = ||\boldsymbol{A\delta}(\boldsymbol{x})-\boldsymbol{\varphi}||^2+u^2||\boldsymbol{Dx}||^2 \tag{7.18}$$

の最小化に他ならないことがわかる．(7.18) 式の右辺第1項は $\boldsymbol{x}$ に関して非線形であるから，初期値 $\boldsymbol{x}_0$ が $\boldsymbol{x}$ の推定値 $\hat{\boldsymbol{x}}$ に十分近いものとして，$\boldsymbol{\delta}(x)$ を $\boldsymbol{x}_0$ のまわりでテイラー展開すると，

$$\boldsymbol{\delta}(\boldsymbol{x}) \simeq \boldsymbol{\delta}(\boldsymbol{x}_0)+\boldsymbol{\delta}'(\boldsymbol{x}_0)(\boldsymbol{x}-\boldsymbol{x}_0) \tag{7.19}$$

ただし，

$$\boldsymbol{\delta}'(\boldsymbol{x}) = \frac{\partial\boldsymbol{\delta}(\boldsymbol{x})}{\partial\boldsymbol{x}} = \begin{bmatrix} \exp(x_1) & 0 & \cdots & 0 \\ 0 & \exp(x_2) & \cdots & 0 \\ \vdots & \vdots & \ddots & \vdots \\ 0 & 0 & \cdots & \exp(x_N) \end{bmatrix} \tag{7.20}$$

となる．(7.19) 式を (7.18) 式に代入すると

$$\begin{aligned}\boldsymbol{J}(\boldsymbol{x}) &\simeq ||\hat{\boldsymbol{A}}\boldsymbol{x}-\hat{\boldsymbol{\varphi}}||^2+u^2||\boldsymbol{Dx}||^2 \\ &= \left\|\begin{pmatrix}\hat{\boldsymbol{A}} \\ u\boldsymbol{D}\end{pmatrix}\boldsymbol{x}-\begin{pmatrix}\hat{\boldsymbol{\varphi}} \\ \boldsymbol{0}\end{pmatrix}\right\|^2\end{aligned} \tag{7.21}$$

なる式が得られる．ただし，

$$\hat{\boldsymbol{A}} = \boldsymbol{A\delta}'(\boldsymbol{x}_0), \qquad \hat{\boldsymbol{\varphi}} = \boldsymbol{\varphi}-\boldsymbol{A\delta}(\boldsymbol{x}_0)+\hat{\boldsymbol{A}}\boldsymbol{x}_0 \tag{7.22}$$

である．

よって実際の計算では，適当な初期値 $\boldsymbol{x}_0$ を与え，(7.21) 式を最小2乗法によって解き，得られた $\boldsymbol{x}$ を新しい $\boldsymbol{x}_0$ として繰り返し計算を行い，収束したときの $\boldsymbol{x}$ の値を (7.17) を最大化する推定値であるとすれば良い．

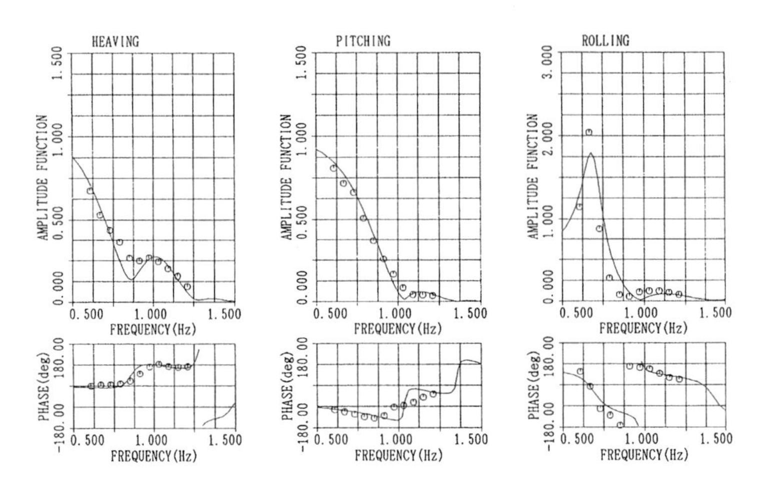

図 7.4　船体動揺の応答関数

7.5　模型船を用いた水槽実験結果

前節で述べたベイズ型モデルを用いた方向波スペクトル推定法の有効性を検証するために，模型船を用いた水槽実験を行った．また，方向波スペクトルの推定法に現在最も広く用いられていると思われる拡張最尤法の結果と比較し，相対的な精度の検証を行う．

実験では，一方向のみに進む不規則な波(長波頂不規則波)を発生させ，水槽内のほぼ中央に船速 0 で浮かんでいる模型船の動揺を計測した．さらに容量式波高計 3 本より構成される波高計アレイを水槽内に設置し，そのデータも同時に計測した．波高計アレイを用いれば，かなりの精度で水槽内の方向波スペクトルを推定できるので，本実験ではその推定結果をもって水槽内に発生している波の方向波スペクトルとした．模型船の拘束は前後揺を剛に固定し，左右揺ならびに船首揺を緩いバネによって軽く拘束した．

図 7.4 に理論計算による船体動揺の応答関数と模型実験から得られた応答関数とを比較したものを示す．ここで採用した理論計算法はストリップ法である．

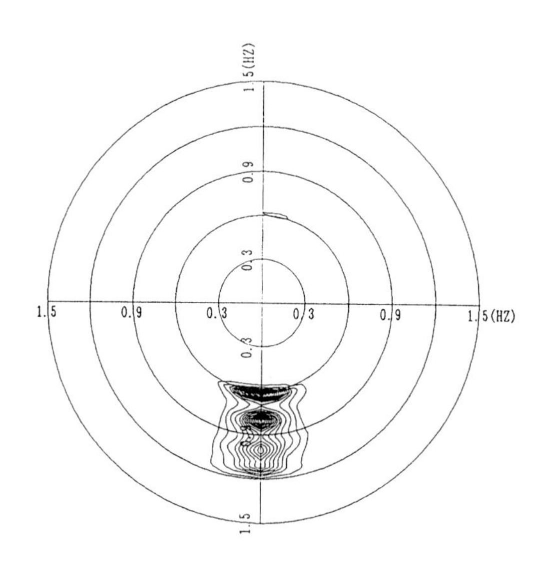

図 7.5　波高計アレイによって推定された水槽内の方向波スペクトル

図は出会い角 $\chi = 150°$ の斜め向かい波状態におけるものであり，図からわかるように両者の一致は良好である．以下の方向波スペクトルの推定計算ではこの理論計算による応答関数を用いる．

図 7.5 に，波高計アレイのデータより推定した水槽内の方向波スペクトルを示す．図は方向波スペクトルを等高線図で表したものであり，半径方向に周波数を 0.0Hz から 1.5Hz まで示している．なお，図面下側が造波機のある方向であるが，図からも入射波の方向が精度良く推定されていることがわかる．この結果によると水槽内の有義波高 (1/3 最大波高) は約 8cm，平均波周期は約 1 秒であった．

図 7.6 に多次元 AR モデルを用いて，船体動揺のデータをクロススペクトル解析した結果を示す．解析の対象とした船体動揺は，上下揺れ，縦揺れおよび横揺れであり，模型船と波との出会い角は 150° である．多次元 AR モデルによる解析では，サンプリング周期 0.2 秒，データ数 600 点として計算し，MAICE 法によって決定されたモデルの次数は 15 次であった．

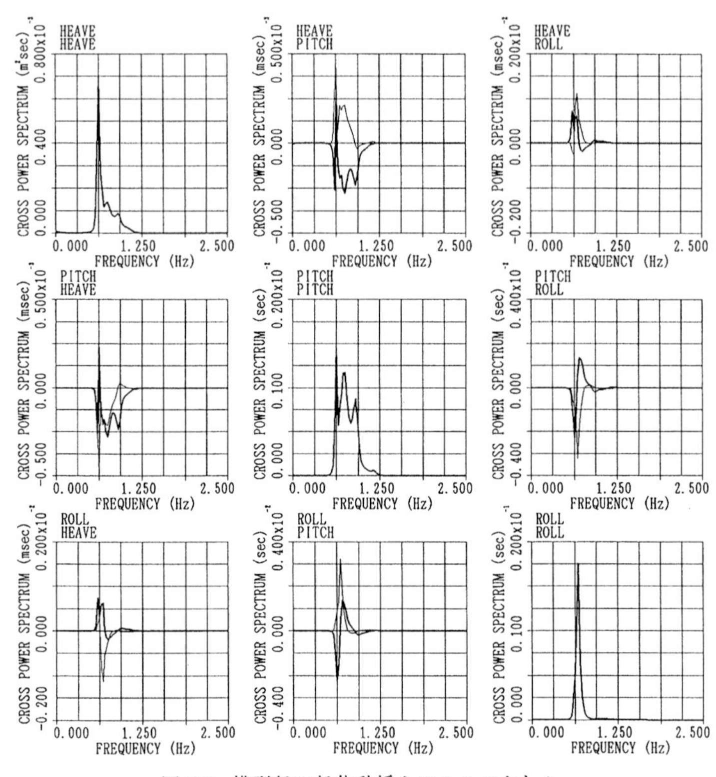

図 7.6　模型船の船体動揺クロススペクトル

図 7.7 および図 7.8 に，図 7.6 のクロススペクトルより推定した水槽内の方向波スペクトルを示す．図 7.7 は ベイズ型モデルを用いた推定法による結果であり，図 7.8 は拡張最尤法によって得られた推定結果である．なお，両図中の矢印は模型船の船首の向きを表している．これらの結果と，図 7.5 の結果とを比較すると，方向波スペクトルのピークが船体動揺データから推定された方向波スペクトルにも現れていることがわかる．しかし，図 7.7 については船首方向，図 7.8 については船首と船尾の両方向に円弧状の推定誤差が現れており，方向波スペクトルの本来のピーク位置を目立たなくしていることがわかる．

ここでこの推定誤差が現れる原因を調べるために，理論計算による応答振幅の等高線図を図 7.9 に示す．この図によると船首尾方向の 0.9Hz 付近に全ての応答振幅が微小な値となる領域があり，誤差の発生している領域と一致してい

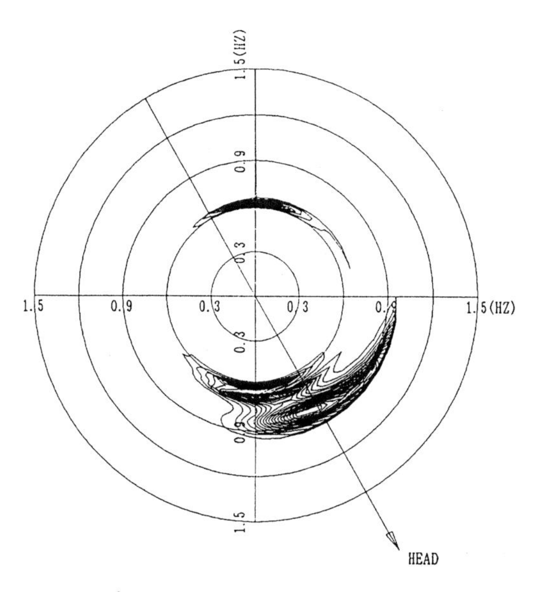

図 7.7　ベイズ型モデルによる方向波スペクトルの推定結果

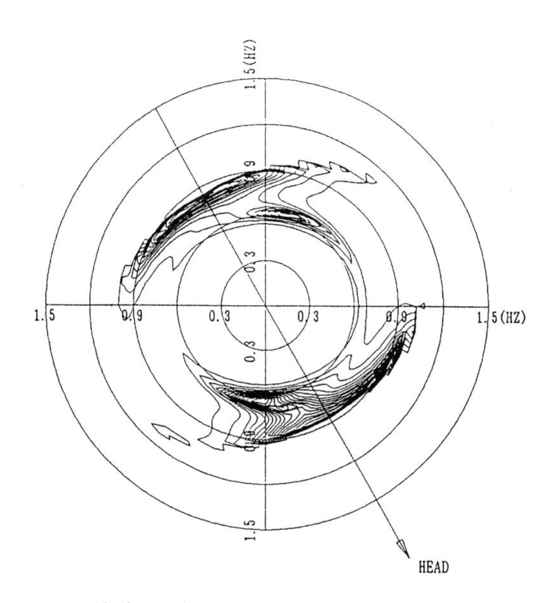

図 7.8　拡張最尤法による方向波スペクトルの推定結果

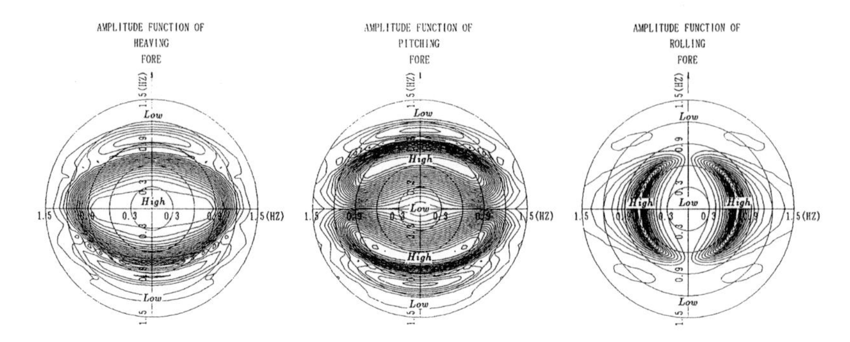

図 7.9　船体動揺の応答振幅

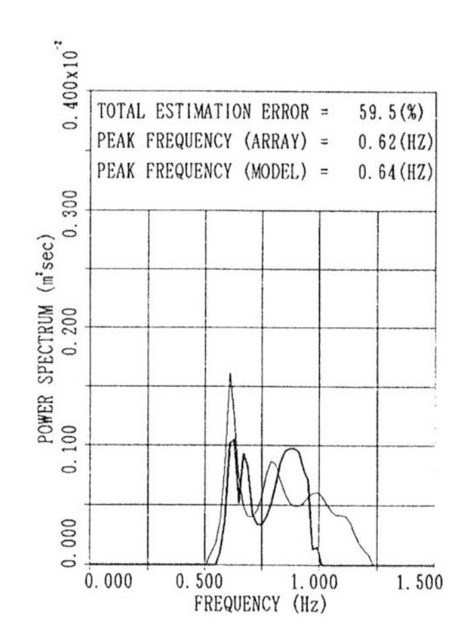

図 7.10　ベイズ型モデルによる1次元波スペクトルの推定結果

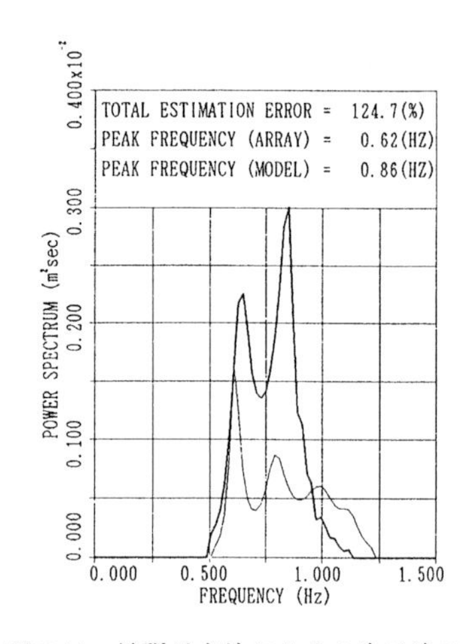

図 7.11　拡張最尤法による1次元波スペクトルの推定結果

ることがわかる．理論的に言えば，この領域では船体動揺はほとんど起きないはずであるが，図 7.4 に見られるように，実際には模型船は若干大きい振幅で動揺している．したがって，この領域において方向波スペクトルを過大に推定したものと考えられる．この誤差傾向は応答関数の計算精度を高めることにより改善されるものと思われる．

図 7.10 および図 7.11 に，船体動揺による方向波スペクトルの推定結果と波高計アレイによる方向波スペクトルの推定結果を比較したものを示す．図は，方向波スペクトルを出合い角について積分して得られた1次元波スペクトルを比

表 7.1　方向波スペクトルの推定精度 (ベイズ型モデル)

出会角	誤差率	ピーク周波数	波向き
180°	64.6%	+0.02Hz	○
150°	59.5%	+0.02Hz	+30°
120°	63.0%	+0.36Hz	+30°
90°	50.4%	+0.02Hz	−10°
60°	52.8%	○	−10°
30°	50.8%	+0.02Hz	−20°

表 7.2　方向波スペクトルの推定精度 (拡張最尤法)

出会角	誤差率	ピーク周波数	波向き
180°	78.6%	+0.04Hz	○
150°	123.3%	+0.24Hz	+60°
120°	87.3%	+0.02Hz	+200°
90°	48.5%	+0.02Hz	○
60°	111.6%	+0.24Hz	−20°
30°	86.1%	−0.04Hz	−10°

較したものであり，太い実線が船体動揺より推定した 1 次元波スペクトルを表し，細い実線が波高計アレイより推定した 1 次元波スペクトルを表す．

太い実線と細い実線のくい違う部分の面積を誤差と考えた場合，波高計アレイによる 1 次元波スペクトルの囲む全体の面積に対して，この誤差の占める割合は図 7.10 で 59.5% であり，図 7.11 で 123.3% であった．また，ピーク周波数のずれは図 7.10 では +0.02Hz であるのに対し，図 7.11 では +0.24Hz であった．すなわち，ベイズ型モデルを用いた推定法によれば，拡張最尤法と比較して，定量的に精度の良い結果が得られることがわかる．

上述の方法による推定精度を，全ての出合い角についてまとめたものを表 7.1 および表 7.2 に示す．表中のパーセントで示される量は前記の誤差率を表し，○

印は推定値が真値と完全に一致していることを意味する．これらの表の結果より，ベイズ型モデルによる1次元波スペクトルの推定精度は概ね50%から60%の範囲にあり，拡張最尤法による結果と比較して，波との出会い角の変化に対して推定精度が安定していることがわかる．次に，ピーク周波数は，表7.1では波との出会い角が120°の場合を除いてほぼ一致しているのに対し，表7.2では精度にばらつきがあることがわかる．最後に，波の主方向(ここでは方向波スペクトルの最大値が存在する方向とする)は，表7.1が± 30度以内の誤差で推定可能であるのに対し，表7.2ではピーク周波数の場合と同様に精度にばらつきがあることがわかる．

7.6　おわりに

波浪中で動揺する船体を波高計と見なして，ベイズ型モデルを用いた推定法により船体動揺データのみから方向波スペクトルを求める方法を検討した．推定精度の評価を行うために，波高計アレイによる方向波スペクトルの推定結果と比較した．また，拡張最尤法による推定結果と比較し，ベイズ型モデルを用いた推定法の有効性を検証した．

得られた結果をまとめると，次のとおりである．

1) ベイズ型モデルを用いた方向波スペクトルの推定結果は，拡張最尤法によるものと比較して精度の良い結果を与えるとともに，船体と波との出会い角の変化に対して推定精度が安定していることがわかった．
2) ベイズ型モデルを用いれば，波の主方向を推定することが可能である．
3) 理論計算による船体動揺の応答振幅が小さい部分では推定誤差が大きくなるので，この部分で十分に推定精度のある理論計算法を採用する必要がある．

当然のことではあるが，船体は精度の悪い波高計である．特に，船体動揺がほとんど誘起されない高い周波数帯においては，有効な推定精度を得ることは困難であると思われる．しかし，船舶の安全運航に悪影響を及ぼすのは主として長周期領域の波浪による過大な船体動揺であることを考えれば，この点ははじめに述べた操船支援システムにおける利用価値にはほとんど影響ないものと考えられる．更に，上記3)の問題については，ベイズモデルの改良により解決される可能性がある．

[井関 俊夫]

文 献

Akaike, H. (1980), "Likelihood and Bayes procedure," *Bayesian Statistics*, Bernardo, J. M., De Groot, M. H., Lindley, D. U. and Smith, A. F. M. eds., University Press, Valencia, 143–166.

赤池弘次, 中川東一郎 (1972), ダイナミックシステムの統計的解析と制御, サイエンス社.

Capon, J. (1969), "High-resolution frequency-wavenumber spectrum analysis," *Proceedings of IEEE*, Vol. 57, 1408–1418.

橋本典明 (1987), ベイズ型モデルを用いた方向スペクトルの推定, 港湾技術研究所報告, 第26巻, 第2号, 97–125.

平山次清 (1987), 航走中の船体運動による海洋波スペクトルのリアルタイム推定 (その2)—方向スペクトルの推定—, 関西造船協会誌, 第204号, 21–27.

井関俊夫, 大津皓平, 藤野正隆 (1992), 船体運動データからの方向波スペクトルの推定について, 日本航海学会論文集, 第86号, 179–188.

井関俊夫, 大津皓平, 藤野正隆 (1992), 船体運動データからの方向波スペクトルの推定について-II, —水槽実験による推定精度の検討—, 日本航海学会論文集, 第87号, 197–203.

井関俊夫, 大津皓平, 藤野正隆 (1992), 船体運動データを用いた方向波スペクトルの *Bayes* 推定, 日本造船学会論文集, 第172号, 17–25.

磯部雅彦, 近藤浩右, 堀川清司 (1984), 方向スペクトルの推定における MLM の拡張, 第31回海岸工学講演会論文集, 173–177.

桑島 進, 安田明生 (1988), 船舶における波浪観測について, 日本航海学会誌「航海」, 第96号, 17–25.

元良誠三 (1982), 船体と海洋構造物の運動学, 成山堂.

8

生糸繰糸工程の管理

一匹のカイコがつくる繭からは1,000m以上の繭糸を繰りとることができるが，それは10,000mの重さが3gにも満たない細糸なので，幾本かの繭糸を束ね，切れれば継ぎ足しなどして生糸と呼ばれる織物原糸がつくられる．そうして得られる生糸の品質や生産能率・収率等は，繰糸される繭糸の性状が大きく関与するので，工程の重要な管理指標は時間に依存して変化を示すものが多い．そのため，繰糸工程の管理基準の設定には，時系列解析を通して求められる結果が重要な役割を演じている．

8.1　落緒管理と間隔過程

繰糸されている1本の繭糸が切断しその緒(いとくち)が落ちる(落緒(らくちょ))と直ちに他の繭の緒を継ぎ足して，常に一定数の繭糸で1本の生糸を作る繰糸法は定粒繰糸と呼ばれ，古くから行われている．工場の原料集団は農家単位の繭集団の中から類似なものを合併してつくられるが，それでも数日の繰糸量にも満たないことが多い．落緒を少なくする処置をとると屑物量が多くなり，屑物の少なくなる処置をとると落緒による細むらが多くなって生糸の品質を低下させる．技術者は繰糸過程にみられる落緒の出現性を見て，目的品質の生糸を経済的に生産するよう工程を管理している．

管理基準を定めるのに一定期間のデータ集めの時間を必要とする統計的管理法の導入は，原料集団が小さいので，製糸では困難とされてきたが，定粒繰糸の場合この問題は間隔過程(gap process)(Akaike 1956, 1959)の観点からの解析により解決され，効率のよい落緒管理システムが設定された．

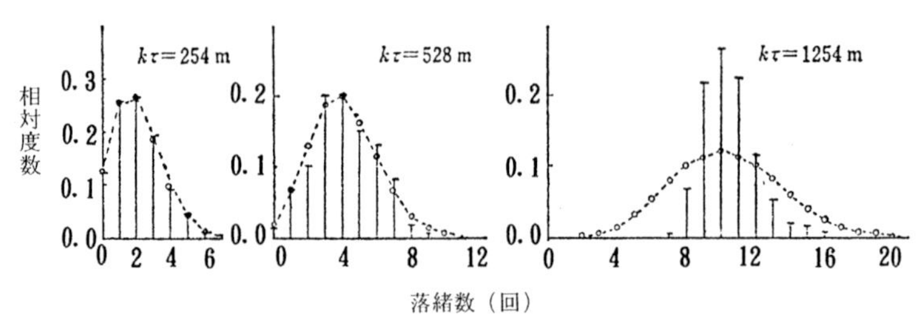

図 8.1　生糸 $k\tau m$ が操糸される間におきる落緒数とポアソン分布，棒グラフ: 実測分布，白丸: ポアソン分布

8.1.1　調査区間の大きさと落緒数の分布

まず落緒数を測定する調査時間長が問題となった．そこで，生糸が τ なる長さを繰りとられる間に生じる落緒数の時系列データ $\{x_n; n = 1, 2, \ldots\}$ を基に，区間の長さ $k\tau$ $(k = 1, 2, \ldots)$ 内に生じる落緒数の度数分布がつくられた．1 例を図 8.1 に示す．比較のために落緒が無作為におきるとしたときに期待されるポアソン分布を点線で示した．これらから，生糸糸長 500m 以下のとき落緒はポアソン分布に近似した分布を示すが，調査期間がそれを越えて長くなるとポアソン分布に比べ平均値の周辺に密集した分布を示し始めることが知られる．

8.1.2　落緒数の分散ー糸長曲線

調査糸長に伴う落緒分布の変化の様子を分散－糸長曲線 (Akaike 1959) で表し図 8.2 に示した．またポアソン分布では平均値と分散が等しいので，ポアソン分布の分散－糸長曲線として平均値－糸長曲線を示した．図から，原料により異なるが，調査糸長が 600m 付近までの分散は平均値に等しいか，それより若干高目の値を示すが，750m を越えると減少を始め 1 つの極小値をとった後再び上昇に転じることが知られる．こうした分散の変化構造がわかれば，分散が極小となる調査糸長を用いることにより，効率のよい落緒管理を行うことができる．

8.1.3　落緒のコレログラム

繰糸過程にみられる落緒間にどのような依存関係があるかをみるために，落緒の時系列データからコレログラムを作成した結果は図 8.3 のようであった．いずれの原料集団についても，1,000m 以上の所に擬似周期を示す小さな正値の山がみられる．

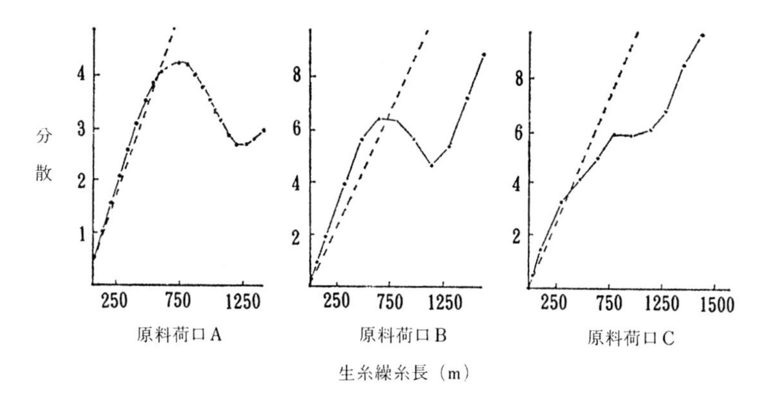

図 8.2　落緒数の分散–糸長曲線，実線: 分散，点線: 平均値

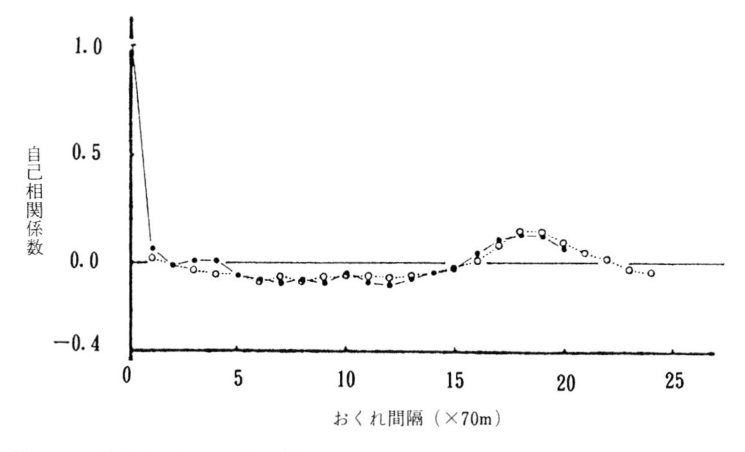

図 8.3　1 粒操糸における落緒数のコレログラム，黒丸: 実測データ，白丸: 推定値

8.1.4　1 粒繰糸過程と間隔過程

原料性状や繰糸条件との関係で落緒のコレログラムの構造がわかれば，試験繰糸の結果を用いることにより，生産に入る前に原料集団毎に最適条件を維持する落緒の管理基準を与えることができる．間隔過程 (Akaike 1956, 1959) は，生糸を構成する 1 粒繭糸の繰糸過程中に生じる落緒の構造を与える．

落緒の自己相関係数　1 粒の繰糸過程に注目し，落緒が 2 回以上おきる確率が無視できるほど短い区間長 τ で繭糸を等分割し，それらの区間に一貫番号 n $(n = 1, 2, \ldots)$ を与える．ここで，区間 n に落緒がおきれば $X_n = 1$，おきな

ければ $X_n = 0$ なる値をとる確率変数 X_n で落緒の出現性を表現すると，これは赤池の間隔過程で近似される．区間 n に落緒が起きた後，区間 $n+\nu$ に初めての落緒がおきる確率として，

$$p_\nu = \Pr\{X_{n+1} = 0, \ldots, X_{n+\nu-1} = 0, X_{n+\nu} = 1 \mid X_n = 1\},$$

また落緒が区間 n と 区間 $n+\mu$ におきる確率を

$$P_\mu = \Pr\{X_{n+\mu} = 1 \mid X_n = 1\}, \quad P_0 \equiv 1$$

とおくと

$$P_\mu = \sum_{\nu=1}^{\mu} p_\nu P_{\mu-\nu}$$

が成立する．また出発点から十分離れた区間に落緒がおきる確率 P は

$$P = \lim_{n\to\infty} P_n = \frac{1}{\displaystyle\sum_{\nu=1}^{\infty} \nu p_\nu}$$

で与えられる．ここで出発点から十分離れた n については

$$\mathrm{E}[X_n] = \sum_{\nu=0}^{1} \nu \Pr\{X_n = \nu\} = P \tag{8.1}$$

$$\mathrm{V}[X_n] = \sum_{\nu=0}^{1} (\nu - P)^2 \Pr\{X_n = \nu\} = P(1-P) \tag{8.2}$$

$$\begin{aligned} \mathrm{Cov}(X_n, X_{n+\nu}) &= \mathrm{E}[(X_n - P)(X_{n+\nu} - P)] \\ &= \sum_{k=0}^{1}\sum_{\ell=0}^{1} k\ell \Pr\{X_n = k, X_{n+\nu} = \ell\} - P^2 \\ &= P(P_\nu - P) \end{aligned} \tag{8.3}$$

となり，X_n は自己相関係数

$$R_\nu = \frac{\mathrm{Cov}(X_n, X_{n+\nu})}{\mathrm{V}[X_n]} = \frac{P_\nu - P}{1 - P} \tag{8.4}$$

を持つ間隔過程と呼ばれる定常確率過程で近似される．分布 p_ν は間隔分布と呼ばれている．

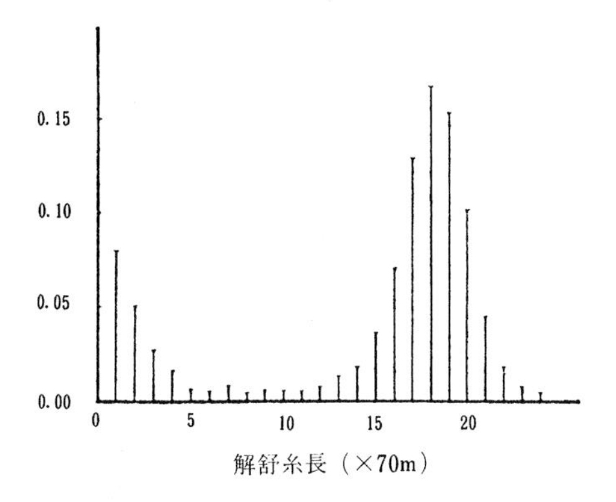

図 8.4 繭の解舒糸長分布

間隔分布 1本の繭糸が落緒すると新たな繭糸が糸結びされて繰りとられつづける1粒繰糸過程に生じる落緒構造は，間隔分布で完全に規制されることが知られた．この分布は，また糸結びされてから切断せずに繰りとられる繭糸の長さの分布で，繭から解き舒される糸の長さ分布，すなわち製糸で解舒糸長分布として試験繰糸時に求められる基本的な分布である．1粒繭糸が切断せず全糸長繰りとられるときの長さの分布は繭糸長分布といわれ正規分布に，また中途切断のときの長さは指数分布に近似した変化を示すことから，解舒糸長分布 $f(x)$ は図 8.4 に示すようにそれらの2つの混合分布として与えられている (嶋崎 1956).

$$f(x) = \alpha_1 \frac{1}{\beta} e^{-\frac{x}{\beta}} + \alpha_2 \frac{1}{\sqrt{2\pi\sigma}} e^{-\frac{(x-\mu)^2}{2\sigma^2}}$$

ここに $\alpha_1 + \alpha_2 = 1$ である．これを適当な区間長 τ で区分けしたものが上記の間隔分布を与える．これらのことから，従来製糸の基本分布とされてきた解舒糸長分布によって，時間的に生じる落緒の諸特性が予測できるようになった．

図 8.3 の繰糸過程からえられた落緒のコレログラムに解舒糸長分布から求めたコレログラムを白丸点線で示した．

8.1.5 定粒繰糸過程と間隔過程

k 本の繭糸を集束して1本の生糸をつくる定粒繰糸過程に注目する．このとき，それぞれの繭糸に生じる落緒は繭糸間では互いに独立とみることができる (嶋崎 1961) ことから，定粒繰糸過程にみられる落緒の時間的出現性は，またその間隔分布から与えられる．すなわち，i 番繭糸の n 区に生じる落緒数を X_{in} $(i=1,2,\ldots,K)$，K 粒付生糸に生じる落緒数を Z_n とすると，

$$\begin{aligned} Z_n &= X_{1n}+X_{2n}+\cdots+X_{in}+\cdots+X_{Kn} \\ \mathrm{E}[Z_n] &= KP, \quad \mathrm{V}[Z_n] = KP(1-P) \\ \mathrm{Cov}(Z_n, Z_{n+s}) &= KP(P_s-P) \\ R_{ks} &= \frac{KP(P_s-P)}{KP(1-P)} = \frac{P_s-P}{1-P} = R_s. \end{aligned} \tag{8.5}$$

8.1.6　分散－糸長曲線

管理基準の設定に必要な分散－糸長曲線を考える．いま定粒繰糸によって得られる定粒生糸の任意区 n に生じる落緒数を Z_n $(n=1,2,\ldots,k)$，引き続く k 個の区間，すなわち $k\tau$ 調査糸長内に生じる落緒数を W_k とすると (8.5) 式から

$$\begin{aligned} W_k &= Z_1+Z_2+\cdots+Z_k \\ \mathrm{E}[W_k] &= kKP \end{aligned} \tag{8.6}$$

$$\begin{aligned} \mathrm{V}[W_k] &= \mathrm{E}\Big[(W_k-kKP)^2\Big] \\ &= \mathrm{E}\left[\sum_{n=1}^{k}(Z_n-KP)^2+2\sum_{s=1}^{k-1}\sum_{n=1}^{k-s}(Z_n-KP)(Z_{n+s}-KP)\right] \\ &= KP(1-P)\left\{k+2\sum_{s=1}^{k-1}(k-s)\frac{P_s-P}{1-P}\right\} \end{aligned} \tag{8.7}$$

を得る．すなわち，図 8.2 にみられた調査糸長に伴う落緒分散の複雑な変化は解舒糸長分布によるものであることが知られる．8 本繭糸の生糸繰糸過程に生じた落緒の分散－糸長曲線と解舒糸長分布から自己相関係数を求めて推定した生糸の落緒分散－糸長曲線の 1 例を図 8.5 に示す．図から分散極小の位置は解舒糸長分布のモード，すなわち平均繭糸長に一致することが知られる．

8.1.7　落緒管理

繰製されている生糸それぞれに生じる落緒はまた互いに独立とみることができる．それゆえ，工場で生産されている L 本生糸に生じる k_τ 区間の落緒数についても，解舒糸長分布が与えられると，その平均も分散も共に求めることができる．このことから，生糸の生産に入る前にその原料集団の管理基準を与え，生産と同時に落緒管理のできる次のような管理方式が設定された．

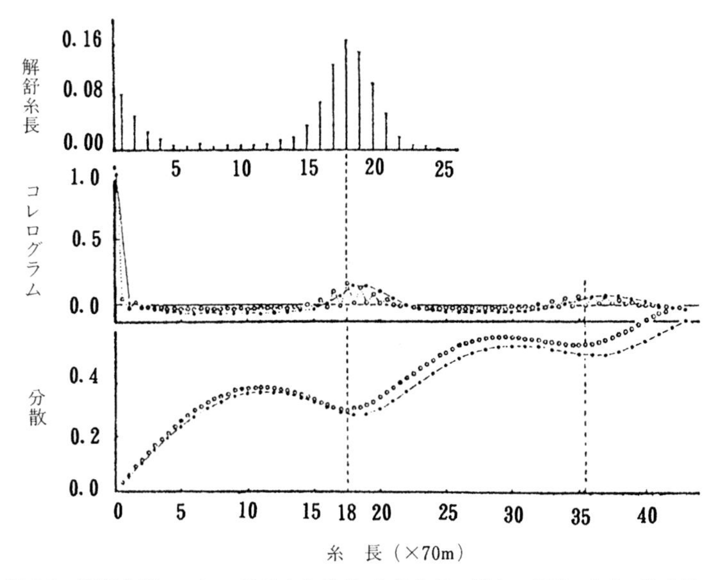

図 8.5　解舒糸長・コレログラムと分散–糸長曲線，黒丸: 実測，白丸: 推定値

1) 約 1,000 粒の試験繭糸により，その原料繰糸に適した処理条件のもとでの解舒糸長分布を作成する．

2) 1 本生糸が平均繭糸長繰糸される間に生じる平均落緒数 $\mathrm{E}[W_k] = kKP$，分散 $\mathrm{V}[W_k] = \sigma^2$ を算出する．

3) 生糸が平均繭糸長 $(k\tau)$ 繰糸される間の落緒数を 100 本の生糸について調査し平均落緒数 $\overline{W}$，分散 V を求める．

4) $\Delta W = \overline{W} - kKP$，$\Delta V = V - \sigma^2$ を算出する．すなわち落緒変動成分の主体をなしている原料性状成分を除き，工程の乱れ成分を抽出する．

これらの結果を用いて，

1) ΔW の変化：煮繭条件，繰糸湯温度などの落緒数を動かす要因の標準条件からの偏り

2) ΔV：繭補充の乱れ，作業者の個性差など作業技術の安定度

3) ΔW，ΔV の時間的変化：原料繭の合併における均一性の乱れ

等が検出されるようになった．

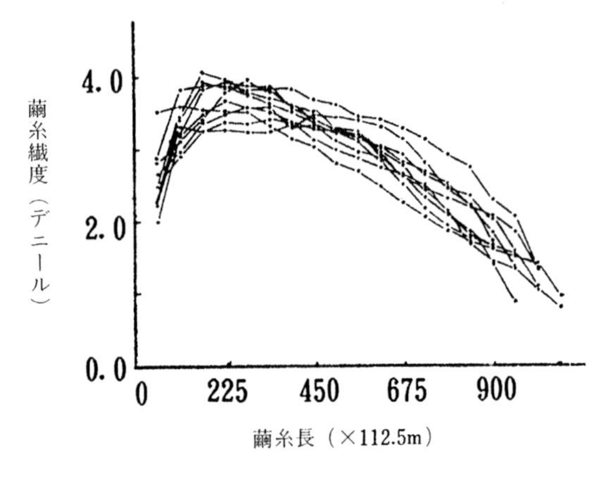

図 8.6　繭糸繊度曲線

以上のようにして，繰糸中の落緒の出現性には原料特性の影響が大きく作用し，また原料集団が小さいので統計的管理法の導入は困難であったが，間隔過程の考えを導入することにより，原料繭糸に依存する落緒成分の影響を工程変動の観察から除いて工程の管理乱れに関する情報を効率よく抽出し，生産開始と同時に的確な管理を始めることのできる落緒管理法がつくられた．

8.2　生糸の繊度管理

生糸・ナイロン糸のような長繊維の太さは，450m の重さが 0.05g の糸を単位とし，これを繊度 1 デニールの糸と呼んでいる．繭糸は図 8.6 に示すように長さ 100m から 200m 付近が最も太い形をした平均繊度 3 デニール以下の細糸である．繰糸技術はこうした繭の個体により，また個体内によって変化する繭糸繊度曲線の糸を組み合わせて目的の太さの，また繊度むらの少ない生糸づくりに向けられる．現在生糸繊度管理は定繊度管理方式と呼ばれる管理基準により，いずれの原料集団であっても自由に糸むらの少ない目的繊度の生糸が生産されるようになっている．

8.2.1　定粒生糸の繊度管理

はじめに，一定本数の繭糸を集束して 1 本の生糸をつくる従来の定粒生糸の繊度特性を考える．

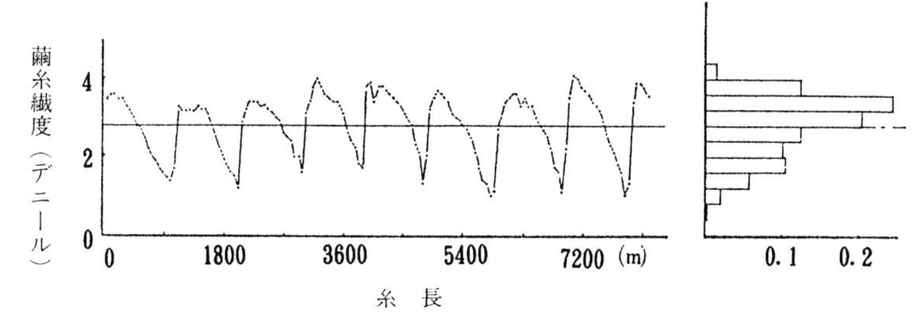

図 8.7 1粒操糸繭糸繊度時系列

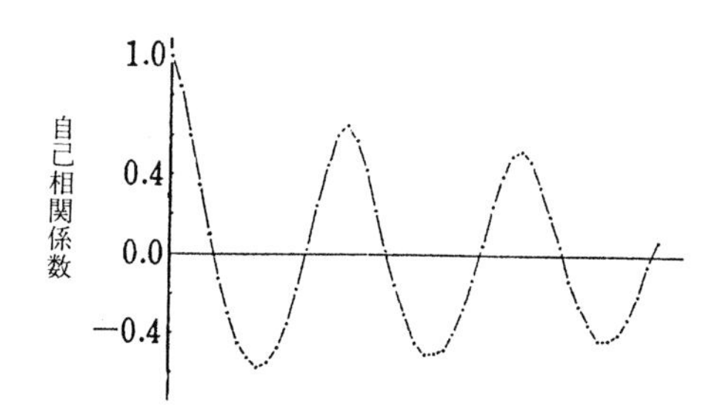

図 8.8 繭糸繊度のコレログラム

1粒繰製糸の繊度　1本の繭糸を継ぎ足してつくられる十分長い繭糸から56.25mの糸を連続採取してえられた繭糸の繊度時系列を図8.7に，またそれのコレログラムとパワースペクトルを図8.8，8.9に示す．繭糸の繊度系列は中途切断により繭が入れ替えられることはあるが，コレログラムやパワースペクトルから，基本的には1粒繭の繊度曲線がそのまま変化の主体をなしていることが知られる．

定粒生糸の繊度管理　k 本の繭糸を集束してつくられた定粒生糸から112.5mの糸を連続採取してえられた繊度時系列データのコレログラムを図8.10に示す．また図8.9に56.25mの検査糸長で求めた定粒生糸のパワースペクトルを示す．繭糸の組合わせにより，定粒生糸の繊度波には繭糸繊度にはみられなかった大きな波のうねりが見られるが，これらの図から，繊度波の主体は繭糸繊度曲線であることが知られる．

繰糸技術の上位者は，繰糸繭の糸層の厚薄から，繰られている繭糸の細太を予測し，糸結びするときに繭を選択して，1本の生糸を構成している繭の厚薄

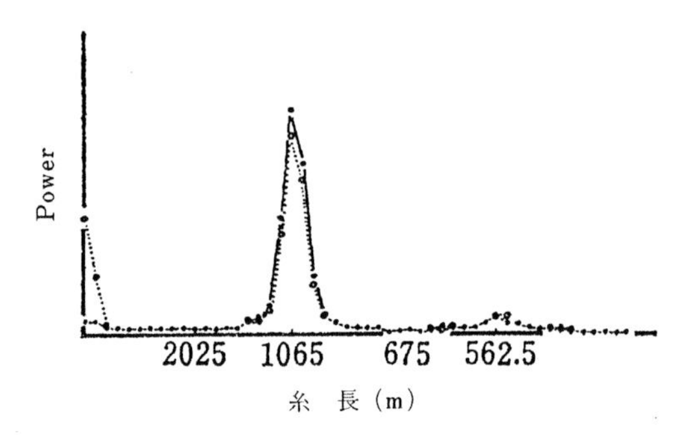

図 8.9　繭糸・生糸繊度のパワースペクトル，黒丸: 繭糸，白丸: 生糸

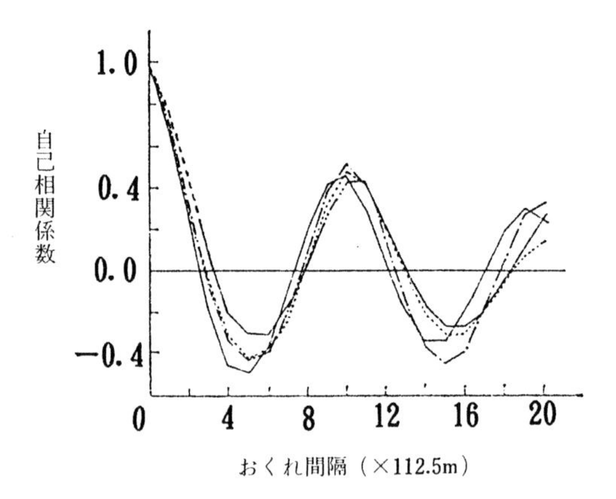

図 8.10　定粒生糸の繊度コレログラム，点線: 1 粒，実線: 3 粒，1 点鎖線: 5 粒，2 点鎖線: 7 粒

が混在するように配慮して繰糸を行っている．

いま繭糸の平均繊度を μ，標準偏差を σ，また生糸を構成している K 本の繭糸列 i 番，n 番目位置の繊度を X_{in} $(i=1,2,\ldots,K)$，その位置の生糸繊度を Z_n とすると，

$$\begin{aligned} Z_n &= X_{1n}+X_{2n}+\cdots+X_{in}+\cdots+X_{kn} \\ \mathrm{E}[Z_n] &= K\mu \\ \mathrm{V}[Z_n] &= \mathrm{E}\Big[(Z_n-K\mu)^2\Big] \end{aligned} \tag{8.8}$$

$$= \mathrm{E}\left[\sum_{i=1}^{K}(X_{in}-\mu)^2 + 2\sum_{i<\ell}(X_{in}-\mu)(X_{\ell n}-\mu)\right]$$
$$= \sigma^2\Bigl(K + 2\sum_{i<\ell}\rho_{i\ell}\Bigr) \tag{8.9}$$

となる．ここに $\rho_{i\ell}$ は i 列と ℓ 列の繭糸繊度間の相関係数である．ここに $2\sum_{i<\ell}\rho_{i\ell}$ は ρ が 0 か ±1 の値をとるとき，$-K$ から $K(K-1)$ の値をとることから，定粒生糸の繊度標準偏差は

$$0 \leq \sqrt{\mathrm{V}[Z_n]} \leq K\sigma$$

で与えられる．しかし混繰技術は基本的には糸結び時にその機会が与えられるだけなので生糸繊度偏差を大幅に縮小させるまでにいたらず，一般的には $\rho_{i\ell} \doteq 0$, $i<\ell$ となる．すなわち，

$$\mathrm{V}[Z] \doteq K\sigma^2 \tag{8.10}$$

で与えられる．以上のことから知られるように，定粒繰糸では生糸の目的繊度は平均繭糸繊度の整数倍に限定されること，繊度偏差の減少は繭糸繊度曲線がなだらかな形をするような蚕品種の改良に委ねられることなどから，繰糸技術としては原料繭集団の合併法や定粒を忠実に守ること等にその中心がおかれている．

8.2.2 定繊生糸の繊度管理

生糸繊度特性を積極的に管理する方法のひとつとして，生糸を構成している繭糸本数を変化させて生糸の繊度むらを調整する定繊繰糸法が 1950 年代に入ってから試みられるようになった．しかし，その本数変化を指示する生糸の細限繊度値を原料特性との関係でどこに設定するするかが問題になった．定粒繰糸に対する間隔過程の適用の成功に次いで，この問題点についても統計的な解析が進められ，赤池の指導のもとで再生過程の理論が応用される型の問題に転換されて解かれ (嶋崎 1961)，日本生糸の全てがこの繰糸法で生産されるようになった．

定繊生糸の繊度管理基準値　繰糸中の生糸が与えられた限界繊度まで細くなると，生糸を構成している繭糸数に関係なく 1 本の繭糸の緒(いとくち)を接(つ)ぎ足す(接緒(せっちょ))定繊繰糸が行われている．このとき，図 8.11 に示すように接緒点で生糸

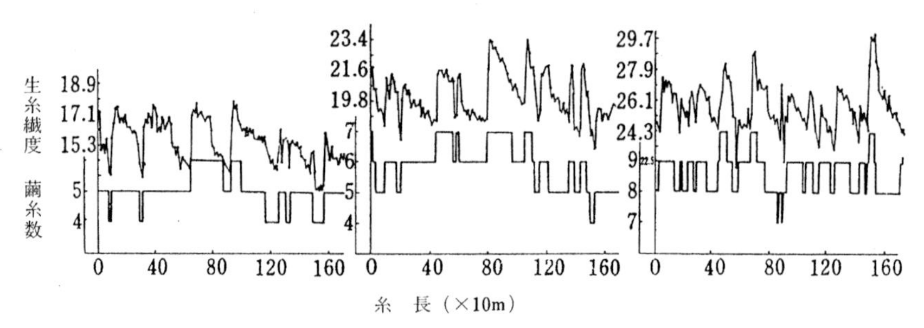

図 8.11　定繊生糸の繊度・繭糸数の時系列図

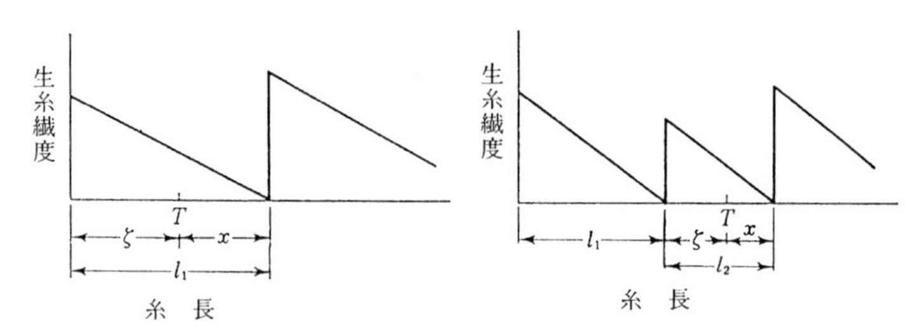

図 8.12　定繊生糸繊度の模型

の太さは接緒された繭糸の太さだけ太くなるが，繭糸数が 5 本以上になると，その後はほぼ直線的に減少することが観察される．そこで定繊生糸の繊度は接緒点で繭糸繊度分だけ増加し，その後は一定の同じ勾配で減少するものとの基本的な仮定を置き，接緒から次の接緒までの間隔 ℓ の分布は確率密度 $p(\ell)$ で与えられるとする．いま接緒点を原点にした生糸上に任意の T なる位置をとり，T から次の接緒までの長さを確率変数 X，X が x なる値をとる確率密度を $P_T(x)$ とする．いま図に示すように 1 回目の接緒が $T+x$ である確率密度は $p(T+x)$．また T から ζ 手前で 1 回目の接緒があり，$T+x$ に 2 回目の接緒がある確率は $\int_0^T p_1(T-\zeta)p(x+\zeta)\,d\zeta$，$T$ より ζ だけ手前で 2 回目の接緒があり，$T+x$ 点で 3 回目の接緒がある確率は $\int_0^T p_2(T-\zeta)p(\zeta+x)d\zeta$ で与えられる．ここに $p_k(T-\zeta)$ は $T-\zeta$ 点に k 回目の接緒のおきる確率である．同様にして，T が十分大きな値をとるとき，X が x なる値をとる確率密度は，再生理論 (Cox 1962) から

$$P_T(x) \;=\; p(T+x) + \sum_{k=1}^{\infty}\int_0^T p(x+\zeta)p_k(T-\zeta)\,d\zeta$$

ここで $T \to \infty$ とすると

$$\lim_{T\to\infty} \sum_{k=1}^{\infty} p_k(T-\zeta) = \frac{1}{\mathrm{E}[\ell]}.$$

ここで $x+\zeta=\ell$ とおくと

$$\lim_{T\to\infty} P_T(x) = P(x) = \frac{1}{\mathrm{E}[\ell]}\int_x^{\infty} p(\ell)\, d\ell.$$

いま，生糸繊度の下降角を θ，$\tan\theta = k$，接緒繭糸の繊度を Z，その確率密度を $f(z)$，$z=k\ell$ とおくと

$$\begin{aligned}\Pr\{\ell \le x\} &= \Pr\{k\ell \le kx\} = \Pr\{Z \le kx\} \\ &= \int_0^{kx} f(z)\, dz.\end{aligned}$$

そこで1本繭糸の接緒を指示する限界繊度を細限繊度とよび C であらわす．ここで定繊生糸が C を越える生糸繊度の値を Y，Y が値 y をとる確率素分を $g(y)dy$ とおくと

$$g(y)\, dy = \frac{1}{\mathrm{E}[Z]}\int_y^{\infty} f(z)\, dz\, dy. \tag{8.11}$$

また Y の n 次の積率は

$$\begin{aligned}\mathrm{E}[Y^n] &= \int_0^{\infty} y^n g(y)\, dy = \frac{1}{(n+1)\mathrm{E}[Z]}\int_0^{\infty} y^{n+1} f(y)\, dy \\ &= \frac{1}{n+1}\frac{\mathrm{E}[Z^{n+1}]}{\mathrm{E}[Z]}.\end{aligned}$$

接緒繭糸の平均繊度を μ_Z，分散を σ_Z^2，定繊生糸の平均繊度を μ_Y，分散を σ_Y^2 とおくと

$$\mu_Y = C + \frac{\mu_Z}{2}\left\{1+\left(\frac{\sigma_Z}{\mu_Z}\right)^2\right\} \tag{8.12}$$

$$\sigma_Y^2 = \frac{\mathrm{E}[Z^3]}{3\mathrm{E}[Z]} - \frac{\mathrm{E}[Z^2]^2}{4\mathrm{E}[Z]^2} \tag{8.13}$$

となる．接緒繭糸の繊度分布が対数正規分布型で近似されることから，(8.13)式は近似的に

$$\sigma_Y^2 \doteqdot \frac{\mu_Z^2}{12}\left\{1+\left(\frac{\sigma_Z}{\mu_Z}\right)^2\right\}^2 \tag{8.14}$$

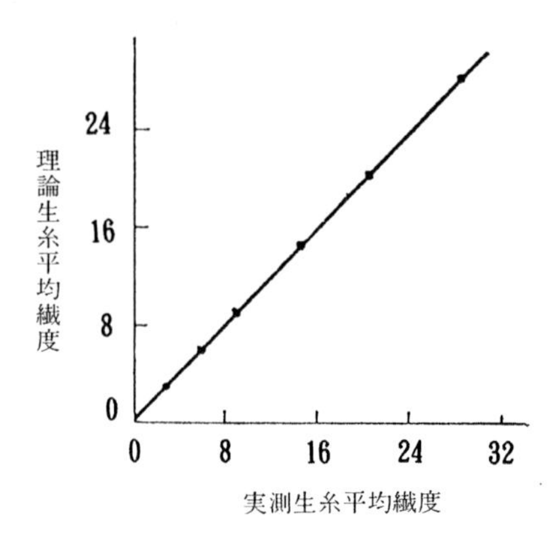

図 8.13 定繊生糸の平均繊度と理論平均繊度

で与えられる．これから生糸繊度管理の基準値，細限繊度 C は，生糸の目的繊度 μ_Y と繭糸の平均繊度 μ_Z，繊度分散 σ_Z^2 とから

$$C = \mu_Y - \frac{\mu_Z}{2}\left\{1 + \left(\frac{\sigma_Z}{\mu_Z}\right)^2\right\} \tag{8.15}$$

で与えられる．1 例を図 8.13 に示す．また繭糸繊度の平均値は 3 デニール，標準偏差は 0.5 デニール前後であるので σ_Z^2/μ_Z^2 は 0.03 と小さい．ゆえに，細限繊度は目的生糸繊度より繭糸繊度の約 1/2 低目に設定すればよいことが知られる．同様にして生糸の繊度偏差は

$$\sigma_Y \doteqdot \frac{\mu_Z}{\sqrt{12}} \tag{8.16}$$

となる．定粒生糸の繊度標準偏差 (8.10) 式との比較から，定繊生糸の繊度標準偏差は目的繊度の太さに関係なく平均繭糸繊度の約 1/3 の値に抑えられる．1 例を図 8.14 に示す．なお，生糸検査基準は 450m の検査糸長によって検査される．(8.16) 式は連続生糸について与えられた値であるので検査糸長を考慮した値を算出すると (8.16) 式で求められる標準偏差へさらに約 0.2 を乗じた値になる．

定粒生糸の繊度波には繭糸繊度曲線の太い部分が重なりあって相乗的に太くなったり逆に細くなることがおきるため，繭糸本数に比例して分散は増大する．一方定繊繭糸の繊度波は接緒時，接緒された 1 本の繭糸以上に大きくなること

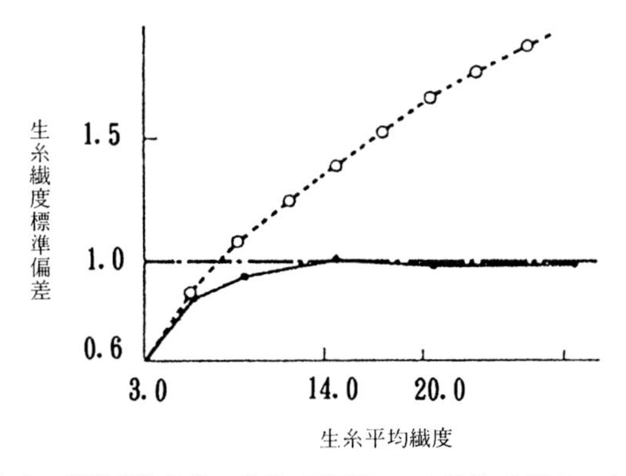

図 8.14　定繊生糸の繊度標準偏差，実線: 実測値，1 点鎖線: 理論値，点線: 定粒生糸繊度標準偏差

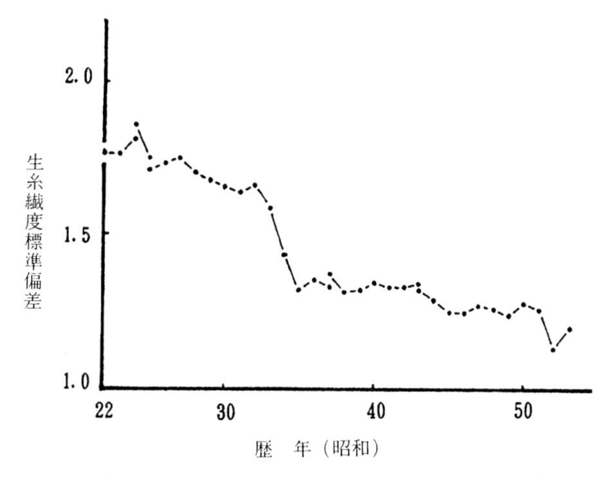

図 8.15　日本生産生糸の繊度標準偏差の推移，21 デニール生糸: 生糸検査所受験総数

はなく，細繊度側は細限繊度で管理されているので，生糸の繊度波は直角三角形を並べたような形のジグザグ変化をするにすぎない．

1960 年以降日本で生産されている生糸の生産はすべてこの繊度管理方式に統一されている．なお，世界で生産されている生糸の過半数は依然として定粒生糸である．定繊繰糸法に転換されたことにより，日本生糸の繊度標準偏差が減少した様子を 図 8.15 に示す．

8.3　Black box 内の滞留時間

繭の緒(いとくち)を索し求める索緒(さくちょ)部に投入された繭はその工程を巡回し，緒が捉えられて有緒繭となると，逐次次工程へ送り出される．ただし，いったん投入された繭はすでに投入されている繭と区別することはできない．滞留時間を短くする処理をすると屑物量が増加し，長くすると繰糸繭が不足し生産に乱れが生じる．そこで処理条件と滞留時間との関係が問題になったが，これらは投入繭数と搬出繭数の時系列解析から推定できることが知られた．その結果，繭から正しい1本の緒を求める一連の正緒繭の生産と補給工程への適正な管理システムが設定された．これは，間隔過程を2変量化して，ランダムな遅延を導入するシステムの応答特性を，入出力間の相互相関を利用して推定するという赤池の発想にもとづくものである．

8.3.1　搬出される有緒繭数

索緒部を巡回する繭の行動を解析するために，次のように個々の繭へ識別表示を与える．

I_n　:　n 時点に索緒部へ投入された繭数．

$i_n(k)$　:　投入繭に，形式的に背番号 k $(k = 1, 2, \ldots, N_n)$ をつけ，取り出された繭が番号 k であれば $i_n(k) = 1$，それ以外なら $i_n(k) = 0$ をとる値．

$i_{n-\nu}(k_\nu)$　:　k_ν は $n-\nu$ 時点に投入された k 番繭とし，搬出された繭が k_ν であれば $i_{n-\nu}(k_\nu) = 1$，それ以外なら $i_{n-\nu}(k_\nu) = 0$.

$\delta_{\ell \cdot \nu}(k_\nu)$　:　k_ν 番の繭が投入後 ℓ 時間たって搬出されるとし，もしも $\ell{=}\nu$ ならば $\delta_{\ell \cdot \nu}(k_\nu) = 1$，それ以外なら $\delta_{\ell \cdot \nu}(k_\nu) = 0$.

このような約束をおくと，$i_{n-\nu}(k_\nu)\delta_{\ell \cdot \nu}(k_\nu)$ は n_ν 時点に投入された k_ν の繭が ν 時間後に搬出されれば1，それ以外は0なる値をとる．それゆえ，n 時点に搬出される有緒繭数 O_n は次のように与えられる．

$$O_n = \sum_{\nu=0}^{n} \sum_{k_\nu=1}^{N_{n-\nu}} i_{n-\nu}(k_\nu)\delta_{\ell \cdot \nu}(k_\nu) \tag{8.17}$$

8.3.2 滞留時間分布

$n-m$ 時点に投入された無緒繭数 I_{n-m} と n 時点に搬出される有緒繭数 O_n の共分散 $\mathrm{Cov}(I_{n-m}, O_n)$ を考える．初めに，

$$
\begin{aligned}
O_n I_{n-m} &= \left[\sum_{\nu=0}^{\infty}\sum_{k_\nu=1}^{N_{n-\nu}} i_{n-\nu}(k_\nu)\delta_{\ell\cdot\nu}(k_\nu)\right]\left[\sum_{k_m=1}^{N_{n-m}} i_{n-m}(k_m)\right] \\
&= \sum_{k_m=1}^{N_{n-m}} i_{n-m}(k_m) i_{n-m}(k_m)\delta_{\ell\cdot m}(k_m) \\
&\quad + \sum_{k_m\neq k'_m}\sum i_{n-m}(k_m) i_{n-m}(k'_m)\delta_{\ell\cdot m}(k_m) \\
&\quad + \sum_{\nu\neq m}\sum_{k_\nu=1}^{N_{n-\nu}}\sum_{k_m=1}^{N_{m-n}} i_{n-\nu}(k_\nu) i_{n-m}(k_m)\delta_{\ell\cdot\nu}(k_\nu)
\end{aligned}
$$

ここで $i_{n-m}(k_m)$ は 0 か 1 の値をとるだけであるから $\{i_{n-m}(k_m)\}^2 = i_{n-m}(k_m)$，また $\sum_{k_m\neq k_m} i_{n-m}(k_m) i_{n-m}(k'_m)$ は N_{n-m} から 2 個取り出す順列の数に等しいから $(I_{n-m})^2 - I_{n-m}$ となる．そこで投入繭が m 時間滞留する確率を p_m とおき $O_n I_{n-m}$ の期待値を求めると

$$
\mathrm{E}[O_n\cdot I_{n-m}] = \left\{\mathrm{E}\left[I_{n-m}^2\right] - \mathrm{E}[I_{n-m}]^2\right\} p_m + \sum_{\nu=0}^{\infty}\mathrm{E}[I_{n-m}]\,\mathrm{E}[I_{n-\nu}]\,p_\nu \tag{8.18}
$$

をうる．ここに

$$
\begin{aligned}
\mathrm{E}\left[\sum_{k_m=1}^{N_{n-m}} i_{n-m}^2(k_m)\delta_{\ell\cdot m}(k_m)\right] &= \mathrm{E}\left[\sum_{k_m=1}^{N_{n-m}} i_{n-m}(k_m)\delta_{\ell\cdot m}(k_m)\right] \\
&= \mathrm{E}[I_{n-m}]\,p_m
\end{aligned}
$$

$$
\begin{aligned}
&\mathrm{E}\left[\sum_{k_m\neq k'_m}\sum i_{n-m}(k_m)\delta_{\ell\cdot m}(k_m) i_{n-m}(k'_m)\right] \\
&\qquad = \mathrm{E}\left[\sum_{k_m\neq k'_m}\sum i_{n-m}(k_m) i_{n-m}(k'_m)\right] p_m \\
&\qquad = \mathrm{E}[I_{n-m}(I_{n-m}-1)]\,p_m
\end{aligned}
$$

$$
\begin{aligned}
&\mathrm{E}\left[\sum_{\nu\neq m}\sum_{k_\nu=1}^{N_{n-\nu}}\sum_{k_m=1}^{N_{n-m}} i_{n-\nu}(k_\nu) i_{n-m}(k_m)\delta_{\ell\cdot\nu}(k_\nu)\right] \\
&\qquad = \sum_{\nu\neq m}\mathrm{E}[I_{n-\nu}]\,\mathrm{E}[I_{n-m}]\,p_\nu
\end{aligned}
$$

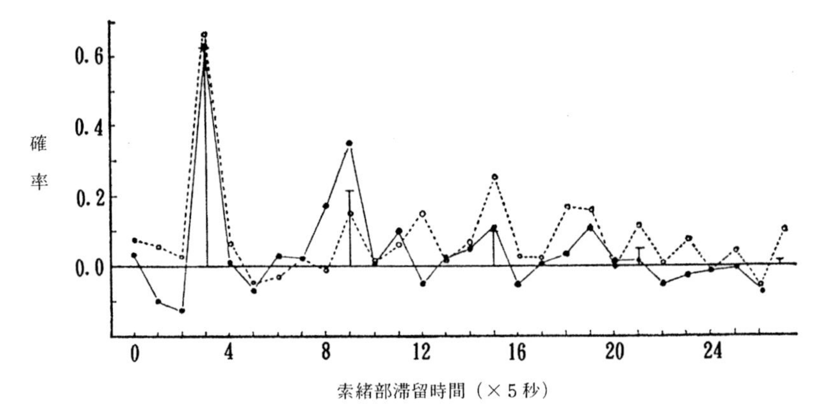

図 8.16 索緒部滞留時間分布の推定，棒グラフ: 母集団分布，白・黒丸: 推定分布

ゆえに $\mathrm{E}[I_{n-m}] = \mathrm{E}[I_{n-\nu}] = \mathrm{E}[I]$，$\mathrm{V}[I] = \mathrm{E}\left[I_{n-m}^2\right] - \mathrm{E}[I_{n-m}]^2$ とおくと

$$\mathrm{E}[O_n I_{n-m}] \;=\; \mathrm{V}[I]\, p_m + \mathrm{E}[I]^2$$

また投入繭の期待値と搬出繭の期待値は等しいとおくと，それらの共分散は

$$\begin{aligned}\mathrm{Cov}(I_{n-m}\cdot O_n) &= \mathrm{E}[I_{n-m}\cdot O_n] - \mathrm{E}[I_{n-m}]\,\mathrm{E}[O_n] \\ &= \mathrm{V}[I]\, p_m\end{aligned}$$

ゆえに索緒部に m 時間滞留する確率 p_m は

$$p_m \;=\; \frac{\mathrm{Cov}(I_{n-m}\cdot O_n)}{\mathrm{V}[I]} \tag{8.19}$$

で与えられる．

工場調査から投入繭数の時系列データ $\{I_n\}$ を求め，索緒工程で有緒繭になるまでの滞留時間分布を与えたシミュレーション実験を行い，搬出される有緒繭時系列 $\{O_n\}$ を求める．次に $\{I_n\}$，$\{O_n\}$ 2 本の時系列データから共分散と分散を求め (8.19) 式により p_m の推定値を求めた 1 例を図 8.16 に示す．これから滞留時間分布は (8.19) 式で推定できることが知られる．

8.3.3 有緒繭数の分散

製糸工程の繭の輸送過程の管理で搬出される有緒繭数の時間的変動が問題になった．前項の解析と少し異なる面 (白, 島崎 1988) でその解析を試みる．

索緒部へ $n-\nu$ 時点に投入された繭のうち時点 n で有緒緒繭として搬出される繭数 $O_{n\cdot n-\nu}$ は，滞留時間が ν である確率を p_ν とおくと，$I_{n-\nu}$ が k 粒であったとの条件のもとで Z 粒搬出される確率は

$$\Pr\{O_{n\cdot n-\nu}=Z \mid I_{n-\nu}=k\} = \binom{k}{Z} p_\nu^Z (1-p_\nu)^{k-Z}$$

ここで投入繭数が k 粒である確率を g_k とおくと，

$$\Pr\{O_{n\cdot n-\nu}=Z\} = \sum_{k=Z}^{\infty} \binom{k}{\nu} p_\nu^Z (1-p_\nu)^{k-Z} g_k, \quad Z=0,1,2,\ldots$$

となる．ゆえに $O_{n\cdot n-\nu}$ の期待値は

$$\begin{aligned}
\mathrm{E}[O_{n\cdot n-\nu}] &= \sum_{Z=0}^{\infty} Z \sum_{k=Z}^{\infty} \binom{k}{Z} p_\nu^Z (1-p_\nu)^{k-Z} g_k \\
&= \sum_{k=0}^{\infty} \sum_{Z=0}^{k} \binom{k}{Z} p_\nu^Z (1-p_\nu)^{K-Z} Z g_k \\
&= \sum_{k=0}^{\infty} k p_\nu g_k = p_\nu \mathrm{E}[I] \qquad (8.20) \\
\mathrm{V}[O_{n\cdot n-\nu}] &= \sum_{z=0}^{\infty} [Z-\mathrm{E}[I]\cdot p_\nu]^2 \cdot \sum_{k=Z}^{\infty} \binom{k}{Z} p_\nu^Z (1-p_\nu)^{k-Z} g_k \\
&= \mathrm{E}[I]\cdot p_\nu(1-p_\nu) + \mathrm{V}[I]\cdot p_\nu^2 \qquad (8.21)
\end{aligned}$$

ゆえに

$$\mathrm{V}[O_n] = \mathrm{V}\left[\sum_{\nu=1}^{\infty} O_{n\cdot n-\nu}\right] = \sum_{\nu=1}^{\infty} \mathrm{V}[O_{n\cdot n-\nu}]$$

(8.6) 式を代入して

$$= \mathrm{E}[I]\,(1-\sum_{\nu=1}^{\infty} p_\nu^2) + \mathrm{V}[I] \sum_{\nu=1}^{\infty} p_\nu^2 \qquad (8.22)$$

これから搬出繭数の変動を小さくするには

1) 投入繭量は小量連続的に行う ($\mathrm{E}[I]$ を小さくする).

2) 投入繭は可能な限り等量投入とする ($\mathrm{V}[I]$ を小さくする).

3) 滞留時間分布の散ばりが小さくなるよう索緒機構の改良を行なう $\left(\sum p_i^2 \to 1\right)$.

繰糸工程における正緒繭の生産・補給過程はこのような black box 3 つが連結されているが，それらを移行する繭の流れには，上述の解析結果が適用できる．

8.3.4 いくつかの問題点

滞留時間分布の推定精度は意外に悪い．このことについて，いくつかの考察を試みる．

$\hat{p}_\nu$ の分散 同一時刻で測定された投入繭数の時系列 $\{x_n; n=1,2,\ldots,M\}$ と搬出繭数の時系列 $\{y_n; n=1,2,\ldots,M\}$ から共分散

$$\begin{aligned} C_\nu(x\cdot y) &= \frac{1}{M}\sum_{n=1}^{M-\nu}(x_n-\bar{x})(y_{n+\nu}-\bar{y}) \qquad (8.23)\\ \bar{x} &= \frac{1}{M}\sum_{n=1}^{M}x_n, \quad \bar{y} = \frac{1}{M}\sum_{n=1}^{M}y_n \\ s^2(x) &= \frac{1}{M}\sum_{n=1}^{M}(x_n-\bar{x}_0)^2 \end{aligned}$$

を求め p_ν の推定値 $\bar{p}_\nu$ を

$$\bar{p}_\nu = \frac{C_\nu(x\cdot y)}{s^2(x)} \qquad (8.24)$$

として求める．このとき投入・搬出繭数が定常過程に従うとすると $C_\nu(x,y)$ の分散は近似的に

$$\mathrm{V}[C_\nu(x\cdot y)] \doteq \frac{1}{M}\mathrm{V}[I]\,\mathrm{V}[O]$$

で与えられる (Bartlett 1968)．これより

$$\begin{aligned} \mathrm{V}[\bar{p}_\nu] &\doteq \mathrm{V}\left[\frac{C_\nu(x\cdot y)}{\mathrm{V}[I]}\right] = \frac{1}{\mathrm{V}[I]^2}\mathrm{V}[C_\nu(x\cdot y)] \\ &\doteq \frac{1}{M}\frac{\mathrm{V}[0]}{\mathrm{V}[I]} \qquad (8.25)\\ &= \frac{1}{M}\left\{\frac{\mathrm{E}[I]}{\mathrm{V}[I]}\left(1-\sum_{\nu=1}^{\infty}p_\nu^2\right)\right\} + \frac{1}{M}\sum_{\nu=1}^{\infty}p_\nu^2 \qquad (8.26) \end{aligned}$$

$\bar{p}_\nu$ の推定度をあげるには，試験的に，投入を中断したり投入量を多くして分散を大きくするのがよいことが知られる．

分割調査 $\bar{p}_\nu$ の推定精度は (8.25) 式にみられるように悪く，$\mathrm{V}[O]$ と $\mathrm{V}[I]$ が同じでも 95% の信頼度で ±0.05 の範囲に入るためには測定数 M は 1500 点を必要とする．このような長期間データを必要とするときは定常性が問題になる．そのときは時系列を大きさ m の時系列 N 本へ分割し，各時系列毎に p_ν を

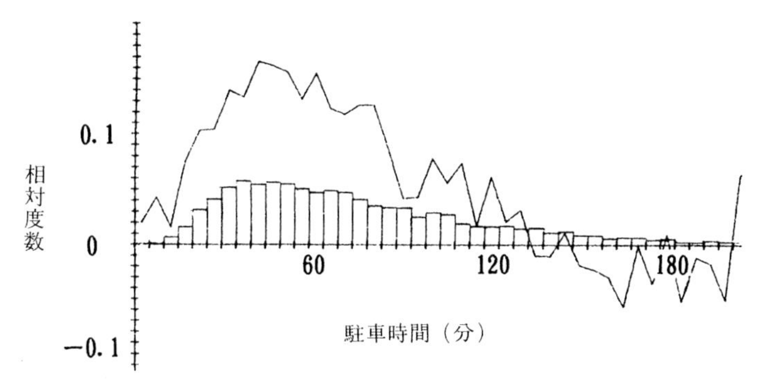

図 8.17 スーパーマーケットにおける駐車時間分布 (1)，ヒストグラム: 実測分布，折れ線グラフ: 推定分布

推定し，それら N 個の平均値で推定する．

$$\tilde{p}_\nu = \frac{1}{N}\sum_{i=1}^{N} p_{\nu i} \tag{8.27}$$

このときの $\tilde{p}_\nu$ の期待値と分散は

$$\mathrm{E}[\tilde{p}_\nu] \;=\; \frac{1}{N}\sum_{i=1}^{N}\mathrm{E}[\bar{p}_{\nu i}] \;=\; p_\nu \tag{8.28}$$

$$\mathrm{V}[\tilde{p}_\nu] \;=\; \frac{1}{N^2}\sum_{i=1}^{N}\mathrm{V}[\bar{p}_{\nu i}] \;\doteqdot\; \frac{1}{Nm}\frac{\mathrm{V}[O]}{\mathrm{V}[I]} \tag{8.29}$$

定常性が乱れたときの推定分布　定常性が満たされない場合にどのような結果が得られるかを検討した．1 例として駐車時間分布がある．車がスーパーマーケットの駐車場へ入·退場する時刻と車体番号を秒単位で測定し，このデータから駐車時間分布を求める．一方 5 分間内に入・退場した車の台数の時系列 $\{x_n;\, n = 1, 2, \ldots, M\}$，$\{y_n;\, n = 1, 2, \ldots, M\}$ を求め駐車時間分布 $\{\bar{p}_\nu\}$ を求める．1 日のデータ数 M は 100 点前後であるので，6 日間のデータを 1 本の時系列として $\bar{p}_\nu$ を推定した結果を図 8.17 に示す．車の台数は曜日によって異なり，また 1 日の中でも時間帯によって変化するので定常性は保証されない．そのため、推定された各滞留時間の確率 $\bar{p}_\nu$ は $\bar{p}_\nu \gg p_\nu$ となったり負の値をとったりしている．1 日毎に推定した $\bar{p}_\nu$ を 6 回平均した結果は図 8.18 のようである．ほぼ駐車時間分布の様子をうかがうことができる．

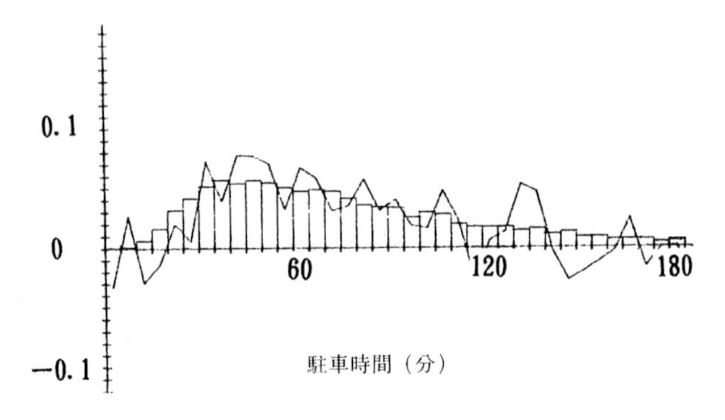

図 8.18 スーパーマーケットにおける駐車時間分布 (2)，偏差データによる平均推定

[嶋崎 昭典]

文 献

Akaike, H. (1956), "On a zero-one process some of its applications," *Annals of the Institute of Statistical Mathematics*, Vol. 8, No.2, 87–94.

Akaike, H. (1959), "On the statistical control of the gap process," *Annals of the Institute of Statistical Mathematics*, Vol. 10, No.3, 233–259.

嶋崎昭典 (1956), 落緒の分布特性 (III), 解舒糸長の分布, 日本蚕糸学雑誌, Vol. 25, No. 1, 65–70.

嶋崎昭典 (1961), 製糸工程の統計的管理法に関する研究 I, 蚕糸試験場報告, Vol. 16, No. 6, 403–529.

嶋崎昭典, 赤池弘次 (1966), 製糸工程の統計的管理法に関する研究 IV, 蚕糸試験場報告, Vol. 20, No. 2, 71–186.

Cox, D. R. (1962), *Renewal theory*, Methuen & Co. LTD., London, 61–70.

津村善郎, 奥野忠一, 門山 允, 築林昭明, 渕脇 学 訳 (1968), バートレット, 確率過程入門, 東京大学出版会, 273–293.

白 倫, 嶋崎昭典 (1988), 煮熟繭の繰糸機内滞留時間分布の推定, 日本蚕糸学雑誌, Vol. 57, No. 5, 369–378.

9

薬物動態解析への応用

9.1 はじめに

様々な疾患の治療を目的として，現在では数多くの薬物が臨床において用いられる．薬物は人体に投与された後，吸収，(体内への) 分布，代謝，排泄という過程を経て体外に出ることになる．この過程に関する研究を行う学問領域を，一般に薬物動態学と呼ぶ．薬物動態学においては血中薬物動態の解析，すなわち薬物投与後，血中の薬物濃度が経時的にどのような推移を示すのかという点に関する解析が，薬物の有効性および安全性を評価する上で極めて重要である．同一の薬物を投与した場合でも，血中の薬物濃度の経時的推移には，かなりの個体差が認められる．薬物によっては，投与を受けている患者の血中薬物濃度を実際に測定し，その結果に基づいて個々の患者に応じて投薬量や投与間隔を調節することが既に行われている．血中薬物動態の解析においては，この個体差を取り込んだ解析が必要となる．投薬後の血中薬物濃度の経時的な変化は，薬物動態学的モデルと呼ばれる薬物投与後の経過時間に関するいくつかの指数項の和からなるモデルによって表せることが知られている (Wagner 1975; 高田 1987)．このモデルにはいくつかのパラメータが含まれるが，このパラメータには個体差が存在する．最近，薬物動態解析の分野ではこのパラメータの個体差を個体間変動としてモデルに導入することにより，血中薬物濃度推移の個体差を説明しようとする解析方法が用いられている．この方法はベイズ的アプローチの一種であり，この方法に基づいた血中薬物動態解析用のプログラムもいくつか公表されている (Yamaoka et al. 1986; 堀ほか 1988)．これらのプログラムでは，個体間変動を表すパラメータに関して非線形で複雑な尤度関数をテイラー展開により線形近似した上で最大対数尤度を求めている．しかしこの近似方法を用いると，パラメータ数の増加に伴い線形近似の誤差も大きくなることが予想され，赤池情報量規準 (Akaike Information Criterion; AIC) を用いた解析においては，この誤差の影響により誤った結論を導き出す可能性が生じる (Yafune and Ishiguro 1992).

本章では，この点を改善する方法として乱数を利用したモンテカルロ法を用いた最大対数尤度および赤池情報量規準 (AIC) の推定法を示し，その方法に基づいた薬物動態解析の実例を示す．さらに，得られた解析結果の臨床活用例についても紹介する．

9.2　薬物動態学的モデル

臨床において薬物を投与する経路としては，経口投与，静脈内投与，経皮投与などいくつかの方法が存在するが，本章では経口投与，すなわち口から薬物を飲む場合を考える．前節で述べたように，薬物投与後の血中薬物濃度の経時的変化は，いくつかの指数項の和からなるモデルにより表現することが可能である．一般に n 人の被験者について，ある薬物の血中濃度が m 時点で測定され，その経時的な推移が k 個の指数項の和からなる k-指数項モデルにより表されると仮定する．このとき，i 番目の被験者 $(i = 1, 2, \ldots, n)$ の j 番目の測定値 $(j = 1, 2, \ldots, m)$ は次式で表される．

$$C_{ij} = \sum_{h=1}^{k} \alpha_{kih} \exp(-\beta_{kih}(t_j - t_{lag(ki)})) + \varepsilon_{kij} \tag{9.1}$$

上式で，C_{ij} は i 番目の被験者の j 番目の測定値，t_j は薬物投与後から j 番目の測定点までの経過時間，$t_{lag(ki)}$ は経口投与後，血中薬物濃度が上昇し始めるまでの吸収待ち時間，α_{kih} と β_{kih} は薬物動態学的パラメータ，ε_{kij} は実験誤差を含めた個体内変動をそれぞれ表す．経口投与の場合には，一般に 2-指数項あるいは 3-指数項からなるモデルが用いられる．実際の解析においては，各薬物について，この 2 つのモデルの中からより適切なモデルを選択しなければならない．この点に，赤池情報量規準 (AIC) によるモデル選択の必要性が生じる．

モデルに含まれる薬物動態学的パラメータおよび吸収待ち時間には，個体差，すなわち個体間変動が認められる．この個体間変動を，薬物動態学的パラメータ $(\alpha_{kih}, \beta_{kih})$ および吸収待ち時間 $(t_{lag(ki)})$ が互いに独立に次式に示す正規分布

$$\begin{aligned} \alpha_{kih} &\sim N(\mu_{\alpha_{kh}}, \sigma^2_{\alpha_{kh}}) \\ \beta_{kih} &\sim N(\mu_{\beta_{kh}}, \sigma^2_{\beta_{kh}}) \\ t_{lag(ki)} &\sim N(\mu_{t_{lag(k)}}, \sigma^2_{t_{lag(k)}}) \end{aligned} \tag{9.2}$$

に従うと仮定し，事前分布としてモデルに導入する．個体内変動を表す ε_{kij} については，互いに独立に正規分布

$$\varepsilon_{kij} \sim N(0, \sigma^2_{\varepsilon_k}) \tag{9.3}$$

に従うと仮定する．得られたデータにモデル (9.1) をあてはめ，最尤法により上述のパラメータ $\mu_{\alpha_{kh}}$，$\sigma^2_{\alpha_{kh}}$，$\mu_{\beta_{kh}}$，$\sigma^2_{\beta_{kh}}$，$\mu_{t_{lag(k)}}$，$\sigma^2_{t_{lag(k)}}$，$\sigma^2_{\varepsilon_k}$ を推定すれば，対象となった被験者の各薬物動態学的パラメータがどのような正規分布に従うかを推定することが可能である．

本章では 2-指数項および 3-指数項の 2 つのモデルを想定するが，式 (9.1) に示したモデルは薬物動態学的パラメータおよび吸収待ち時間に関して非線形なモデルであり，さらにこれらのパラメータに事前分布 (9.2) を仮定することから，最大対数尤度の計算には複雑な多重積分が必要となる．そのため最大対数尤度を解析的に求めることは困難であり，数値的なアプローチが必要となる．今までに公表されたプログラムにおいては，テイラー展開による線形近似を利用して計算が容易な形に変形した上で最大対数尤度を求めている (Yamaoka et al. 1986; 堀ほか 1988)．しかし既に述べたように，この計算方法では，モデルに含まれるパラメータ数が増えるに伴って線形近似による誤差も大きくなることが予想される．この点を改善する方法として，次節ではモンテカルロ法を用いて，より精度良く正確に最大対数尤度を推定するための具体的な方法を示す．

9.3 モンテカルロ法による最大対数尤度の推定

前節で示した k-指数項モデル (9.1) を次式のように書き直す．

$$C_{ij} = f(t_j \mid \boldsymbol{\theta}_{ki}) + \varepsilon_{kij} \tag{9.4}$$

上式で，C_{ij} は i 番目の被験者の j 番目の測定値，$f(t_j \mid \boldsymbol{\theta}_{ki})$ は k-指数項モデルにより予測された値，$\boldsymbol{\theta}_{ki}$ は i 番目の被験者の薬物動態学的パラメータベクトル，t_j は薬物投与後から j 番目の測定点までの経過時間，ε_{kij} は実験誤差を含めた個体内変動をそれぞれ表す．ε_{kij} に関しては，前節の (9.3) より，互いに独立に同一の正規分布

$$\varepsilon_{kij} \sim N(0, \sigma^2_{\varepsilon_k})$$

に従うものとする．吸収待ち時間を含めると，k-指数項モデルにおける薬物動態学的パラメータ数は $2k+1$ であり，前節との対応から $\boldsymbol{\theta}_{ki} = (\theta_{ki1}, \theta_{ki2}, \ldots, \theta_{ki(2k+1)})$ は

$$\boldsymbol{\theta}_{ki} = (\alpha_{ki1}, \ldots, \alpha_{kik}, \beta_{ki1}, \ldots, \beta_{kik}, t_{lag(ki)}) \tag{9.5}$$

により定義される．$\boldsymbol{\theta}_{ki}$ が与えられたとき，C_{ij} $(j = 1, 2, \ldots, m)$ の同時分布は

$$g(C_{i1}, \ldots, C_{im} \mid \boldsymbol{\theta}_{ki}) \equiv \prod_{j=1}^{m} \psi(C_{ij} \mid f(t_j \mid \boldsymbol{\theta}_{ki}), \sigma^2_{\varepsilon_k}) \tag{9.6}$$

で与えられる．ただし，$\psi(\cdot \mid \mu, \sigma^2)$ は平均 μ，分散 σ^2 の正規分布の確率密度関数を表す．前節で導入した薬物動態学的パラメータに関する事前分布 (9.2) より，$\boldsymbol{\theta}_{ki}$ に関して同時事前分布

$$\pi(\boldsymbol{\theta}_{ki} \mid \boldsymbol{\omega}_k) \equiv \prod_{r=1}^{2k+1} \psi(\theta_{kir} \mid \mu_r, \sigma^2_r) \tag{9.7}$$

が定義される．ただし，$\boldsymbol{\omega}_k$ は

$$\boldsymbol{\omega}_k = (\mu_1, \sigma^2_1, \mu_2, \sigma^2_2, \ldots, \mu_{(2k+1)}, \sigma^2_{(2k+1)})$$

により定義されるベクトル，μ_r および σ^2_r は，式 (9.5) に示したパラメータベクトル $\boldsymbol{\theta}_{ki}$ の r 番目の成分に対応するパラメータの事前分布を規定する平均および分散をそれぞれ表す．以上の仮定から，$\boldsymbol{\omega}_k$ と $\sigma^2_{\varepsilon_k}$ が与えられたとき，各被験者 i についての周辺分布は

$$\begin{aligned} h(C_{i1}, \ldots, C_{im} \mid \boldsymbol{\omega}_k) &\equiv \int g(C_{i1}, \ldots, C_{im} \mid \boldsymbol{\theta}_{ki}) \pi(\boldsymbol{\theta}_{ki} \mid \boldsymbol{\omega}_k) d\boldsymbol{\theta}_{ki} \\ &= \int \prod_{j=1}^{m} \psi(C_{ij} \mid f(t_j \mid \boldsymbol{\theta}_{ki}), \sigma^2_{\varepsilon_k}) \pi(\boldsymbol{\theta}_{ki} \mid \boldsymbol{\omega}_k) d\boldsymbol{\theta}_{ki} \end{aligned} \tag{9.8}$$

で与えられる．各被験者のデータが互いに独立であることから，全データに関する対数尤度は

$$\begin{aligned}\ell(\boldsymbol{\omega}_k) &\equiv \sum_{i=1}^{n} \log h(C_{i1},\ldots,C_{im} \mid \boldsymbol{\omega}_k) \\ &= \sum_{i=1}^{n} \log \left\{ \int \prod_{j=1}^{m} \psi(C_{ij} \mid f(t_j \mid \boldsymbol{\theta}_{ki}), \sigma_{\varepsilon_k}^2) \pi(\boldsymbol{\theta}_{ki} \mid \boldsymbol{\omega}_k) d\boldsymbol{\theta}_{ki} \right\} \qquad (9.9)\end{aligned}$$

で与えられる．

前節で述べたように，対数尤度 (9.9) に含まれる多重積分を解析的に計算することは困難なため，モンテカルロ法を用いて数値的にこの多重積分の計算を行う．その手順としては，まず $(2k+1)$ 次のベクトルを M 個作る．

$$\boldsymbol{\lambda}_l = (\lambda_{l1}, \lambda_{l2}, \ldots, \lambda_{l(2k+1)}), \quad (l = 1, 2, \ldots, M).$$

ここで，λ_{lr} は平均 μ_r，分散 σ_r^2 の正規乱数であり，ν_{lr} を標準正規乱数とするとき，

$$\lambda_{lr} = \mu_r + \sigma_r \nu_{lr}, \quad (r = 1, 2, \ldots, 2k+1)$$

によって生成することができる．このとき $\boldsymbol{\lambda}_l$ はそれぞれ $\pi(\boldsymbol{\theta}_{ki} \mid \boldsymbol{\omega}_k)$ の実現値となる．従って，式 (9.8) の値を

$$\hat{h}(C_{i1},\ldots,C_{im} \mid \boldsymbol{\omega}_k) = \frac{1}{M} \sum_{l=1}^{M} \left\{ \prod_{j=1}^{m} \psi(C_{ij} \mid f(t_j \mid \boldsymbol{\lambda}_l), \sigma_{\varepsilon_k}^2) \right\} \qquad (9.10)$$

により近似的に推定し，M の値を十分大きくすれば，十分正確な積分の値を得ることができる．従って，対数尤度 (9.9) は，

$$\hat{\ell}(\boldsymbol{\omega}_k) = \sum_{i=1}^{n} \log \left[\frac{1}{M} \sum_{l=1}^{M} \left\{ \prod_{j=1}^{m} \psi(C_{ij} \mid f(t_j \mid \boldsymbol{\lambda}_l), \sigma_{\varepsilon_k}^2) \right\} \right] \qquad (9.11)$$

により近似的に推定すればよい．この近似された対数尤度 (9.11) を数値的に最大化することにより $\boldsymbol{\omega}_k$ の近似的な最尤推定値 $\hat{\boldsymbol{\omega}}_k$ を求めれば，k-指数項モデルをあてはめた場合の赤池情報量規準 (AIC) を

$$\mathrm{AIC} = -2 \times \hat{\ell}(\hat{\boldsymbol{\omega}}_k) + 2 \times (4k+3) \qquad (9.12)$$

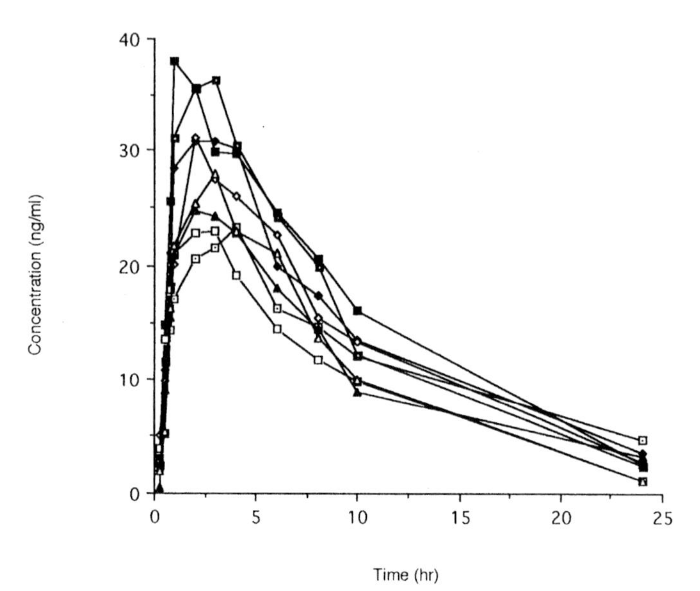

図 9.1　ある薬物を単回経口投与された 8 人の被験者から得られた血中薬物濃度

として計算できる．上式の $4k+3$ は k-指数項モデルに含まれる自由パラメータ数である．

ここで，式 (9.11) を用いて最大対数尤度の推定を行ったときの推定誤差の評価をしておく．式 (9.10) において M 個の項の平均値として計算される $\hat{h}(C_{i1},\ldots,C_{im}\mid\boldsymbol{\omega}_k)$ を $\hat{h}_{ki}$ と表し，その平均および分散がそれぞれ $\mu_{M_{ki}}$，$\sigma^2_{M_{ki}}$ であるとする．$\log\hat{h}_{ki}$ を $\hat{h}_{ki}=\mu_{M_{ki}}$ の周辺でテイラー展開すれば

$$\log\hat{h}_{ki}=\log\mu_{M_{ki}}+\frac{1}{\mu_{M_{ki}}}(\hat{h}_{ki}-\mu_{M_{ki}})+\cdots$$

となり，高次の項を無視することにより，$\log\hat{h}_{ki}$ の平均と分散はそれぞれ近似的に $\log\mu_{M_{ki}}$，$\sigma^2_{M_{ki}}/\mu^2_{M_{ki}}$ と推定できる．この近似を利用することにより，式 (9.11) を用いて最大対数尤度の推定を行ったときの推定誤差は，

$$\delta_{M_k}\equiv\left\{\sum_{i=1}^{n}\left(\frac{\sigma^2_{M_{ki}}}{\mu^2_{M_{ki}}}\right)\right\}^{\frac{1}{2}}$$

により近似的に評価できる．

表 9.1 ある薬物を単回経口投与された 8 人の被験者から得られた血中薬物濃度 (ng/ml)

	薬物投与後の経過時間 (hr)										
No.	0.25	0.5	0.75	1	2	3	4	6	8	10	24
1	2.5	5.1	14.3	17.1	20.5	21.6	23.3	16.2	14.6	12.0	4.7
2	1.9	10.8	21.1	28.5	30.9	30.9	30.2	20.0	17.3	13.5	3.5
3	2.4	11.5	18.1	31.2	35.7	36.4	30.6	24.2	20.0	12.2	2.4
4	4.9	9.8	18.2	20.1	31.2	27.5	26.0	22.6	15.5	13.4	2.7
5	3.3	14.7	25.6	38.0	35.6	29.8	29.7	24.6	20.5	16.0	2.5
6	3.9	13.5	17.8	21.0	22.8	23.0	19.1	14.4	11.8	9.8	1.1
7	0.5	9.0	15.5	20.9	24.7	24.3	22.8	18.0	14.4	8.9	3.2
8	2.0	5.3	16.2	21.7	25.4	28.0	23.0	21.0	13.6	10.0	1.2

9.4 実例

実例として用いるデータは，ある薬物を空腹時に単回経口投与された 8 人の被験者から得られた血中薬物濃度のデータであり (矢船, 丁 1992)，データを表 9.1に，そのグラフを図 9.1 にそれぞれ示す．血中濃度は，投与後 15 分，30 分，45 分，1 時間，2 時間，3 時間，4 時間，6 時間，8 時間，10 時間，24 時間の計 11 時点において測定された値である．

このデータに 2-指数項および 3-指数項モデルをあてはめ，$M = 8000$ として式 (9.11) により推定した対数尤度を数値的に最大化した値，すなわち最大対数尤度の推定値，推定誤差，95%信頼区間および赤池情報量規準 (AIC) の値を表 9.2に，そのときのパラメータの推定値を表 9.3にそれぞれ示す．数値的最大化は，準ニュートン法の一種であるダビドン法 (Davidon 1968; Ishiguro and Akaike

表 9.2 各モデルの最大対数尤度および赤池情報量規準 (AIC) の値 ($M = 8000$)

	2-指数項モデル	3-指数項モデル
推定値	−212.34	−212.33
推定誤差	0.34	0.40
95%信頼区間	−213.01 ～ −211.66	−213.11 ～ −211.56
AIC	446.67 (445.33 ～ 448.01)*	454.67 (453.11 ～ 456.22)*
自由パラメータ数	11	15

* 最大対数尤度の 95%信頼区間に対応する AIC の区間

1989) を用いて行った．表 9.2に示したように，最大対数尤度の 95%信頼区間に対応する AIC の区間には全く重なりがなく，2-指数項モデルの方が小さな AIC の値をとっていることから，このモデルがより適切であることがわかる．また最大対数尤度の 95%信頼区間に重なりがないことから，M はこの値で十分と判断した．

表 9.3　各モデルのパラメータの推定値

2-指数項モデル

	μ	σ
α_{21}	40.006	6.961
α_{22}	−35.051	4.688
β_{21}	0.121	0.003
β_{22}	1.371	0.280
$t_{lag(2)}$	0.322	0.024
ε_2	—	1.919

3-指数項モデル

	μ	σ
α_{31}	−38.449	5.588
α_{32}	29.174	3.608
α_{33}	13.075	2.345
β_{31}	1.276	0.271
β_{32}	0.210	0.027
β_{33}	0.105	0.003
$t_{lag(3)}$	0.255	0.040
ε_3	—	1.920

表 9.3に示した 2-指数項モデルの各パラメータの推定値により規定される分布を用いた1000 回のシミュレーション結果に基づき，血中濃度の推移を推定した結果を図 9.2 に示す．図中の 3 本の曲線の内，中央の曲線は各薬物動態学的パラメータの平均値により推定された血中濃度推移を，その上下の曲線は各時点における 90%信頼区間—シミュレーションにより推定された各時点における1000 個の濃度から上下 5% を除いた値を含む区間—の上限と下限をそれぞれ表す．図 9.2 に示した血中濃度の推移が，図 9.1 に示したデータの動き全体をよく表していることがわかる．

ベイズ的アプローチの特長の一つは，推定された $\hat{\boldsymbol{\omega}}_k$ によって規定される分布 $\pi(\boldsymbol{\theta}_{ki} \mid \hat{\boldsymbol{\omega}}_k)$ を用いて，様々な条件のもとでシミュレーションを行うことができる点にある．その一例として，臨床において実際に薬物を投与する場合，1 日 2〜3 回の多回投与が行われるが，投与回数の差によって血中薬物濃度にどのような差が生じるのかという点をシミュレーションにより検討してみる．適切な薬物治療を行うためにも，この点は臨床上極めて重要である．表 9.3に示した 2-指数項モデルの各パラメータにより規定される分布を用い，1 日 2 回投与お

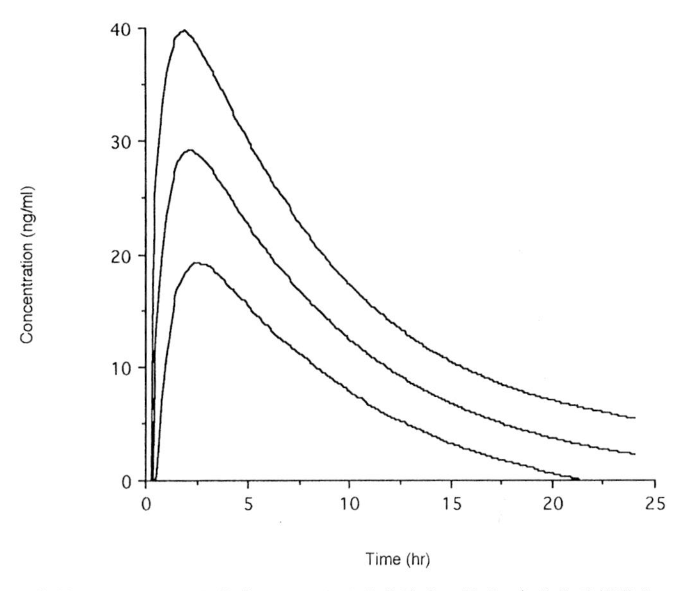

図 9.2 2-指数項モデルにより推定された血中薬物濃度の推移 (各薬物動態学的パラメータの平均値により推定された血中濃度推移 (中央の曲線), および各時点における 90%信頼区間)

よび 3 回投与時の血中薬物濃度の推移のシミュレーションを行う．食前 30 分の服用を想定し，1 日 2 回投与の場合は 7:30 と 18:30，1 日 3 回投与の場合は 7:30, 11:30，18:30 に単回投与時と同一の薬物量を服用すると仮定する．シミュレーションの結果をプロットしたものが 図 9.3 および 図 9.4 である．図 9.3 が 1 日 2 回投与，図 9.4 が 1 日 3 回投与の場合であり，両図とも初回投与時を時間軸の原点としている． また各図中の 3 本の曲線は，図 9.2 と同様，中央の曲線は各薬物動態学的パラメータの平均値により推定された血中濃度推移を，その上下の曲線は各時点における 90%信頼区間の上限と下限をそれぞれ表す．図 9.3 から，いずれの投与法の場合にも 2 日目以降はほぼ安定した血中濃度の推移が認められるものの，1 日 2 回投与の場合と 3 回投与の場合では血中濃度にかなりの差が生じる可能性があることが示唆される．従って，本薬物では 1 日の投与回数によって薬効にもかなりの差が生じる危険性があり，各種臓器の機能低下が認められる高齢者などにおいては，薬効が強く現れ過ぎないように投与量や投与間隔を慎重に設定する必要があることが示唆される．このような示唆は，実際

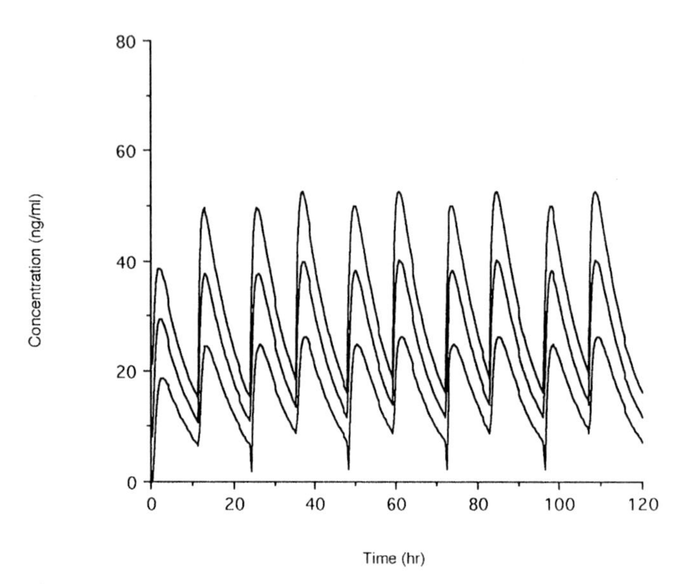

図 9.3　2-指数項モデルによる 1 日 2 回経口投与時の血中薬物濃度のシミュレーション結果 (各薬物動態学的パラメータの平均値により推定された血中濃度推移 (中央の曲線), および各時点における 90%信頼区間)

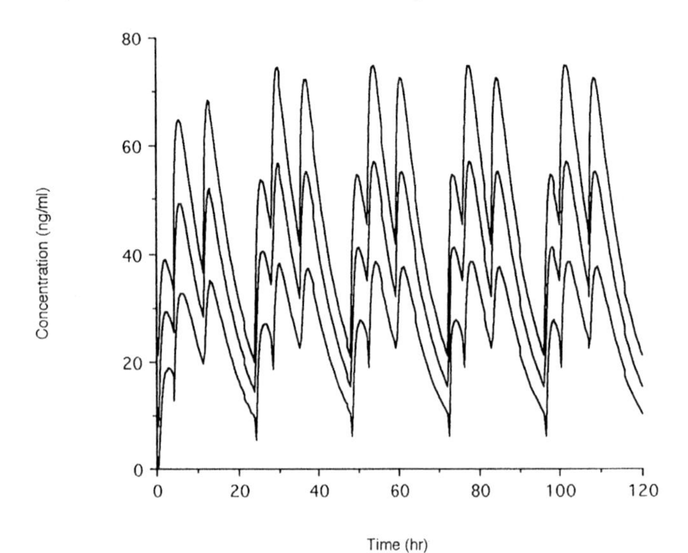

図 9.4　2-指数項モデルによる 1 日 3 回経口投与時の血中薬物濃度のシミュレーション結果 (各薬物動態学的パラメータの平均値により推定された血中濃度推移 (中央の曲線), および各時点における 90%信頼区間)

に薬物を投与する立場の臨床医にとって極めて重要かつ有意義なものである.

9.5 まとめ

薬物動態学的パラメータの個体差を正規分布の形で事前分布として導入するという考え方に基づいたベイズモデルにおいて，既に発表されているプログラム (堀ほか 1988; Yamaoka et al. 1986) よりも精度良く正確に最大対数尤度および赤池情報量規準 (AIC) を推定する方法として，本章ではモンテカルロ法を利用した推定法を示した.

本章で用いたモデルは，現在，薬物動態解析の分野で広く用いられているものであるが，いくつかの改良点および問題点が残されている．その代表的なものについて，簡単にまとめてみる.

まず第一に，薬物動態学的パラメータは必ずしも正規分布に従うとは限らず，また同一の被験者のパラメータは互いに相関をもつ可能性があることが挙げられる．本章で示したモンテカルロ法を適用すれば，式 (9.7) の事前分布 $\pi(\boldsymbol{\theta}_{ki} \mid \boldsymbol{\omega}_k)$ に他の適切な分布を用いることが可能である．しかし，パラメータ間の相関をあまり多く導入すると，推定すべきパラメータ数が多くなりすぎてしまい，得られた推定値が不安定になる危険性がある．従って，パラメータ間の相関を導入する場合には，臨床的に特に興味のあるものに限ることが望ましい.

次の問題点は，各測定点における個体内変動が互いに異なる可能性があることである．例えば，血中濃度の高い測定点においては，個体内変動がより大きくなる可能性が考えられる．この点をモデルに導入することは容易である.

最後に，薬物によっては空腹時ではなく食後に経口投与するものもある．その場合には薬物の吸収段階で食事の影響を受ける可能性があり，その点を考慮したアプローチが必要となるであろう.

本章で用いたモデルはベイズモデルに属するものである．このモデルの大きな特長として，同じ母集団から抽出された新たな被験者から得られた1～2点の数少ない測定値から，その被験者の経時的なデータの推移を予測することが可能であることが挙げられる．実際，数多くの薬物に関して，この方法により個々の患者の血中薬物濃度を予測し，その結果に基づいて，各患者に最適な投与量および投与間隔を設定する方法が臨床の場で既に行われている．この方法は治療薬物モニタリング (Therapeutic Drug Monitoring) と呼ばれ，現在盛んに研究が行われている分野である (堀ほか 1988).

また別の大きな利点として，専門的な知識を活用することにより，データに応じて様々な事前分布を想定し，モデルに導入することが可能であることが挙げられる．従って，薬物動態以外の臨床時系列データに関しても，赤池情報量規準 (AIC) を用いたベイズ的アプローチは臨床上極めて有意義な情報を提供しうる方法であると期待される．

[矢船 明史]

文献

Akaike, H. (1973), "Information theory and an extension of the maximum likelihood principle," *2nd International Symposium on Information Theory* (Petrov, B. N. and Csaki, F. eds.), Akademiai Kiado, Budapest, 267–281. (Reproduced in *Breakthroughs in Statistics*, Volume 1, S. Kotz and N. L. Johnson, eds., Springer Verlag, New York, 1992.)

Davidon, W. C. (1968), "Variance algorithm for minimization," *Computer Journal*, Vol. 10, 406–410.

堀 了平 監修 (1988), 薬物血中濃度モニタリングのための Population Pharmacokinetics 入門, 薬業時報社, 東京.

Ishiguro, M. and Akaike, H. (1989), "DALL: Davidon's algorithm for log likelihood maximization — A FORTRAN subroutine for statistical model builders—," *Computer Science Monographs*, No.25, The Institute of Statistical Mathematics, Tokyo.

坂元慶行, 石黒真木夫, 北川源四郎 (1983), 情報量統計学, 共立出版, 東京.

高田寛治 (1987), 薬物動態学, 薬業時報社, 東京.

Wagner, J. G. (1975), Fundamentals of clinical pharmacokinetics, Drug Intelligence Publications, Inc., Illinois.

Yafune, A. and Ishiguro, M. (1992), "An exact application of maximum likelihood method to pharmacokinetic analysis," *Japanese Journal of Biometrics*, Vol. 13, 5–14.

矢船明史, 丁 宗鉄 (1992), 小青竜湯投与後の血中エフェドリン動態, 日本東洋医学雑誌, Vol. 43, 275–283.

Yamaoka, K., Tanaka, H., Okumura, K., Yasuhara, M. and Hori, R. (1986), "An analysis program MULTI(ELS) based on extended nonlinear least squares method for microcomputers," *Journal of Pharmacobio-Dynamics*, Vol. 9, 161–173.

10

状態が切り替わるモデルによる時系列の解析

10.1　はじめに

科学研究の多くの分野で，通常の線形ガウスモデルでは適切に取り扱えない時系列データがあらわれる．血液中のホルモンの濃度，神経の電位，河川の流量などのように，データがはっきりしたパルス状のパターンを示す場合が典型的な例である．このようなデータが，ある入出力システムの出力とみなせる場合，パルスを引き起こす入力データが与えられていれば，入出力モデルによる解析ができる．Ozaki (1985) は河川流量の変化を降雨量を入力とする非線形システムの出力として同定し，河川流量の予測に成功している．しかし，入力とみなせるデータが観測されない場合の研究は非常に限られている．このような時系列では隠れた状態を考慮に入れたモデルを採用する事により適切な解析が可能になる．本章では，ホルモンの時系列を例にとり隠れた状態をもつモデルとその解析方法について説明する．

ホルモンの時系列データは様々なアドホックな方法を使って研究されてきており (例えば Rahe et al. 1980)，統計学的な視点から解決するべき問題が多い．最近では O'Sullivan and O'Sullivan (1988) と Diggle and Zeger (1989) がホルモンの時系列データ解析の方法について議論している．

一方，近年 Akaike (1980) に始まるベイズ的方法を用いた時系列解析が発展している．そこでは，トレンドの滑らかさとその他の成分が情報量規準を用いて決定される．また，非ガウスモデルも有効に利用されるようになっている．

Kitagawa (1987) はピアソン型分布をイノベーションとして持つ状態空間モデルをトレンドの推定に利用し不連続なジャンプを含むトレンドのスムージングを行うことを提案している．非ガウス状態空間モデルとその応用，プログラミングについては北川 (1993) で詳しく解説されている．

ここでは，時系列モデルにおける状態空間による方法を利用して，パルスを持つデータのためのモデルと関連する解析手法を提案する．ここでの方法は，ホルモン時系列，あるいはパルスをもつ時系列だけでなく，状態が切り替わる時系列に対して広い応用をもつ．(ここでのアプローチについてより詳しいことについては Komaki (1993) 参照．)

10.2　パルスをもつ時系列データと既存の手法の限界

10.2.1　データの構造

ここで考える時系列データは，図 10.1 のようなものである．これは，8 頭の牛の黄体形成ホルモン (luteinizing hormone, LH) の時系列である．

LH は月経周期をつかさどる神経内分泌系において中心的な役割を果たしている．LH 分泌のメカニズムについては，Diggle and Zeger (1989)，Knobil and Hotchkiss (1988)，Lincorn et al. (1985) などの関連する論文で説明されているので，詳しいことはこれらの文献をみられたい．

10.2.2　既存の方法

ホルモン時系列は通常の線形ガウスモデルがうまく適用できない典型的な例である．現在までにいくつかの統計的方法が提案されており，それぞれ長所と短所を持っている．

O'Sullivan and O'Sullivan (1988) はデータを不規則に位置した同じ高さのパルスの重ねあわせに観測誤差の加わったものと想定し，パルスの形と数と位置を決めるパラメータを導入して推定を行った．この方法の目的はパルスのピークの位置を決めることである．この方法には，たくさんの非常に小さいパルスの重ね合わせを考えればどのようなデータでもいくらでも精密に補間できてしまうという問題がある．そのため，補間の悪さを表す量とモデルの複雑さを表す量とをあわせた一般化クロスバリデーションと呼ばれる量を小さくすることにより，パルスの数を決定している．この方法は組み合わせ論的な複雑さをと

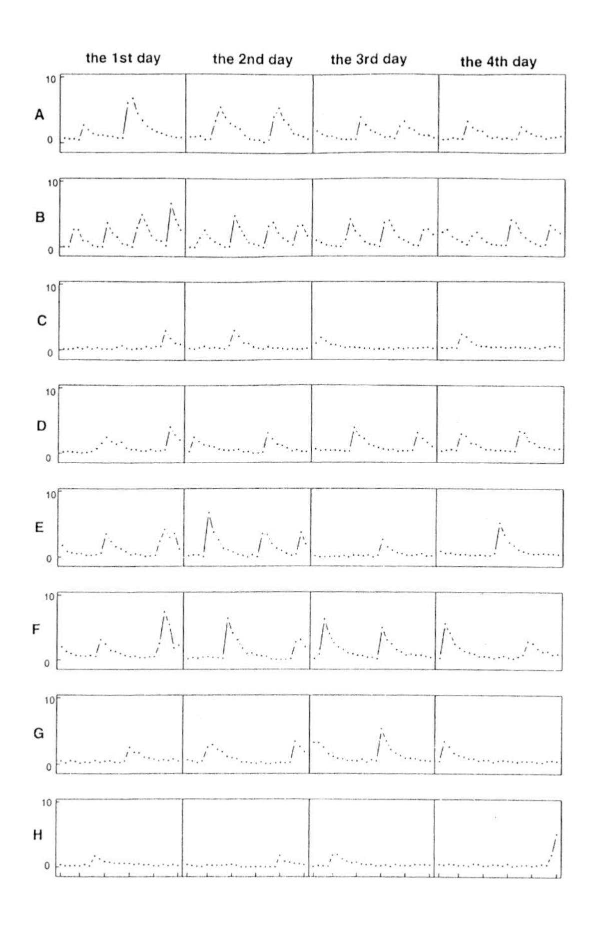

図 10.1 8頭の牛 (A-H) の LH レベルの時系列．毎日6時間の間，15分おきに観測した25個の LH レベルの値からなる時系列が，それぞれの牛ごとに4日分 (4組) ずつある．

もない，真の最適解を実用的に求める事はできないため，近似的な解をパルスの数の増減などを含むかなり複雑な手続きで求めている．また，シミュレーションや予測の目的には適さない．

Diggle and Zeger (1989) は血中のホルモンのレベル変化のダイナミクスを考慮に入れた新しいタイプの非ガウスモデルを導入した．これは1階の AR タイプのモデルであり，ジャンプとフィードバックの構造が取り入れられている．時刻 i に観測されるLHレベル y_i は関係

$$y_i = \rho y_{i-1} + w_i$$

にしたがって生成される．ここで，$0 < \rho < 1$ であり，w_i は確率 ϕ_i でジャンプを表すガンマ分布にしたがい，確率 $1-\phi_i$ で平均0のランダムな揺らぎと観測誤差を表す正規分布に従う．ここで，次式のように ϕ_t を y_{i-1} に依存するロジスティック関数を使って定義する事により，フィードバック構造の導入を行っている．

$$\phi_i = \phi(y_{i-1}; \beta_0, \beta_1) = \frac{1}{1+\exp(-\beta_0 - \beta_1 y_{i-1})}.$$

他の方法と比べて，時系列モデルに基づく方法は予測やシミュレーションをおこなうのにより適している．しかし，パルスが上昇をはじめてからピークに到達するまでに2回以上大きな上昇が続く事がある．この場合，Diggle and Zeger 自身が述べているように，本来ひとつのパルスと考えるべきなのにもかかわらず，モデルのマルコフ性のため2つ以上の異なるパルスが連続して起こったと解釈されてしまう．このように，1階のマルコフモデルではパルスを持つデータを解析するためには十分ではない．さらに，例えば，図10.1で牛Aの第1日目の2番目のパルスにみられるように，LHレベルの実際のピークは大体において2つの連続した観測時点の間にあるようにみえる．これは，LHレベルの変動幅に比べて観測時点のとりかたが比較的粗いことによる．このため，ホルモンの変化のダイナミクスの特徴を捕らえるためには連続的なホルモンレベルの変化を考慮に入れたモデル化が必要である．

これらのことからホルモンの時系列データを解析するのにデータに対しより忠実で，組み合わせ論的な複雑さのともなわない解析方法を導入することが必要になる．

10.3　パルスをもつ時系列のための状態空間モデル

10.3.1　モデル

図10.1の8頭の牛A～Hのデータを考える．それぞれの牛にたいし6時間にわたり15分おきに観測された25個のLHレベルの時系列データが4組ある．

ここでは，LHレベルのダイナミクスが上昇モードと減少モードの2つのモードよりなると考える．この2つのモードのあいだの切り替えは確率的に起こる．上昇モードはO'Sullivan et al. (1984) とKnobil and Hotchkiss (1988) にあるようにLHの放出されている状態に対応している．また視床下部のパルスジェネレーターの活動が高いときLHのレベルが上昇し，低いとき下降することが知られており (例えばLincoln et al. 1985)，このパルスジェネレータのスパイクの発生率の明らかな高低2つのレベルは，モデルの2つのモードに対応している．

LHのレベルは次の確率微分方程式にしたがって変化すると考える．上昇モードでは直線状に増加するドリフトを仮定する．

$$dx(t) = \alpha dt + \gamma dB(t) \qquad (\alpha > 0).$$

また，減少モードでは指数関数的に減少するドリフトを仮定する．

$$dx(t) = -\beta x(t)dt + \gamma dB(t) \qquad (\beta > 0).$$

ここで，$B(t)$ は標準ウィーナー過程を表す．これはLHのパルスの曲線に比べて比較的小さい揺らぎに対応する．データ $\{y_l\}$ は

$$y_l = x(\tau_l) + w_l$$

に従いサンプル時刻 $\{\tau_l\}$ に観測される．ただし，観測ノイズ $\{w_l\}$ は独立に正規分布 $N(0, \sigma^2)$ に従う確率変数の列である．以下の (iii) で述べるように，2つのモードは $x(t)$ に依存して確率的に入れ替わる．

我々の興味は主として2つのモードの始まりの時刻を観測されたLHデータから推定することにある．パルスのピークは減少モードの始まりの時に対応する．

実際の推定では，連続時間のモデルの近似として次の3つのステップにより離散時間の状態空間モデルを定義する．

(i) 時間離散化

それぞれのサンプリング間隔を n 等分 (ここでは $n = 10$ ととる) すると241の時点 $t_0, \ldots, t_{240}$ が得られる．この中に，等間隔で6時間のあいだにサンプルされた25個の時点も含まれる．最初の時点 t_0 は最初の観測時刻で，最後の時点 t_{240} は25番目の観測時刻である．ここで，サンプル間隔

を時間の単位としてとる．今のLHデータの場合には，15分が単位になる．ステップ間隔 $\Delta t\ (= t_{i+1} - t_i = 0.1;\ i = 0, \ldots, 239)$ は1.5分である．l 番目の観測時刻を τ_l であらわすと，$\tau_l = l - 1\ (l = 1, \ldots, 25)$ となる．観測時刻以外の時点はいってみれば欠測として扱われる．後述するようにスムージングにより，観測値の得られていない時刻での状態の推定を行うことができる．欠測を極めて自然に扱うことができるのが状態空間法の利点のひとつである．

(ii) パルスの形

モデルは上昇モードと減少モードの2つのモードで特徴づけられる．上昇モードにおいてはLHのレベルは時間にたいし直線状に増加する．減少モードでは指数関数的に減衰する．ここで，上昇モード，下降モードを表す時系列 $m(t)$ を導入する．すなわち，上昇モード，下降モードのときそれぞれ $m(t_i) = 1$，$m(t_i) = 0$ であるとする．状態は直接は観測されない組

$$s_i = (m_i, x_i) \qquad (i = 0, \ldots, 240),$$

で定義できる．ただし，m_i と x_i は $m(t_i)$ と $x(t_i)$ を表す．それぞれの牛にたいし上昇の勾配のパラメータ ξ，減少率のパラメータ ρ をとり，観測された時間のあいだ一定であるとする．すると，$x(t_{i+1})$ は $m(t_i) = 1$ のとき，

$$x(t_{i+1}) = x(t_i) + \xi + v_i \qquad (\xi > 0),$$

に，$m(t_i) = 0$ のとき，

$$x(t_{i+1}) = \rho x(t_i) + v_i \qquad (0 < \rho < 1),$$

に従う．ここで，v_i は，独立に $N(0, \lambda^2)$ に従う時刻 t_i におけるシステムノイズである．観測値は，

$$y_l = x(t_i) + w_l, \tag{10.1}$$

に従うものとする．ここで，$i = 10(l-1)$ であり，w_l は独立に正規分布 $N(0, \sigma^2)$ に従う観測ノイズを表す．

(iii) 2つのモードの切り替え

Diggle and Zeger (1989) は LH の放出は，血中の LH レベルからの負のフィードバックによりコントロールされていることをモデル化した．ここでは，類似のフィードバックの構造を我々のモデルに取り入れる．まず，LH の放出の始まる確率を $\phi(x(t_i))$ とおく．これは，LH の時刻 t_i におけるレベル $x(t_i)$ に依存し，

$$\phi(x) = \frac{1}{1 + e^{-\beta_0 - \beta_1 x}}$$

で与えられるものとする．$\beta_1 < 0$ のときパルスの起こる確率は $x(t)$ が減少するにつれて増加する．次にパルスの高さの変動をモデル化するために，時刻 t_i において上昇モードから減少モードへ転ずる確率を $\psi(x(t_i))$ とする．ここで，

$$\psi(x) = \frac{1}{1 + e^{-\gamma_0 - \gamma_1 x}} \qquad (\gamma_1 \geq 0)$$

である．下降モードでは LH の血中への放出は LH のレベルに依存する確率 $\phi(x_i)$ で始まり，上昇モードでは，下降モードに確率 $\psi(x_i)$ で変化し放出が終わる．

上述の (i) ～ (iii) より状態 $s_i = (m_i, x_i)$ の推移確率密度は以下のようになる．

$$\begin{aligned}
\Pr\{(0, dx_{i+1}) \mid (0, x_i)\} &= \{1 - \phi(x_i)\}\, n(x_{i+1}; \rho x_i, \lambda^2)\, dx_{i+1} \\
\Pr\{(1, dx_{i+1}) \mid (0, x_i)\} &= \phi(x_i)\, n(x_{i+1}; x_i + \xi, \lambda^2)\, dx_{i+1} \\
\Pr\{(0, dx_{i+1}) \mid (1, x_i)\} &= \{1 - \psi(x_i)\}\, n(x_{i+1}; \rho x_i, \lambda^2)\, dx_{i+1} \\
\Pr\{(1, dx_{i+1}) \mid (1, x_i)\} &= \psi(x_i)\, n(x_{i+1}; x_i + \xi, \lambda^2)\, dx_{i+1},
\end{aligned} \qquad (10.2)$$

ここで $n(x_{i+1}; \mu, \lambda^2)$ は平均 μ，分散 λ^2 の正規確率密度を表す．

直接観測されない状態 $(m_0, x_0), \ldots, (m_{240}, x_{240})$ に加えてモデルは8つのパラメータ ξ，ρ，β_0，β_1，γ_0，γ_1，λ^2，σ^2 を含む．今後これをベクトル θ で表す．

上で定義されたマルコフ状態空間モデルは定常分布を持つことが Tweedie (1983) による定理を使って証明できる．したがって，厳密な意味で尤度が定義できる．

10.3.2　対数尤度の計算

観測された時系列 $y_1, \ldots, y_{25}$ に対し，尤度関数は次式で与えられる．

$$q_\theta(y_1)\prod_{l=1}^{24} q_\theta(y_{l+1} \mid y_1, \ldots, y_l). \tag{10.3}$$

ただし，$q_\theta(y_1)$ は，$p_\theta(s)$ をマルコフ状態 $s_i = (m_i, x_i)$ の定常分布の密度関数として，

$$q_\theta(y_1) = \int q_\theta(y_1 \mid s_0)p_\theta(s_0)ds_0, \tag{10.4}$$

であり，条件付密度 $q_\theta(y_{l+1} \mid y_1, \ldots, y_l)$ は

$$q_\theta(y_{l+1} \mid y_1, \ldots, y_l) = \int q_\theta(y_{l+1} \mid s_{10l})p_\theta(s_{10l} \mid y_1, \ldots, y_l)ds_{10l}, \qquad (l = 1, \ldots, 24)$$

にしたがって次々と得られる．ここで，状態 s_i に関する積分は x_i に関する積分と m_i の 0 及び 1 にわたる和で定義される．(10.4) 式の被積分関数の条件付密度は関係 (10.1) および (10.2) により決まる．

尤度 (10.3) の数値計算は，Kitagawa (1987) にしたがって数値積分により行う．まず，初期の定常分布 $p_\theta(s)$ を得るために (10.2) の推移を状態の分布が収束するまで繰り返す．次に (10.1) にしたがって畳み込み

$$q_\theta(y) = \int p_\theta(x)n(y - x; 0, \sigma^2)dx$$

を行う．ここで，$p_\theta(x) = p_\theta\{(0, x)\} + p_\theta\{(1, x)\}$ である．このようにして初期値の尤度 (10.3) への寄与 $q_\theta(y_1)$ を求めることができる．つぎに，ベイズの定理により観測値 y_1 で条件付けられた s_0 の事後分布を求める

$$p_\theta(s_0 \mid y_1) = \frac{q_\theta(y_1 \mid s_0)p_\theta(s_0)}{q_\theta(y_1)}.$$

このあと，次の推移ステップを 10 回繰り返す事により，$p_\theta(s_0 \mid y_1)$ から $p_\theta(s_{10} \mid y_1)$ を求めることができる．

$$p_\theta(s_{i+1} \mid y_1) = \int p_\theta(s_{i+1} \mid s_i)p_\theta(s_i \mid y_1)ds_i.$$

このとき，(10.3) 式の予測分布 $q_\theta(y_2 \mid y_1)$ はつぎの関係から得られる．

$$q_\theta(y_2 \mid y_1) = \int q_\theta(y_2 \mid s_{10})p_\theta(s_{10} \mid y_1)ds_{10}.$$

尤度 (10.3) を計算するための他の予測分布 $q_\theta(y_3 \mid y_1, y_2), \ldots, q_\theta(y_{25} \mid y_1, \ldots, y_{24})$ も同様に計算される．それぞれの牛についてパラメータの値は一定と仮定し，4 つの観測期間の時系列は独立とみなして，対応する 4 つの対数尤度の和を推測に利用する．この 100 個の観測値による対数尤度を準ニュートン法によって最大化してそれぞれの牛に対するパラメータを推定する．

10.3.3 状態の事後推定

直接観測されない状態を，推定されたパラメータ $\hat{\theta}$ を使ったベイズ的スムージングにより推定することができる．この方法は，カルマンフィルタの場合の固定区間スムージングに対応する．以下では，記号を簡単にするために時刻 m までに得られた観測値の集合を Y_m と表すことにする．観測値は 10 点おきにしか得られないので $m = 10i$ のとき $Y_m = Y_{m+1} = \cdots = Y_{m+9}$ がなりたつ．

まず，前節のフィルタリングの手続きによって予測分布 $p(s_1 \mid Y_0), \ldots, p(s_{240} \mid Y_{239})$ とフィルタ分布 $p(s_0 \mid Y_0), \ldots, p(s_{240} \mid Y_{240})$ を計算する．ただし，実際に観測値が得られていない点 $m \neq 10i$ では $p(s_m \mid Y_{m-1}) = p(s_m \mid Y_m)$ が成り立つ．次に，状態の条件付き分布 $p(s_i \mid Y_{240})$ $(i = 0, \ldots, 240)$ を i について逆方向に次々と以下の式によって計算する，

$$p(s_i \mid Y_{240}) = p(s_i \mid Y_i) \int \frac{p(s_{i+1} \mid s_i)}{p(s_{i+1} \mid Y_i)} p(s_{i+1} \mid Y_{240}) ds_{i+1}.$$

この関係式は次の式から得られる，

$$p(s_i, s_{i+1} \mid Y_{240}) = \frac{p(s_{i+1} \mid Y_{240}) p(s_{i+1} \mid s_i) p(s_i \mid Y_i)}{p(s_{i+1} \mid Y_i)}. \qquad (10.5)$$

この状態の事後分布からいろいろな情報が得られる．たとえば，状態が上昇モードにある周辺事後確率 $\Pr(m_i = 1 \mid y_1, \ldots, y_{25})$ は $p(s_i \mid y_1, \ldots, y_{25})$ を x_i について積分する事で得られる (図 10.2)．図 10.2 で正の傾きを持つほとんど垂直な線はパルスの始まりを，また，負の傾きを持つほとんど垂直な線はパルスのピークを表している．

図 10.3 A～H はそれぞれの牛について事後分布 $p(x_i \mid y_1, \ldots, y_{25})$ を示したものである．これらは $p(s_i \mid y_1, \ldots, y_{25})$ を $m_i = 0, 1$ について和をとって得られる．図で点線が周辺事後分布の 95%信頼区間を示している．さらに，2 つのモードの始まりの周辺事後分布が (10.5) を x_l と x_{l+1} について積分する事により得ら

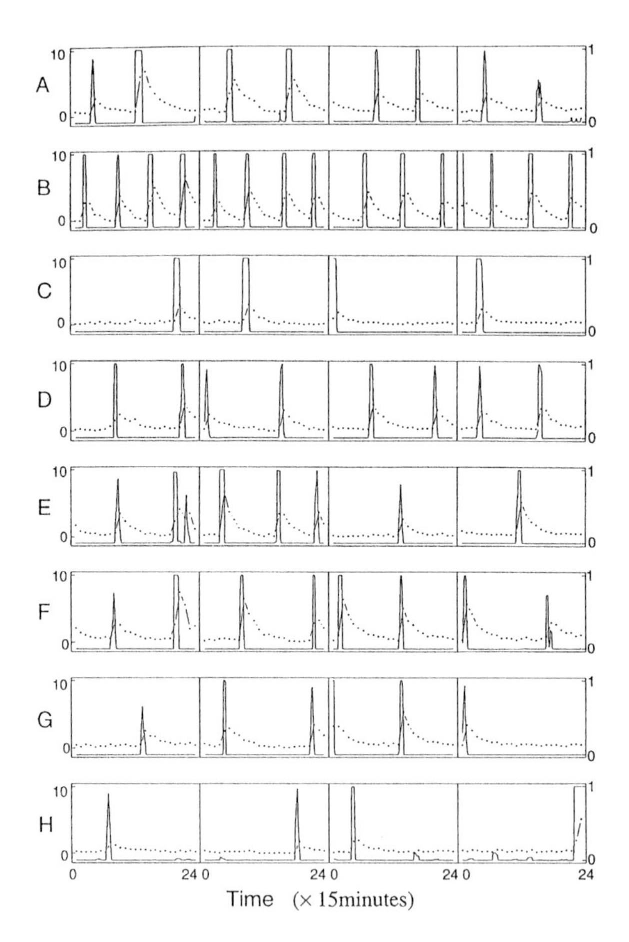

図 10.2　各時点における，上昇モード ($m = 1$) である事後確率

れる (図は省略)．これらのことから，モデルは時系列のダイナミクスを比較的粗い観測値から捕らえることに成功しているといえる．

10.3.4　モデル選択とシミュレーション

同じデータに対していくつかの異なる統計モデルを考えて，あてはまりの良さを AIC を使って評価することが可能である，

$$\mathrm{AIC} = -2\,(\text{最大対数尤度}) + 2\,(\text{パラメータ数}).$$

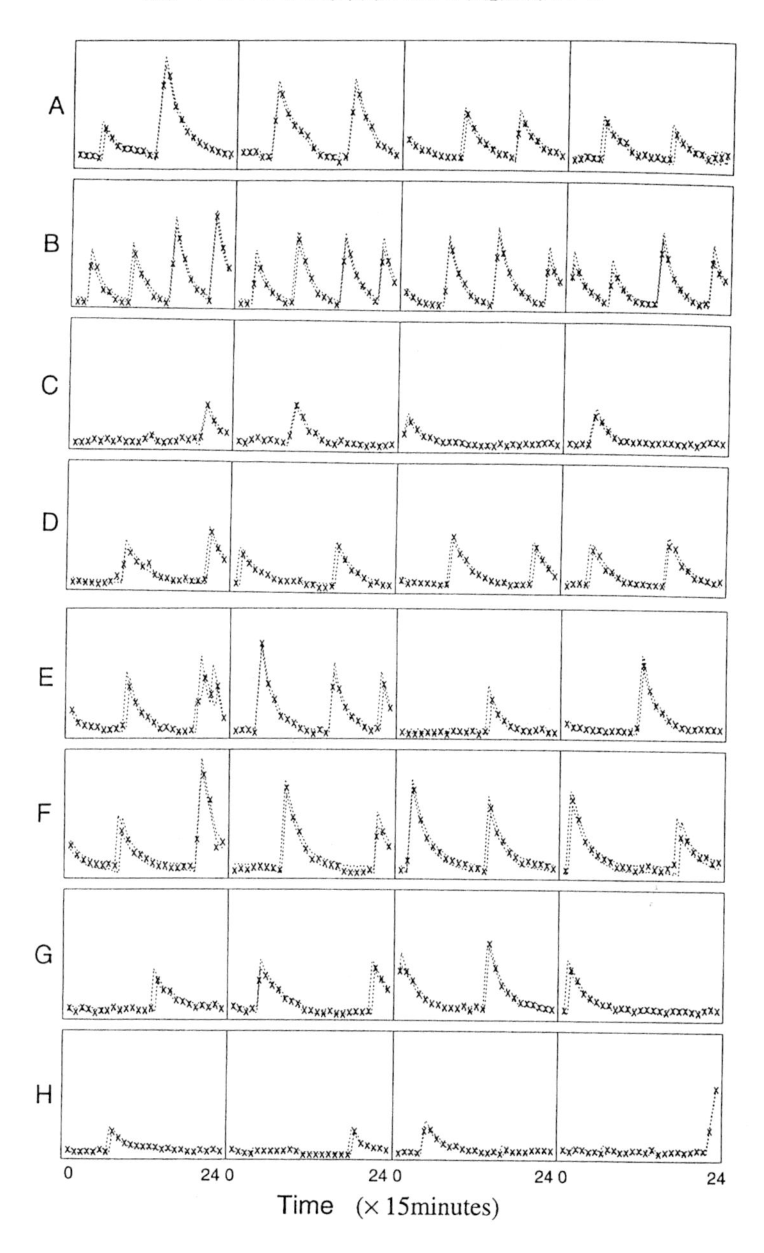

図 10.3 推定された LH レベル．点線は 95% 信頼区間を，× 印は観測値を表す．

ここで，AICの値が小さいモデルの方が当てはまりが良い．

AICを利用するとモデルのいろいろな修正を考え，その適否を客観的に判断することができる．元のモデルでは，増加モードでは，LHレベルは直線的に増加すると仮定したが，次の式に従って指数関数的に増加すると仮定したモデルと比較してみる．

$$x(t_{i+1}) = \max\{\eta x(t_i) + v_i, 0\} \qquad (\eta > 1).$$

このモデルではパルスの形はO'Sullivan and O'Sullivan (1988) による両側指数関数に似ている．AICの比較の結果は牛Eを除いてLHレベルが直線状に増加するモデルを支持した．この結果は，現在のデータには，直線状に増加するモデルの方がよくあてはまっていることを示している．また，このほかいくつかの細かい修正版との比較の結果は元のモデルの当てはまりの方がより良いことを示した．ただし，この結果は観測数と観測時間間隔に依存するものである．また，推定したモデルでシミュレーションしたデータは元のデータの特徴を正しく表すことが確認された．

さらに，推定の手続きがうまく働いていることをチェックするためにシミュレーションで得られた時系列から再推定を行った．異なるパラメータの値に対してモデルは広い範囲のいろいろなパターンを生成する．パルスの発生の頻度が高く，パルスの始まりのときの x の値が比較的ばらついているシミュレーションによるデータのベイズ的スムージングを行った．この場合には，モード m とLHレベル x を推定するのはより困難であると思われる．結果は信頼区間はかなり広いものの元の状態の良好な回復ができることを示した．さらに，2倍細かく観測値をとって同様の結果を求めた場合には，信頼区間ははるかに狭まり，ピークのレベルと位置はより正確に回復できた．これは細かく観測した方が元々のレベル x について，より多くの情報をもつことから当然の結果である．これらの結果は，この方法が観測値から得られる状態についての情報を適切に取り出すことができることを示している．

10.4 まとめ

様々なタイプのパルスをもつ非ガウス時系列が状態空間表現を使って適切にモデル化できる事をみた．状態空間モデルを採用する事により，尤度に基づく推測やモデル比較が可能になり，ベイズ的なモデリングと推測が容易に行えるようになる．また，モデルをシミュレーションや予測に利用できる．ここでのアプローチは，状態が切り替わる時系列に対して広い応用をもつ．

引き続く観測のあいだの時間を等間隔の部分区間に分割し，状態空間モデルを分割した細かい離散時点に対して構成することにより，隠れた未観測の状態をカルマンタイプのフィルタリングとスムージングにより推定できる．このため，もとの観測系列がかなりまばらに観測されたものであっても，観測点に比べて十分細かくフィルタリングとスムージングのステップをとれば，データから相応の情報を取り出す事が可能になる．この方法は不規則にサンプルされたデータにたいしても，時間離散化の部分を工夫する事により応用できる．

また，非ガウス状態空間法によるアプローチは多量の計算を必要とするけれども，必要な計算量がデータの量に比例するオーダーで済むという特長をもつことに注意すべきである．

[駒木 文保]

文 献

Akaike, H. (1980), "Likelihood and the Bayes procedure," in *Bayesian Statistics*, eds. J. M. Bernardo, M. H. De Groot, D. V. Lindley, and A. F. M. Smith, Valencia, University Press, 143–166.

Diggle, P. and Zeger, S. (1989), "A non-Gaussian model for time series with pulses," *Journal of the American Statistical Association*, Vol. 84, 354–359.

Kitagawa, G. (1987), "Non-Gaussian state-space modeling of nonstationary time series," *Journal of the American Statistical Association*, Vol. 82, 1032–1041.

北川源四郎 (1993), FORTRAN77 時系列解析プログラミング, 岩波書店.

この研究を通じてご指導いただいた尾形良彦先生，尾崎統先生，松縄規先生に心から感謝いたします．また，LH データを提供してくださった Diggle 教授にお礼を申し上げます．赤池弘次先生，北川源四郎先生，田辺國士先生をはじめとする統計数理研究所の方々には貴重な助言および激励をいただきました．ここに感謝いたします．

Knobil, E. and Hotchkiss, J. (1988), "The menstrual cycle and its neuroendocrine control, in *The Physiology of Reproduction*, eds. E. Knobil, J. Neill, L. Ewing, G. Greenwald, C. Markert, and D. Pfoff, New York: Raven Press, 1971–1994.

Komaki, F. (1993), "State-space modelling of time series sampled from continuous processes with pulses," *Biometrika*, Vol. 80, 417–429.

Lincoln, D. W., Fraser, H. M., Lincoln, G. A., Martin, G. M. and McNeilly, A. S. (1985), "Hypothalamic pulse generators," *Recent Progress in Hormone Research*, Vol. 41, 369–419.

O'Sullivan, F. Whitney, P., Hinselwood, M. M. and Houser E. R. (1984), "The analysis of repeated measures experiments in endocrinology," *Journal of Animal Science*, Vol. 59, 1070–1079.

O'Sullivan, F. and O'Sullivan, J. (1988), "Deconvolution of episodic hormone data: An analysis of the role of season on the onset of puberty in cows," *Biometrics*, Vol. 44, 339–353.

Ozaki, T. (1985), "Statistical identification of storage models with application to stochastic hydrology," *Water Resources Bulletin*, Vol. 21, 663–675.

Rahe, C. H., Owens, R. E., Fleeger, J. L., Newton, H. J. and Harms, P. G. (1980), "Pattern of plasma luteinizing hormone in the cyclic cow: Dependence upon the period of the cycle," *Endocrinology*, Vol. 107, 498–503.

Tweedie, R. L. (1983), "Criteria for rates of convergence of markov chains, with application to queuing and storage theory," in *Probability, Statistics and Analysis*, eds., J. F. C. Kingman and G. E. H. Reuter, Cambridge University Press, 260–276.

Wilson, R. C., Kesner, J. S., Kaufman, J.-M., Uemura, T., Akema, T. and Knobil, E. (1984), "Central electrophysiologic correlates of pulsatile luteinizing hormone secretion in the rhesus monkey," *Neuroendocrinology*, Vol. 39, 256–260.

11

時変係数 AR モデルによる非定常時系列の解析

11.1　はじめに

時系列解析においては自己回帰 (AR) モデルがよく使われる道具である．周知のように，1 変量の定常時系列に対して，AR モデルと自己共分散関数およびスペクトルの間には図 11.1 のような対応関係が存在する．したがって，もし時系列から AR モデルが推定できれば，自己共分散関数やスペクトルを自動的に推定することができる．同様に，多変量時系列についても多変量自己回帰 (VAR) モデルと相互共分散関数，クロススペクトルおよび相対パワー寄与率の間には，図 11.2 に示される対応関係がある．赤池，中川 (1972)，北川 (1993) には AR と VAR モデルに基づく時系列解析の方法および計算プログラムなどが与えられている．

1980 年以降，非定常な時系列の解析に関する研究が大きな発展を遂げている．非定常な時系列の典型的な例としては，トレンドが時間とともに変化する平均非定常な時系列 (例えば経済指標の時系列) と分散共分散構造が時間とともに変化する分散共分散非定常な時系列 (例えば地震波) などがある．平均非定常な時系列の解析法としては季節調整モデル，ARIMA モデルなどがよく知られている．これに対して，分散共分散非定常な時系列の解析法に関する文献も数多く見られる．Priestley (1965) は 1 変量非定常な時系列のスペクトル解析法を提案し，変化スペクトル (evolutionary spectrum) の概念を提案した．Ozaki and Tong (1975) と Kitagawa and Akaike (1978) では非定常な時系列に対し時間区間を小区間に分割し，各小区間で AR モデルを推定する局所定常 AR モデリング (locally stationary AR modeling) の手法が開発された．

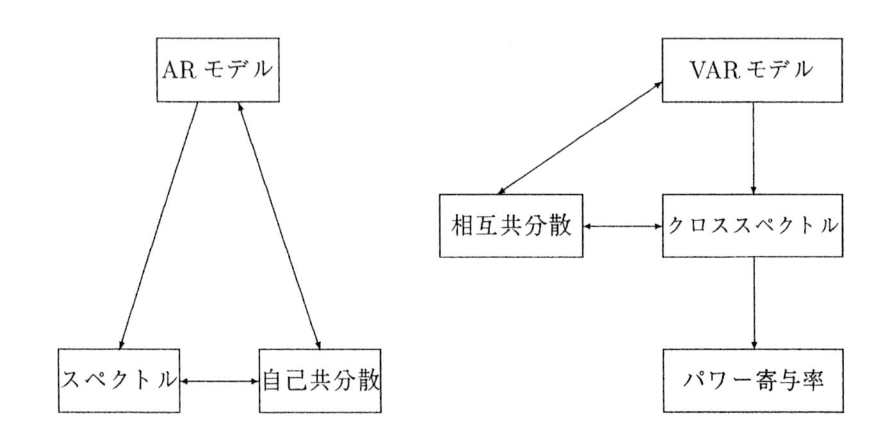

図 11.1 AR モデルと時系列解析　　図 11.2 VAR モデルと時系列解析

ベイズ型平滑化事前分布 (Bayesian smoothness priors) と状態空間モデルを基にして，Kitagawa (1983) は時変係数 AR モデル (time varying coefficient AR model) の推定法を提案している．そこではベイズ型モデルにおける超パラメータの尤度を定義し，最尤法による超パラメータの推定，最小 AIC 法によるモデルの次数の決定とカルマンフィルタによる時変係数の推定などを行っている．Kitagawa and Gersch (1985) はこの解析法をさらに超パラメータが時間的に変化する場合に拡張し，地震データの解析に応用した．北川 (1986, 1993) では，時変係数 AR モデルと時変スペクトルの推定のプログラムとその使い方を詳しく解説している．

時変係数 AR モデルの考え方は多変量 AR モデルの場合にも拡張することができる．Jiang (1992) と Jiang and Kitagawa (1993) ではこの考え方を実現し，時変係数 VAR モデルの推定法を提案し，非定常な多変量時系列の時変共分散関数，時変クロススペクトル，時変相対パワー寄与率および時変周波数波数スペクトルの推定法を示すとともに地震波の解析への応用を示している．

11.2 時変係数 AR モデル

11.2.1 モデル

1 変量の時系列 y_n に対し時変係数 AR モデルは

$$y_n = \sum_{l=1}^{p} a_l(n) y_{n-l} + \varepsilon_n \tag{11.1}$$

のように表現される．ただし，p はモデルの次数，$\{a_l(n); l = 1, \ldots, p\}$ は時刻 n での AR 係数である．ε_n は平均ゼロ，未知分散 σ^2 の正規白色雑音であり，また $m > n$ の時 ε_m と y_n は独立であると仮定する．

ベイズ型のモデリングでは，時変係数 $a_l(n)$ を確率変数として取り扱い，またそれが時間とともに滑らかに変化すると仮定することによって，平滑化事前分布を導入することができる．平滑化事前分布は AR 係数の時間変化の滑らかさを制約する場合，確率差分方程式

$$\Delta^q a_l(n) = \nu_{nl} \tag{11.2}$$

で表すことができる．ただし，Δ^q は q 階差分のオペレータであり，$\Delta a_l(n) = a_l(n) - a_l(n-1)$，$\Delta^q a_l(n) = \Delta^{q-1}(\Delta a_l(n))$ によって定義される．(11.2) 式における ν_{nl} も平均ゼロ，未知分散 τ_l^2 の正規白色雑音とする．一般に ν_{nl} と ε_n は独立，また $i \neq j$ の時 ν_{ni} と ν_{nj} は独立であると仮定する．もし時系列のスペクトルが時間とともに滑らかに変化するとすれば，さらに $\tau_1^2 = \tau_2^2 = \cdots = \tau_p^2 = \tau^2$ と仮定してもよい (北川 1993)．これにより未知パラメータの数を減らすことができ，モデルの推定が著しく簡単になる．

(11.2) 式における差分の次数 q の取り方によって，時変係数が異なるパターンで変動する．例えば，$q = 1$ の時，時変係数の変動はランダムウォークモデル

$$a_l(n) = a_l(n-1) + \nu_{nl}$$

によって支配される．$q = 2$ の時には

$$a_l(n) = 2a_l(n-1) - a_l(n-2) + \nu_{nl}$$

となる．すなわち，時変係数は各時刻でほぼ直線に沿って変化するが正規ノイズによって，その傾きが徐々に変化していく．次数 q の決定の問題については後述するが，実用上は 1 または 2 にすれば十分である．

11.2.2　状態空間表現と時変係数の推定

前節では，時変係数 AR モデルが一般に (11.1) と (11.2) 式のようなベイズ型モデルで定義されることを述べた．次にこのモデルが

$$\begin{aligned} x_n &= F x_{n-1} + G w_n \\ y_n &= H_n x_n + \varepsilon_n \end{aligned} \tag{11.3}$$

のような状態空間モデルで表現できることを示そう．まず，$q=1$ のとき

$$\begin{aligned} x_n &= (a_1(n),\ldots,a_p(n))^t, \quad w_n = (\nu_{n1},\ldots,\nu_{np})^t, \\ F &= I_p, \quad G = I_p, \quad H_n = (y_{n-1},\ldots,y_{n-p}) \end{aligned}$$

とすればよい．ただし，$(*)^t$ はベクトルまたは行列の転置，I_p は $p\times p$ の単位行列を表す．これに対して，$q=2$ のときには

$$\begin{aligned} x_n &= (a_1(n),\ldots,a_p(n),a_1(n-1),\ldots,a_p(n-1))^t, \\ w_n &= (\nu_{n1},\ldots,\nu_{np})^t, \\ F &= \begin{bmatrix} 2I_p & -I_p \\ I_p & 0 \end{bmatrix}, \quad G = \begin{bmatrix} I_p \\ 0 \end{bmatrix}, \\ H_n &= (y_{n-1},\ldots,y_{n-p},0,\ldots,0) \end{aligned}$$

とすればよい．また前節で述べたように，$q=1$ と $q=2$ のいずれの場合もシステムノイズ w_n と観測ノイズ ε_n の分散共分散行列はそれぞれ

$$Q = \mathrm{E}\left\{w_n w_n^t\right\} = \tau^2 I_p, \quad R = \mathrm{E}\left\{\varepsilon_n^2\right\} = \sigma^2$$

となる．

状態空間モデルが構成されれば，与えられた初期状態 $x_{0|0}$ とその分散共分散 $V_{0|0}$ および観測データ $\{y_n; n=1,\ldots,N\}$ に基づいて，カルマンフィルタのアルゴリズム

［**1 期先予測**］

$$\begin{aligned} x_{n|n-1} &= F x_{n-1|n-1}, \\ V_{n|n-1} &= F V_{n-1|n-1} F^t + \tau^2 G G^t \end{aligned} \tag{11.4}$$

［フィルタ］

$$
\begin{aligned}
K_n &= V_{n|n-1}H_n^t(H_nV_{n|n-1}H_n^t+\sigma^2)^{-1}, \\
x_{n|n} &= x_{n|n-1}+K_n(y_n-H_nx_{n|n-1}), \\
V_{n|n} &= (I-K_nH_n)V_{n|n-1}
\end{aligned}
\tag{11.5}
$$

を $n=1,\ldots,N$ に関して繰り返すことにより，各時刻での状態ベクトルの条件付き平均とその分散共分散行列を逐次的に求めることができる．ただし，$x_{m|n}$ と $V_{m|n}$ はそれぞれデータ $\{y_1,\ldots,y_n\}$ を与えたときの時刻 m での状態ベクトル x_m の条件付き平均値およびその分散共分散行列を表す．このカルマンフィルタのアルゴリズムに要する計算量は F，G などが疎な行列であることを利用すると $O(LN)$ となるので，$O(L^3N^3)$ を要する一般の最小 2 乗法よりかなり効率がよい．ここで，L は状態ベクトルの次元を表す．

以上の 1 期先予測とフィルタの結果を利用して，

［固定区間平滑化］

$$
\begin{aligned}
A_n &= V_{n|n}F^tV_{n+1|n}^{-1} \\
x_{n|N} &= x_{n|n}+A_n(x_{n+1|N}-x_{n+1|n}) \\
V_{n|N} &= V_{n|n}+A_n(V_{n+1|N}-V_{n+1|n})A_n^t
\end{aligned}
\tag{11.6}
$$

を行えば，フィルタよりも精度の高い状態の平滑値 $\{x_{n|N}\}$ とその分散共分散行列 $\{V_{n|N}\}$ が求められる．$a_l(n)$ は x_n の中に含まれているので，$x_{n|N}$ から直ちに時変係数の推定値 $\hat{a}_l(n)$ が得られる．

11.2.3 超パラメータの推定とモデルの選択

前述のカルマンフィルタの結果を利用すると，データ $Y_{n-1}=\{y_1,\ldots,y_{n-1}\}$ が与えられたときの y_n の条件付き分布は

$$
f(y_n|Y_{n-1};\sigma^2,\tau^2)=(2\pi v^2(n))^{-\frac{1}{2}}\exp\left\{-\frac{(y_n-H_nx_{n|n-1})^2}{2v^2(n)}\right\}
$$

で与えられる．ただし，$v^2(n)=H_nV_{n|n-1}H_n^t+\sigma^2$ は時刻 n までの観測値に基づく予測誤差の分散を表している．一方，$Y_N=\{y_1,\ldots,y_N\}$ の同時分布は

$$
f(Y_N|\sigma^2,\tau^2)=\prod_{n=1}^{N}f(y_n|Y_{n-1};\sigma^2,\tau^2)
$$

という形で表現されるから，AR モデルの次数 p と事前分布の差分の次数 q を与えた場合の対数尤度が近似的に

$$\ell(\sigma^2, \tau^2; p, q) = -\frac{1}{2}\left\{N \log 2\pi + \sum_{n=1}^{N}\left(\log v^2(n) + \frac{(y_n - H_n x_{n|n-1})^2}{v^2(n)}\right)\right\} \quad (11.7)$$

という形で表される (北川 1993).

超パラメータ σ^2 と τ^2 は対数尤度 (11.7) の最大化，いわゆる最尤法で推定されるが，本質的な問題は $d^2 = \sigma^2/\tau^2$ の推定である．前述の通り，σ^2 は時変係数 AR モデルによる予測値と時系列の観測値との差に対応する確率項の分散であり，また τ^2 は時変係数の変化の滑らかさを制約する確率差分方程式における撹乱項の分散である．この意味で，d^2 は σ^2 と τ^2 の比を表すパラメータとなり，両者のトレードオフの関係を適切なところにコントロールすることこそ最尤推定の真髄であろう．いずれにせよ，超パラメータ σ^2, τ^2 および d^2 の中に自由なパラメータが 2 つだけあり，それらを最尤法で推定すればよい．

超パラメータ σ^2 と τ^2 の最尤推定値をそれぞれ $\hat{\sigma}^2$ と $\hat{\tau}^2$ とすれば，AR モデルの次数 p および差分の次数 q を与えたとき，モデルの評価のための情報量規準 AIC が

$$\mathrm{AIC}(p, q) = -2\ell(\hat{\sigma}^2, \hat{\tau}^2; p, q) + 2 \times 2$$

のように計算される (Akaike 1974)．結局，可能な次数 p および q でのモデルにおいて，最小 AIC を示すものを選べばよいわけである．

11.2.4 時変スペクトルの推定

$\{a_l; l = 1, \ldots, p\}$ を AR 係数，σ^2 をイノベーションの分散とする次数 p の定常な AR モデルに対しては，そのパワースペクトルは

$$s(f) = \frac{\sigma^2}{\left|1 - \sum_{l=1}^{p} a_l \exp(-2\pi i l f)\right|^2}, \quad -\frac{1}{2} \leq f \leq \frac{1}{2} \quad (11.8)$$

で定義される．したがって，(11.8) 式における AR 係数を時変 AR 係数 $a_l(n)$ で入れ換えることによって，非定常な時系列の時刻 n での瞬間スペクトルを

$$s_n(f) = \frac{\sigma^2}{\left|1 - \sum_{l=1}^{p} a_l(n) \exp(-2\pi i l f)\right|^2}, \quad -\frac{1}{2} \leq f \leq \frac{1}{2} \quad (11.9)$$

で求めることができる．時変 AR 係数 $a_l(n)$ は前述の方法で推定できるので，(11.9) 式によって瞬間スペクトル $\{s_n(f)\}$ も時間の関数として求めることができる．これが時変スペクトルと呼ばれているものである．時変スペクトルの推定に関して，Kitagawa (1983) と北川 (1993) を参照されたい．

11.3 時変係数 VAR モデル

11.3.1 モデル

時変係数 VAR モデルとは時変係数のベクトル(多変量)AR モデルのことである．k 変量の時系列 $z_n = (y_{n1}, \ldots, y_{nk})^t$ において，時変係数 VAR モデルは

$$z_n = \sum_{l=1}^{p} A_l(n) z_{n-l} + u_n \tag{11.10}$$

のように表される．ただし，p はモデルの次数，$A_l(n)$ は時刻 n におけるラグ l の AR 係数行列である．u_n は平均ゼロ，分散共分散行列 Σ_n の k 変量正規分布に従う白色雑音であり，$m > n$ のとき u_m と z_n は独立と仮定する．

前節の方法を直接多変量の場合に拡張すると未知の AR 係数は各時点で k^2p 個となり，高次元の状態ベクトルを考える必要がある．そこで，Kitagawa and Akaike (1981) で用いられた同時応答を含む VAR モデリングの手法を援用することにする．同時応答のある時変係数 VAR モデルは

$$z_n = D(n) z_n + \sum_{l=1}^{p} B_l(n) z_{n-l} + v_n \tag{11.11}$$

で表現される．ここで，$v_n = (\varepsilon_{n1}, \ldots, \varepsilon_{nk})^t$ は平均ゼロ，分散共分散行列 V の k 変量正規分布に従う白色雑音で，V は未知パラメータ $\sigma_1^2, \ldots, \sigma_k^2$ を対角要素とする対角行列である．また，$D(n)$ と $B_l(n)$ $(l = 1, \ldots, p)$ はそれぞれ時刻 n での同時応答行列と係数行列であり，

$$D(n) = \begin{bmatrix} 0 & 0 & \cdots & 0 \\ b_{210}(n) & 0 & \ddots & \vdots \\ \vdots & \ddots & \ddots & 0 \\ b_{k10}(n) & \cdots & b_{k(k-1)0}(n) & 0 \end{bmatrix},$$

$$B_l(n) \;=\; \begin{bmatrix} b_{11l}(n) & b_{12l}(n) & \cdots & b_{1kl}(n) \\ b_{21l}(n) & b_{22l}(n) & \cdots & b_{2kl}(n) \\ \vdots & \vdots & \ddots & \vdots \\ b_{k1l}(n) & b_{k2l}(n) & \cdots & b_{kkl}(n) \end{bmatrix}$$

という形で表現される．

同時応答のある時変係数VARモデル(11.11)を採用することによって，もともとの絡み合う多次元モデルが，互いに独立な ε_{ni} を入力とする k 個のモデル

$$y_{ni} = \sum_{j=1}^{k}\sum_{l=0}^{p} b_{ijl}(n) y_{(n-1)j} + \varepsilon_{ni}, \quad \varepsilon_{ni} \sim \mathrm{N}(0, \sigma_i^2), \quad (i = 1, \ldots, k) \tag{11.12}$$

で表現できるようになる．以下では(11.12)式を i $(i = 1, \ldots, k)$ チャンネルのモデルと呼ぶことにする．ただし，$j \geq i$ のとき，$b_{ij0}(n) = 0$ とする．この場合，式(11.12)に示すモデルを $i = 1, \ldots, k$ について独立に推定することができる．これが同時応答のある時変係数VARモデルの著しいメリットである．

Kitagawa and Akaike (1981)によると，モデル(11.10)と(11.11)の間には一対一の対応関係

$$\begin{aligned} A_l(n) &= (I - D(n))^{-1} B_l(n), \quad (l = 1, \ldots, p) \\ \Sigma_n &= (I - D(n))^{-1} V (I - D(n))^{-t} \end{aligned}$$

が存在する．したがって，もしモデル(11.11)あるいはモデル(11.12)を推定すれば，モデル(11.10)も自然に得られることになる．

モデル(11.12)における時変係数を安定に推定するために，1変量の場合と同様に，平滑化事前分布

$$\Delta^q b_{ijl}(n) = \nu_{ijl}(n) \tag{11.13}$$

を採用する．ただし，$\nu_{ijl}(n)$ は平均ゼロ，未知分散 τ_{ijl}^2 の正規白色雑音，$\nu_{ijl}(n)$ と ε_{ni} は互いに独立，また $\{r, s, t\} \neq \{i, j, l\}$ のとき，ν_{ijl} と ν_{rst} は互いに独立と仮定する．Δ^q は時間 n に関する q 階差分のオペレータであり，$\Delta b_{ijl}(n) = b_{ijl}(n) - b_{ijl}(n-1)$ である．Jiang (1992)，Jiang and Kitagawa (1993)では，時系列のスペクトルが滑らかに変化するという仮定を置くと，

$$\tau_{ijl}^2 = \tau_i^2$$

にすればよいということが示されている．これによって，超パラメータの数が大幅に減少され，数値最適化の計算の難しさを緩和することができる．

11.3.2 パラメータの推定とモデルの選択

前述のように，時変係数 VAR モデルは同時応答のある時変係数 VAR モデルを使うことによって，(11.12) 式のような k 個の独立な線形モデルで表現できる．それを (11.13) 式の時変係数の平滑化事前分布と併せて，時変係数を推定することができる．i チャンネルのモデルは 2 つの超パラメータ (σ_i^2, τ_i^2) を含むことに注意されたい．

ここで，差分の次数 $q=1$ の場合について i $(1 \le i \le k)$ チャンネルのモデルの状態空間表現を与えておこう．$q=2$ の場合については Jiang and Kitagawa (1993) に示されている．$m = kp + i - 1$ とするとき，行列 F と G は

$$F = I_m, \quad G = I_m$$

とし，状態ベクトル x_n と H_n および w_n は次のように定義すればよい．

$$\begin{aligned}
x_n &= (\overbrace{b_{i10}(n),\ldots,b_{i(i-1)0}(n)}^{i-1},\overbrace{b_{i11}(n),\ldots,b_{i1p}(n)}^{p},\ldots,\overbrace{b_{ik1}(n),\ldots,b_{ikp}(n)}^{p})^t \\
H_n &= (y_{n1},\ldots,y_{n(i-1)},y_{(n-1)1},\ldots,y_{(n-p)1},\ldots,y_{(n-1)k},\ldots,y_{(n-p)k}) \\
w_n &= (\nu_{i10}(n),\ldots,\nu_{i(i-1)0}(n),\nu_{i11}(n),\ldots,\nu_{i1p}(n),\ldots,\nu_{ik1}(n),\ldots,\nu_{ikp}(n))^t
\end{aligned}$$

さらに前述の状態空間モデル (11.3) の中の y_n，ε_n，σ^2 および τ^2 をそれぞれ y_{ni}，ε_{ni}，σ_i^2 および τ_i^2 で置き換えておけば，時変係数 VAR モデルを同様な状態空間モデルで表現することができる．したがって，カルマンフィルタの諸アルゴリズムもそのまま利用することができる．

さらに，次数 p と q を与えたとき，超パラメータ σ_i^2 と τ_i^2 の対数尤度は (11.7) 式によって表現できる．したがって $\ell(\sigma_i^2, \tau_i^2; p, q)$ を最大化することによってこれらの超パラメータの最尤推定値 $\hat{\sigma}_i^2$ および $\hat{\tau}_i^2$ を求めることができ，i チャンネルのモデルに対応する AIC が

$$\mathrm{AIC}_i(p,q) = -2\ell(\hat{\sigma}_i^2, \hat{\tau}_i^2; p, q) + 2 \times 2$$

で計算される．各チャンネルのモデルは独立であるので時変係数 VAR モデル

全体に対応する AIC は各チャンネルモデルの AIC の和，すなわち

$$\mathrm{AIC}(p,q) = \sum_{i=1}^{k} \mathrm{AIC}_i(p,q)$$

で計算すればよい．この $\mathrm{AIC}(p,q)$ を最小とすることにより，モデル次数 p，q の選択を行うことができる．

11.3.3　時変係数 VAR モデルによる時系列解析

この節では時変 VAR モデルによる定常時系列の解析法をいくつか示しておこう．この他に時変周波数波数スペクトルの推定法も提案されているが，Jiang (1992) あるいは Jiang and Kitagawa (1993) を参照されたい．

(1) 時変共分散関数の推定　時変係数 VAR モデルより，定常の場合と同様に時変 Yule-Walker 方程式

$$\begin{aligned} C_{nn} &= \sum_{l=1}^{p} A_l(n) C_{(n-l)n} + \Sigma_n, \\ C_{n(n-m)} &= \sum_{l=1}^{p} A_l(n) C_{(n-l)(n-m)} \quad (m=1,2,\ldots,p) \end{aligned} \tag{11.14}$$

が得られる．ただし，$C_{n(n-m)}$ は時刻 n での時変分散共分散行列であり，

$$C_{n(n-m)} = \mathrm{E}\{z_n z_{n-m}^t\}$$

によって定義される．時変共分散関数の初期値 $\{C_{n(n-m)};\ n=0,-1,\ldots,1-p;\ m=0,1,\ldots,p-1\}$ が与えられるときには，(11.14) 式により時系列の全部の時変共分散関数を逐次的に計算することができる．

しかし，通常はこれらの初期値は未知であるので，時系列は局所定常 (locally stationary) であると仮定し，瞬間 Yule-Walker 方程式

$$\begin{aligned} \tilde{C}_{n0} &= \sum_{l=1}^{p} A_{nl} \tilde{C}_{nl} + \Sigma_n, \\ \tilde{C}_{nm} &= \sum_{l=1}^{p} A_{nl} \tilde{C}_{n(l-m)} \quad (m=1,2,\ldots,p) \end{aligned} \tag{11.15}$$

を解いて $\tilde{C}_{nm}$ を求めている．ただし，$\tilde{C}_{n(l-m)}$ はモデルを定常と仮定したときの時刻 n，ラグ $l-m$ の共分散行列である．瞬間 Yule-Walker 方程式 (11.15) は連立 1 次方程式なので簡単に解くことができる (北川 1993).

(2) 時変クロススペクトルの推定 同様の考え方により，時変係数 VAR モデルより時刻 n，周波数 f での瞬間クロススペクトル $P_n(f)$ を

$$P_n(f) = (A_n(f))^{-1} \Sigma_n (A_n^*(f))^{-t}, \quad -\frac{1}{2} \le f \le \frac{1}{2} \tag{11.16}$$

で推定することができる．ただし，$A_n(f)$ は時変係数 VAR モデルの時変周波数応答関数であり，$A_0(n) = -I$ と置けば

$$A_n(f) = \sum_{l=0}^{p} A_l(n) \exp(-2\pi i l f)$$

で得られる．また $A_n^*(f)$ は $A_n(f)$ の共役複素数行列を表す．実際の計算では，同時応答のある時変係数 VAR モデルのパラメータを使えば，

$$P_n(f) = (B_n(f))^{-1} V (B_n^*(f))^{-t}, \quad -\frac{1}{2} \le f \le \frac{1}{2} \tag{11.17}$$

により瞬間クロススペクトルを推定することができる．$B_n(f)$ は

$$B_n(f) = \sum_{l=0}^{p} B_l(n) \exp(-2\pi i l f)$$

で計算される．ただし，$B_0(n) = D(n) - I$，V は対角行列である．瞬間クロススペクトルから二つのチャンネル間の瞬間コヒーレンシーも直ちに計算することができる．

(3) 時変相対パワー寄与率の推定 相対パワー寄与率 (赤池, 中川 1972) はフィードバックシステムの解析のための有効な手段として，よく利用されている．ここで相対パワー寄与率の概念を時変係数多変量 AR 過程に適用し，瞬時相対パワー寄与率を

$$r_{nij}(f) = \frac{|e_{nij}(f)|^2 \sigma_j^2}{\sum_{l=1}^{k} |e_{nil}(f)|^2 \sigma_l^2}, \quad -\frac{1}{2} \le f \le \frac{1}{2} \tag{11.18}$$

と定義する．ただし，$e_{nij}(f)$ は行列 $E_n(f) = B_n(f)^{-1}$ の i 行 j 列の要素を，σ_j^2 はモデル (11.11) の分散共分散行列 V の j 番目の対角要素を表す．瞬間相対パワー寄与率 $r_{nij}(f)$ は時刻 n の瞬間に，第 i チャンネルの周波数 f での変動のパワースペクトルへの第 j チャンネルのノイズからの影響の割合を表しており，絡み合った多チャンネル信号の相互影響の時変特性を解析するのに有用である．

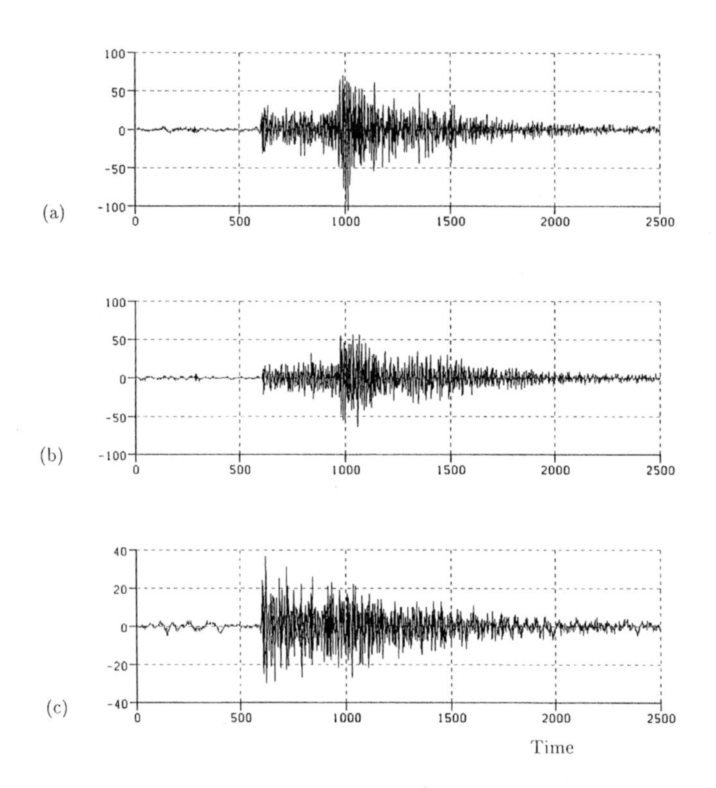

図 11.3　地震波のデータ　(a): 東西，(b): 南北，(c): 上下

11.4　地震データ解析への応用例

次に時変係数 AR モデルによる分散共分散非定常な時系列の解析法を示すため，時変 VAR モデルによる地震波データ解析の実例を与える．分析の対象とするデータは 1982 年浦河沖地震の地震波を同一地点で観測した 3 方向すなわち東西，南北および上下の 3 次元の地震データである (Takanami 1991)．データは MYE2F，MYN2F および MYU2F というコード名を持っている．オリジナルデータのサンプリング区間はおよそ 0.01 秒であるが，ここで解析するデータは一点置きに取ったものであり (すなわちサンプリング区間はおよそ 0.02 秒となる)，サンプルの長さ N は 2500 である．図 11.3 にこのデータのプロットが示されている．

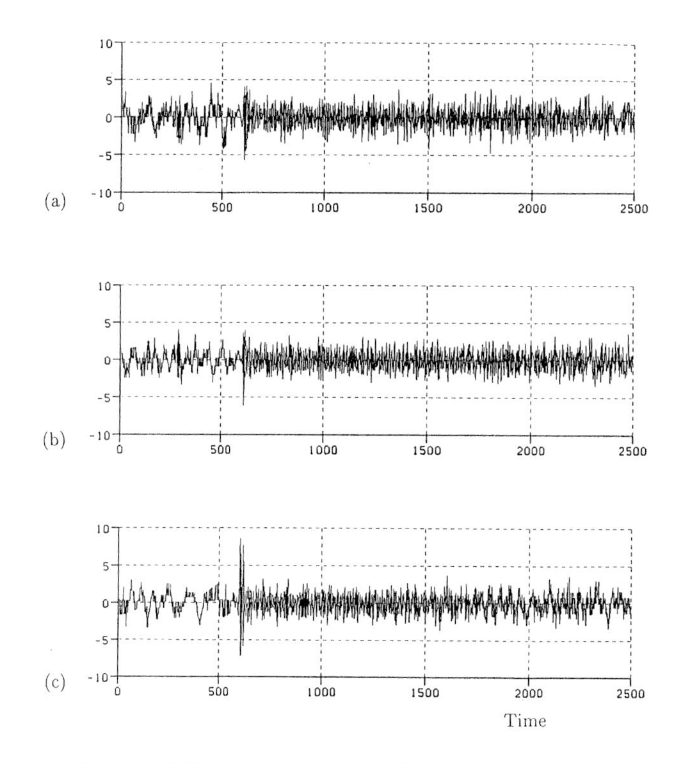

図 11.4　基準化されたデータ　(a): 東西, (b): 南北, (c): 上下

この地震波は地震が来る前のバックグラウンドノイズと縦波のP波および横波のS波の3段階からなるものである．この解析の目的は，3つの方向での振動のパワースペクトルおよび相対パワー寄与率の変化などを調べることにより，地震波の変動方向の変化などを把握するのに有用な情報を与えることである．しかし，図11.3に示すデータにおいて各時間段階での分散がかなり異なっており，そのまま使えばパラメータのよい推定値が得られない．したがって，モデルをこのデータで当てはめる前に各時刻でのデータの分散が大体均一になるように，データを基準化した．このデータの基準化は北川 (1993) のプログラム (PROGRAM 13.1: TVVAR) によった．基準化したデータが図11.4にプロットされている．

次に前述の基準化されたデータに時変係数VARモデルを当てはめた結果を

表 11.1　各モデルの AIC の値

$q=1$				$q=2$			
p	AIC	p	AIC	p	AIC	p	AIC
1	22131	6	19041	1	22475	6	20073
2	20201	7	19019	2	20745	7	20194
3	19231	8	19015	3	19909	8	20365
4	19071	9	18988	4	19788	9	20522
5	19019	10	19006	5	19907	10	20689

示す．表 11.1 には各 VAR モデルの次数 p と差分の次数 q の値に対応する AIC の値が示されている．この表によると，最小 AIC が $p=9$ と $q=1$ のところで得られている．したがって，最小 AIC 法によると，この最小 AIC モデルを使って前述の地震データの解析を行うことになる．このときの各超パラメータの最尤推定値は $\hat{\sigma}_1^2=0.594$，$\hat{\tau}_1^2=0.361\times10^{-3}$，$\hat{\sigma}_2^2=0.598$，$\hat{\tau}_2^2=0.152\times10^{-3}$，$\hat{\sigma}_3^2=0.714$，$\hat{\tau}_3^2=0.349\times10^{-3}$ となっている．

図 11.5 に示すのは代表的な時変係数 b_{iik} $(i=1,2,3;k=1,2,3)$ と b_{ij0} $(1\leq j<i\leq 3)$ の推定値のプロットである．ただし時変係数の推定においては，北川 (1993) の方法で P 波と S 波の到着時点 (それぞれおよそ $n=600$ と $n=960$ のところ) を推定し，その時点のシステムノイズの分散に充分大きな値をいれることによって，時変係数の急激な変化を出している．図 11.5 に示すように，三つの段階 (バックグラウンドノイズ段階，P 波の段階および S 波の段階) での時変係数の動きがかなり異なっている．また両水平方向 (東西と南北) の地震波データに対応する係数の動きが互いに似ているのに対し，縦方向 (上下) のモデルの係数の動きは (特に S 波の段階) 明らかにそれらと相違している．

図 11.6 は推定された瞬時自己相関関数および相互相関関数の時間的変動のプロットである．対角線の位置にあるグラフが自己相関関数であり，その他が相互相関関数である．この瞬時自己相関，相互相関関数の変化から各方向と各時刻での地震信号の相関関係の情報を得ることができる．

前述のように，時変係数 VAR モデルによって非定常な多変量時系列のそれぞ

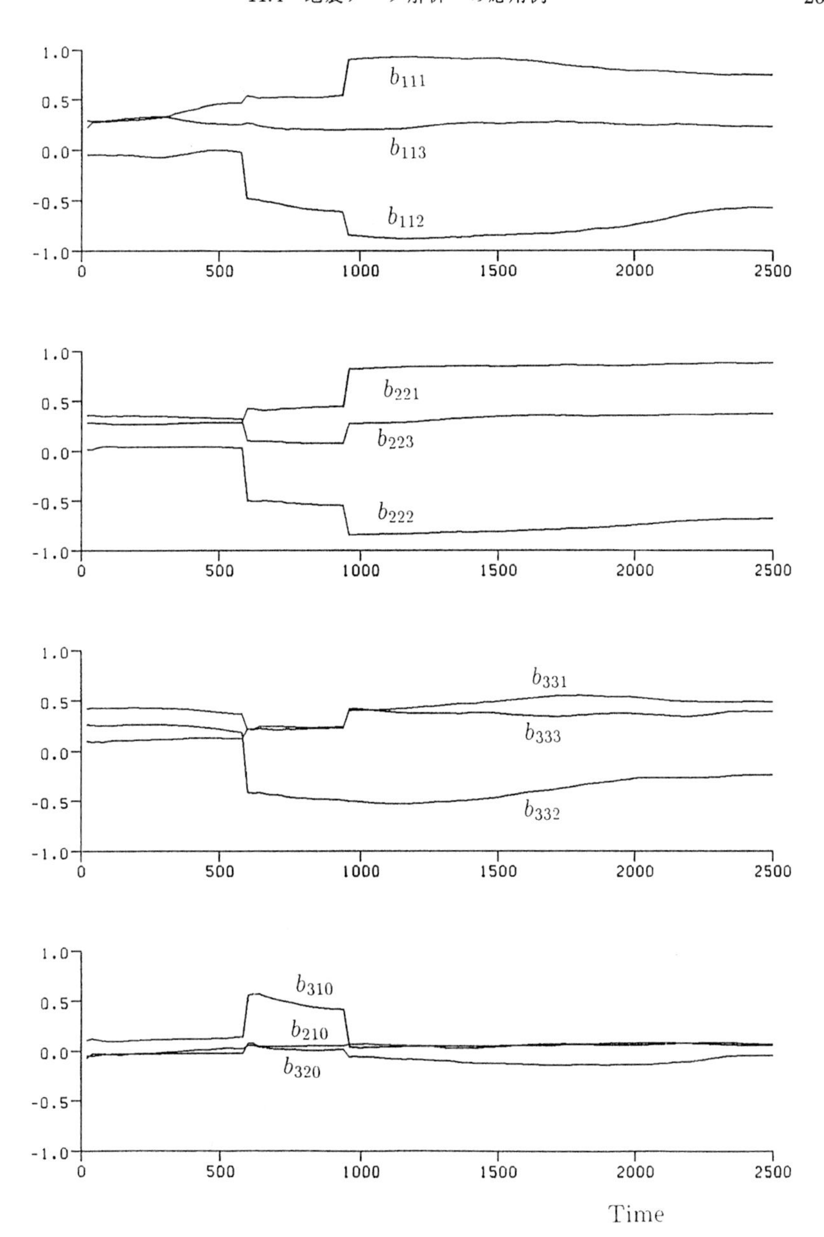

図 11.5 代表的な AR 係数の時間変化

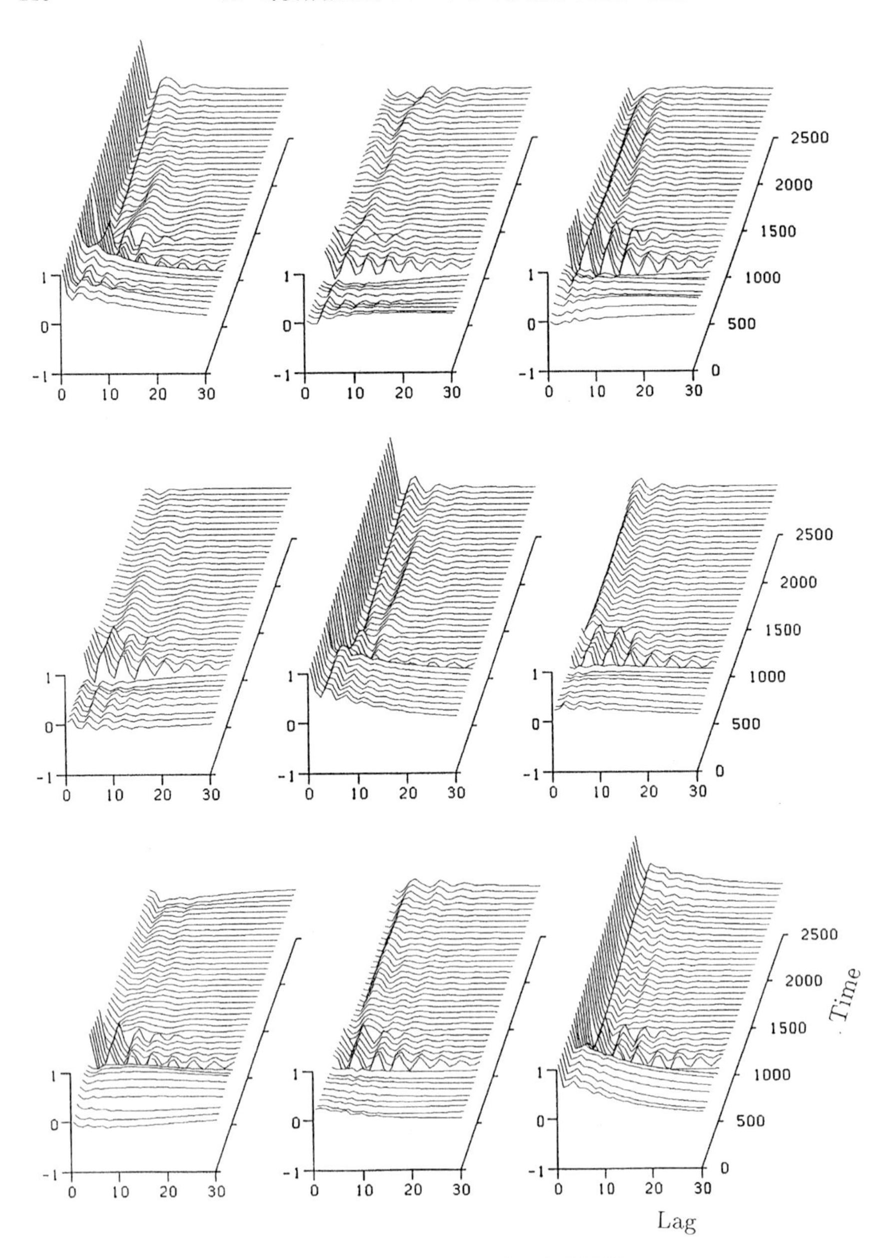

図 11.6　時変自己および相互相関関数

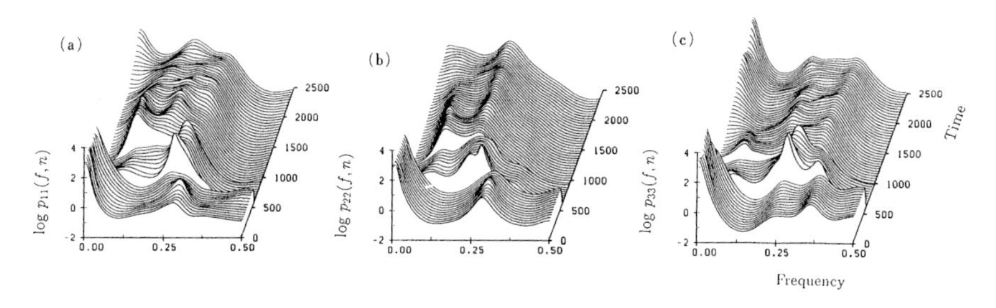

図 11.7　時変スペクトル，(a): 東西，(b): 南北，(c): 上下

れのチャンネルの時変パワースペクトルとクロススペクトルを推定することができる．ここでは各チャンネルの時変パワースペクトルのプロットだけを図 11.7 に示す．この図に示すように，バックグラウンドノイズとP波の段階では，両水平方向の振動のパワースペクトルの変化の様子がかなり似ている．またバックグラウンドノイズでは，垂直方向は高周波数領域での振動がより卓越し，P波ではすべての方向はおよそ $f = 0.2$ のところにパワースペクトルのピークがある．これに対して，S波の段階でのパワースペクトルがもっと変化に富んでいることがわかる．S波の初期段階では，低周波数 ($f = 0.12$) の辺りの振動が卓越し，時間の経過とともにパワースペクトルのピークが高周波数の領域に移っている．

図 11.8 に示したグラフは時変相対パワー寄与率のプロットである．i 行 j 列目に示したグラフは j チャンネルから i チャンネルへのパワー寄与率の変化を示すものである．これらのグラフを分析することにより，表 11.2 と表 11.3 に示すような因果関係が得られる．これらの表はそれぞれP波とS波での各チャンネル間の相互影響行列であり，その (i,j) 要素が 1 であるということは i チャンネルの振動が j チャンネルからの影響がかなり強いことを意味する．括弧の中の数値は相対パワー寄与率のピーク周波数を示す．

これらの結果により，次の結論が得られる．(1) P波の段階では，南北方向の振動は東西および上下両方向の振動に強く影響され，また東西と上下両方向の振動は相互に影響を及ぼし合っている．これは東西と上下との振動が決定的な作用を果たしたということを意味する．(2) S波の段階では，東西方向の振動が上下方向の振動に影響され，また上下方向の振動が南北方向の振動に影響され

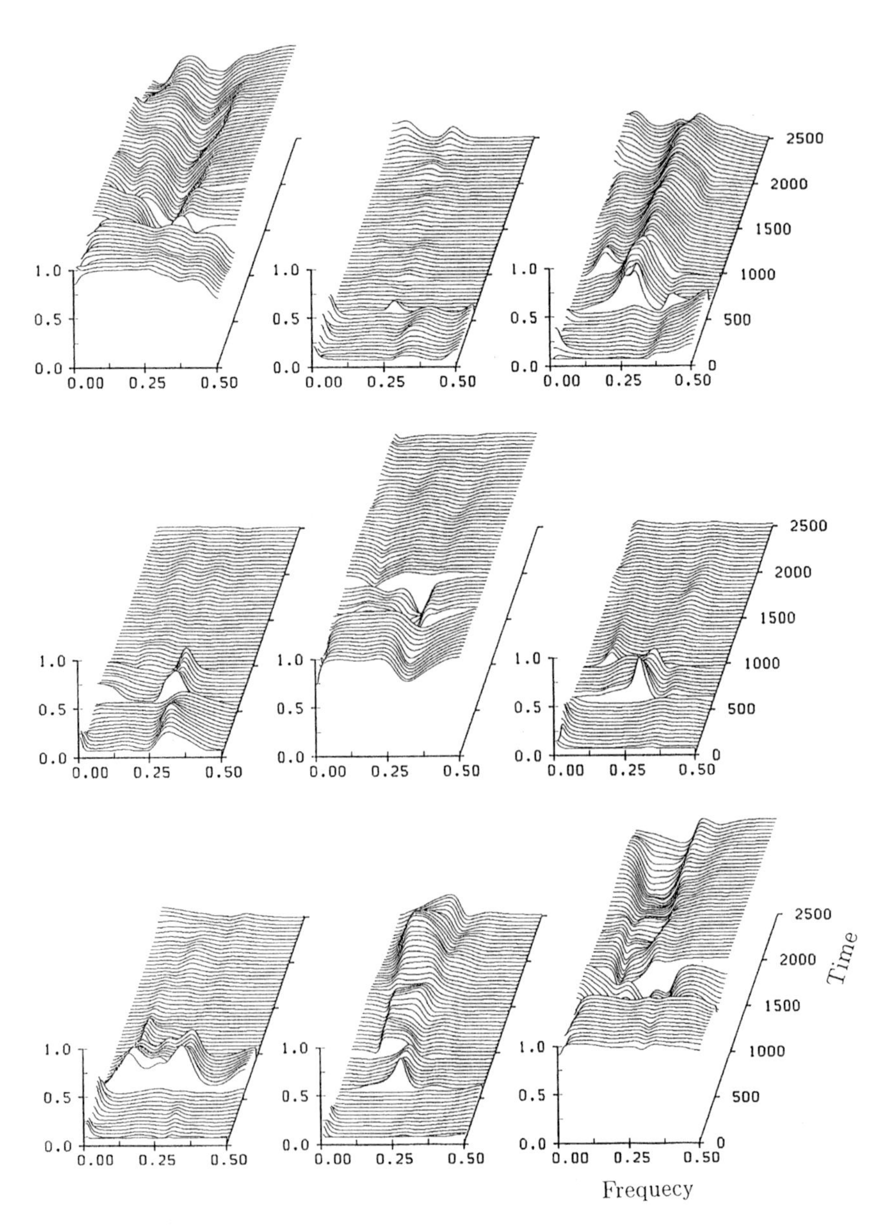

図 11.8　時変相対パワー寄与率

表 11.2 P 波の段階での影響行列

	1 (東西)	2 (南北)	3 (上下)
1 (東西)	—	0	1 (0.20)
2 (南北)	1 (0.25)	—	1 (0.20)
3 (東西)	1 (0.10〜0.25)	0	—

表 11.3 S 波の段階での影響行列

	1 (東西)	2 (南北)	3 (上下)
1 (東西)	—	0	1 (0.20)
2 (南北)	0	—	0
3 (東西)	0	1 (0.10〜0.20)	—

る．これらは当該地震の震源がほとんど観測点の西にあるという事実と一致する．この実例に関する詳しい分析は Jiang (1992) と Jiang and Kitagawa (1993) を参照されたい．

[姜 興起]

文 献

赤池弘次, 中川東一郎 (1972), ダイナミックシステムの統計的解析と制御, サイエンス社.

Akaike, H. (1974), "A new look at the statistical model identification," *IEEE Transactions on Automatic Control*, Vol. AC-19, No. 6, 716–723.

Jiang, X. Q. (1992), "Bayesain Methods for Modeling, Identification and Estimation of Stochastic Systems," *unpublished Ph.D. dissertation, The Graduate University for Advanced Studies, Department of Statistical Science*, Tokyo.

Jiang, X. Q. and G. Kitagawa (1993), "A time varying coefficient vector AR modeling of nonstationary covariance time series," *Signal Processing*, Vol. 33, No. 3, 315–331.

Kitagawa, G. (1983), "Changing spectrum estimation," *Journal of Sound and Vibration*, Vol. 89, No. 1, 433–445.

北川源四郎 (1986), 時変係数自己回帰モデル, 統計数理, 第 34 巻, 第 2 号, 273–283.

北川源四郎 (1993), FORTRAN77 時系列解析プログラミング, 岩波書店.

Kitagawa, G. and H. Akaike (1978), "A procedure for the modeling of non-stationary time series," *Annals of the Institute of Statistical Mathematics*, Vol. 30-B, No. 2, 351–363.

Kitagawa, G. and H. Akaike (1981), "On TIMSAC-78," in: D.F. Findley, ed., *Applied Time Series Analysis II*, Academic Press, 499–547.

Kitagawa, G. and W. Gersch (1985), "A smoothness priors time-varying AR coefficient modeling of nonstationary covariance time series," *IEEE Transactions on Automatic Control*, Vol. AC-30, No. 1, 48–56.

Ozaki, T. and H. Tong (1975), "On the fitting of non-stationary autoregressive models analysis," *Proceedings of the 8th Hawaii International Conference on System Sciences*, 224–226.

Priestley, M. B. (1965), "Evolutionary spectra and non-stationary processes," *Journal of the Royal Statistical Soceity, Series B*, Vol. 27, No. 2, 204–237.

Takanami, T. (1991), "Seismograms of foreshocks of 1982 Urakawa-oki earthquake, AISM Data 43-3-01", *Annals of the Institute of Statistical Mathematics*, Vol. 43, No. 3, 605.

索引

英字

ABIC　136
AIC　4, 91, 129, 190, 200
AR係数行列　129
AR成分　42
ARX成分　53
DP　6
evolutionary spectrum　195
gap process　147
LH (luteinizing hormone)　182
locally stationary AR model　196
LQ最適レギュレータ　11
MAICE法　66, 129
MFPE　4
M系列信号　8
PID　73
PID制御則　81
PID制御方式　1
P波　87
P波の走時解析　99
Pitch　69
robustness　7
Roll　69
RRCS　80
Rudder　69
Rudder Roll Control System　80
S波　87
S波の走時解析　101
TIMSAC　7, 31
Yacc　69
Yaw　69, 114
Yule-Walker方程式　9, 204

あ行

赤池情報量規準　4, 91
赤池のベイズ型情報量規準　136
アクティブ型舵減揺システム　80
医学　19
1期先予測　198
イノベーション　28, 35
インパルス応答　23, 24, 29, 31
インパルス応答関数　82
エンジンガバナ　65
黄体形成ホルモン　182
応答関数　133
オートパイロット　64

か行

解舒糸長　151
開放系　31
海洋波　132
外乱適応型自動操舵システム　77
可観測標準形　5
拡張最尤法　128
確率差分方程式　197
隠れた状態　181
舵減揺型自動操舵システム　80
ガバナ　65
カルマンフィルタ　41, 198

間隔過程 147
間隔分布 150
観測ノイズ 186
生糸 147
局所定常 AR モデル 89, 196
局所定常 AR モデルの尤度 90
局所定常時系列 89
区間の自動決定法 88
景気基準日付 42
景気変動 39, 59
経済構造変化 41
経済理論 39, 59
計算量 193
ゲイン・スケジューリング方式 13
欠測 186
公共投資 55
合成風速 109
公定歩合 54, 55
コーダ部 98
個体間変動 171
個体内変動 170
固定区間平滑化 199
コヒーレンシー 19
コレログラム 148

さ 行

細限繊度 159
最終予測誤差規準 4
最小 AIC 法 66
財政金融政策 50
最適型ガバナ 83
最適制御則 68
最適制御方式 1
最適政策時期 55
最適レギュレータ 2
最尤推定量 91
索緒 162
3 成分記録 99
時間離散化 185
自己回帰過程 40
自己回帰モデル 88
地震波 87
地震波識別アルゴリズム 88
地震波到着時刻 87
地震予知 88
指数項モデル 171
システム同定 8
システムノイズ 186
事前分布 136
実質公共投資 51
実質 GDP 39, 59
実船実験 72
実時間処理 88
自動車の向き 114
自動車の横方向変位 114
自動操舵システム 64
自動的ゲイン決定法 71
時変共分散関数 204
時変クロススペクトル 205
時変係数 50, 55
時変係数 AR モデル 197
時変係数 VAR モデル 201
時変スペクトル 200
時変相対パワー寄与率 205
車両動特性 109
周波数 23
周波数応答関数 82
周波数分解能 108
主機関ガバナシステム 81
瞬間クロススペクトル 205
瞬間スペクトル 200
瞬間相対パワー寄与率 205

準ニュートン法 189
常時微動 93
状態が切り替わる時系列 182
状態空間 182
状態空間表現 67, 79
状態空間モデル 41, 185, 198
状態空間モデルによる波形の分離法 101
状態フィードバックゲイン行列 10
状態ベクトルフィードバック制御 6, 10
状態方程式 1, 5, 10, 29
情報量規準 200
スムージング 189
制御型自己回帰最適操舵システム 69
制御型自己回帰モデル 66, 67
制御の堅牢さ 7
生産関数 45
生体 20
生物学 19
接緒 157
遷移行列 30
線形系 29
船首揺れ 64, 69
繊度 154
全要素生産性 45, 48
相互相関 162
繰糸工程 147
操舵 114
操舵動特性 122
相対パワー寄与率 52, 205

た 行

体液制御 21
対数尤度 90
ダイナミック・プログラミング 6
タイムトレンド 52
滞留時間分布 164
舵角量 69
多次元 AR モデル 4, 129
多次元自己回帰モデル 4
縦揺れ 69
ダビドン法 175
多変数系 19
多変数システム 1
多変量自己回帰モデル 19
地球内部の物理定数 98
チャウ・テスト 42
調速器 65
超パラメータ 41, 136, 200
超臨界圧ボイラ 2
治療薬物モニタリング 180
定常分布 187
定繊生糸 158
定繊度管理 154
定粒生糸 155
定粒繰糸過程 151
同時応答 201
動的な横風感度 121
動特性解析 105
動特性同定 106
トモグラフィー 102
トレンド 40
トレンド成分 42

な 行

人間-自動車系 105
ノイズ 26

は 行

白色雑音 90

舶用主機関　65
波高計アレイ　128
パルスをもつ時系列　182
パワー寄与率　23, 24, 69, 130
パワー寄与率解析　9
パワースペクトル　24, 155
ハンドル角　114
微弱な地震波　88
非正規型モデル　60
非線形性　37
非定常　77, 88
非定常性　37
評価関数　67
表面波　87
フィードバック　19, 187
フィルタ　189, 199
風速　107
不規則波　63
プロペラ回転数　65, 81
分割モデル　92,
分散-糸長曲線　148, 152
平滑化事前分布　197, 202
併合モデル　92
閉鎖系　29, 31
ベイズ型モデル　128
ベイズの定理　188
変化スペクトル　195
変針　76
方向角速度　107
方向波スペクトル　127, 132
保針運動　64
北海道南西沖地震の余震　88
ホルモン時系列　182

ま　行

マクロ経済政策　55
マクロ計量モデル　39, 59
メディカルエレクトロニクス　20
モード　185
モデル選択　190
モンテカルロ法　173

や　行

薬物動態学　169
薬物動態学的モデル　169
尤度関数　136
ゆらぎ　19
要素波　132
ヨー角　114
ヨー角速度　107
横風外乱　106
横風感度　111
横風感度係数　119
横風受風試験　106, 118
横風送風装置　106
横風伝達関数　110
横風動特性　106, 117
横加速度　107
横方向加速度　69
横揺れ　64, 69

ら　行

落緒管理　147
ラック棒　81
ランダムウォークモデル　197
レビンソン・ダービン法　129

監修者略歴

赤池弘次（あかいけひろつぐ）

1927年　静岡県に生まれる
1952年　東京大学理学部数学科卒業
現　在　文部省統計数理研究所前所長
　　　　理学博士

編集者略歴

北川源四郎（きたがわげんしろう）

1948年　福岡県に生まれる
1973年　東京大学大学院理学系研究科
　　　　数学専攻修士課程修了
現　在　文部省統計数理研究所教授
　　　　理学博士

統計科学選書

時系列解析の実際 I（新装版）

定価はカバーに表示

1994年6月1日　初　版第1刷
2020年1月5日　新装版第1刷

監修者　赤　池　弘　次
編集者　赤　池　弘　次
　　　　北　川　源四郎
発行者　朝　倉　誠　造
発行所　株式会社　朝　倉　書　店
東京都新宿区新小川町6-29
郵便番号　162-8707
電　話　03(3260)0141
FAX　03(3260)0180
http://www.asakura.co.jp

〈検印省略〉

平河工業社・渡辺製本

ISBN 978-4-254-12247-3　C3341

Printed in Japan